高等学校理工科材料类规划教材

失效分析理论和技术

主 编／马海涛 陈 军

FAILURE ANALYSIS

THEORY AND

TECHNOLOGY

大连理工大学出版社
Dalian University of Technology Press

图书在版编目(CIP)数据

失效分析理论和技术 / 马海涛，陈军主编. -- 大连：
大连理工大学出版社，2024.2(2024.2重印)
ISBN 978-7-5685-4723-9

Ⅰ．①失… Ⅱ．①马… ②陈… Ⅲ．①失效分析－高
等学校－教材 Ⅳ．①TB114.2

中国国家版本馆 CIP 数据核字(2023)第 197701 号

SHIXIAO FENXI LILUN HE JISHU
失效分析理论和技术

大连理工大学出版社出版
地址：大连市软件园路 80 号　邮政编码：116023
发行：0411-84708842　邮购：0411-84708943　传真：0411-84701466
E-mail：dutp@dutp.cn　URL：https://www.dutp.cn
大连永盛印业有限公司印刷　　　　　　大连理工大学出版社发行

幅面尺寸：185mm×260mm　　　　印张：13　　　字数：300 千字
2024 年 2 月第 1 版　　　　　　　　2024 年 2 月第 2 次印刷

责任编辑：王晓历　　　　　　　　　　　　责任校对：孙兴乐
　　　　　　　封面设计：张　莹

ISBN 978-7-5685-4723-9　　　　　　　　　定　价：43.80 元

本书如有印装质量问题，请与我社发行部联系更换。

前言 Preface

　　我国经济正处于高速发展时期,人们对材料的失效问题也愈发关注。工业生产中装置、设备或零部件的失效会引发安全事故,除了给企业带来重大的经济损失外,还可能引发爆炸、火灾甚至人身伤亡事故,造成恶劣影响。通过失效分析,可以确定各类事故发生的过程和本质原因,进而预测次生和衍生事故,预防同类事故,提出有效的改进措施,从而保证装置、设备和零部件的安全运行。

　　失效分析是一个复杂的过程,涉及多学科知识的综合运用。材料的失效形式与失效原因密切相关,失效形式是材料失效的宏观表现,可以通过适当方式进行观察,而失效原因是材料失效的微观机制,需要通过对失效过程的调查研究及对失效部件的宏观和微观分析来诊断和论证。因此,失效分析过程不仅涉及宏观形貌分析、微观结构分析、金相组织分析、化学成分分析、力学性能测试、应力状态测试等多种分析测试技术,而且要对大量的测试数据进行分析和归纳,推断失效产生的主要原因和次要原因。一方面要基于失效分析领域的理论和技术;另一方面也要了解和掌握相关仪器设备的特点和运用,同时在较大程度上也依赖于分析者的知识储备和经验积累。

　　本教材增加了失效分析相关领域基本理论知识的篇幅,对各种形式失效的机理和特点进行了深入的归纳和总结,并引入了大量典型失效案例,以便于读者掌握失效分析的逻辑思维方法和在实际中运用失效分析的技术手段,从理论和实践上更好地掌握失效分析的基本技能和思路。本教材可作为金属材料、机械工程、安全工程等专业高年级本科生教材,也可以作为从事失效分析工作科研人员的参考资料。

　　本教材由大连理工大学马海涛和陈军任主编。具体编写分工如下:第2章和第4、第5章由马海涛编写,第1章和第3章由陈军编写。同时,本教材在编写和出版过程中,得

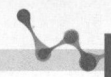

到了大连理工大学教务处、材料科学与工程学院的指导和大力支持,在此表示诚挚的谢意。此外,还有很多教师对本教材提供了宝贵的意见和建议,很多同学参与了资料收集、稿件校对和图片处理等工作,在此一并感谢!

在编写本教材的过程中,编者参考、引用和改编了国内外出版物中的相关资料以及网络资源,在此表示深深的谢意!相关著作权人看到本教材后,请与出版社联系,出版社将按照相关法律的规定支付稿酬。

限于水平,书中仍有疏漏和不妥之处,敬请各位专家和读者批评指正,以使教材日臻完善。

编　者

2024 年 2 月

所有意见和建议请发往:dutpbk@163.com

欢迎访问高教数字化服务平台:https://www.dutp.cn/hep/

联系电话:0411-84708445　84708462

目录 Contents

第 1 章
失效分析概述

机械部件或结构在某些情况下失去了其应有的功能或发生损伤破坏时,则称该机件或结构产生了失效。失效分析的任务就是基于相关理论,借助各种仪器设备,分析并确定机件或结构产生失效的原因并提出改进及预防措施。近年来,随着相关理论的逐步完善以及各种科学仪器设备的不断发展,失效分析技术体系逐渐步入了系统性、综合性、科学性和理论性的新阶段,在国民经济的各个方面发挥了越来越重要的作用。

1.1 失效分析的基本概念

机件或结构失去了应有的功能时,就被认为产生了失效。大多数情况下,结构的失效也是由于机件的失效引起的,因此,通常的失效分析主要是针对机件进行的。

机件失效即失去原有功能的含义,包括三种情况:

(1)机件由于断裂、腐蚀、磨损、变形等完全丧失其功能。

(2)机件在外部环境作用下部分失去其原有功能,虽然能够工作,但不能完成规定功能,比如由于磨损或腐蚀导致尺寸超差等。

(3)机件虽然能够工作,也能完成其功能,但继续使用时不能确保其安全可靠性,比如长期在高温下服役的机件会产生组织劣化,导致力学性能下降,存在较大的安全隐患。

失效分析的基本术语:

(1)缺陷:产品设计、原材料和机件制造装配方面未能满足使用功能的情形称为缺陷。它包括材料冶炼过程产生的缺陷如成分不合格,制造过程产生的缺陷如夹杂、气孔,或者服役过程产生的缺陷如裂纹、磨损、腐蚀等,还包括由于设计或装配不合理导致产生过大的应力或过量的变形。

(2)失效:机件在规定寿命的服役期内,由于各种因素的作用使其丧失了规定功能,或者规定功能退化导致其不能正常使用的现象称为失效。

(3)事故:由于机件失效、操作失误等原因造成重大经济损失和人身伤亡等不良后果的现象称为事故。

(4)失效分析:对失效机件的特征进行分析,确定失效的主要原因并制定改进措施的过程称为失效分析。

缺陷、失效、事故、失效分析之间的关系如图1-1所示。

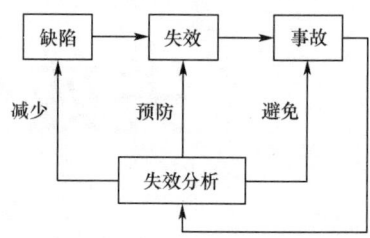

图 1-1　缺陷-失效-事故-失效分析之间的关系

1.2　失效分析的意义

失效分析技术体系的发展和应用具有重要的意义。

(1)失效分析是全面质量管理的技术环节之一。通过失效分析可以判断失效模式,确定失效原因和影响因素,从而改进产品生产过程的薄弱环节,促进产品质量的提高,消除产品服役过程的隐患因素,保证机件或结构的安全。

(2)失效分析是可靠性工程的技术基础之一。可靠性工程是提高产品或机件在整个寿命周期内可靠性的技术,是质量保证体系的核心。可靠性工程不仅贯穿产品设计、加工和试验验证阶段,更要通过产品服役过程中产生的各种问题进行不断的改进和完善,失效分析技术的运用是可靠性分析不可或缺的依据。

(3)失效分析是安全工程的技术保障之一。安全工程是一个系统工程,失效分析是其中的重要环节,通过失效分析可以发现薄弱环节,查明不安全因素,确定潜在隐患,制定优化方案,从而保障结构或机件的安全服役。

失效分析不仅是提高结构或机件的可靠性的有力保障,也是保障人民生命财产安全的重要手段,同时在避免同类事故发生、保障正常生产的过程中,可以创造巨大的社会效益和经济效益。

1.3　失效分析的发展现状

失效分析是工业领域中极为重要的一门学科,广泛应用于航空、航天、机械、电子、船舶、汽车、石化、热电等行业,在国内外得到了前所未有的重视并促进了其快速发展。

1.3.1 国外的失效分析现状

国外的失效分析工作有以下几方面的特点:

1. 建立了比较完整的失效分析机构

国外对于失效分析技术和其对于工业生产的重大意义认识较早,很多发达国家很早就成立了系统、完善的失效分析机构,这些机构为发达国家的工业发展和科技水平的提高起到了举足轻重的作用。很多大型企业也纷纷设立失效分析中心以保证产品质量的可靠性,比较典型的有美国、日本、德国的失效分析机构。

美国的失效分析中心几乎遍及全国的各个工业和科学技术部门,不但有政府机构,同时也有大型企业和高校的失效分析机构,如原子能、航空航天等领域。国防尖端技术部门的失效分析主要在橡树岭国立研究所、肯尼迪空间中心、约翰逊空间中心等国家机构内进行。民用方面的失效分析则主要集中在一些大型企业内部进行,如福特汽车公司、通用电气公司、波音公司、西屋公司等都具有技术先进的失效分析实验室。很多大学也开展了一些失效分析工作,如里海大学、加州大学、华盛顿大学等就承担着公路和桥梁的失效分析工作。有关学会如美国金属学会(ASM)、美国机械工程师学会(ASME)、美国材料与试验学会(ASTM)等均开展了大量的失效分析工作。

在日本,国立的失效分析研究机构有金属材料技术研究所、产业安全研究所、原子力研究所等。在企业界,新日铁、三菱、三井、日立等大型公司均设有专门的失效分析研究机构,各大工科高校也都开设了专门的失效分析相关课程以及建立实力雄厚的失效分析研究室。

在德国,失效分析研究中心主要集中在联邦及州立的材料检验中心,这些检验中心分别承担着各自富有特长的失效分析工作,各工科大学在失效分析方面的技术和研究也处于世界领先地位,如斯图加特大学材料检验中心主要负责电站、压力容器及管道的安全可靠性评估,德国联邦材料测试实验室和德国GKSS研究中心是世界著名的材料及结构服役与失效分析的综合研究机构,阿里益兹技术中心是专门从事失效分析与预防的商业机构,在汽轮机、锅炉给水泵、内燃机、活塞式压缩机的失效分析方面承担了大量工作。

2. 制定失效分析文件和建立事故档案及数据库

失效分析是一项涉及面广、过程复杂的技术工作,为了使失效分析过程规范科学,一些发达国家制定了相应的失效分析指导性文件,对失效分析的基础知识、概念和定义、分类及程序都做出了明确规定。各研究中心也建立了事故档案及数据库,定期进行统计分析并及时反馈给有关部门。

3. 大力培养失效分析专门人才

国际原子能机构(IAEA)的研究报告中指出,核电站80%的重大事故都是由于人的失误造成的,其中70%是由于组织不力,如垂直管理责任缺失、自律不足、培训不力等,另外30%是由于个人的失误,因此,对人的素质和能力培养就显得尤为重要。国外除了在

大学开设失效分析相关课程之外,还广泛进行相关技术人员和操作人员的技术培训,以便尽可能地从根源上消除事故隐患。

4. 大力开展基础性研究工作

针对过去的重大事故,系统地开展基础性的研究工作,如材料的成分、组织、加工工艺、服役过程等对失效行为的影响;研究失效的微观机制与宏观行为之间的关系;研究材料和机件在不同外部环境下的失效行为;研究开发新材料、新工艺;等等。

5. 大力开展失效分析预防监测的研究工作

组织各方力量开发先进的测试设备对服役机件进行检测和监测,如大型轴承失效监测仪、轴承温度报警系统、玻璃纤维端镜监控系统及各类无损检测设备,利用多种先进的测试技术对锅炉、压力容器、电站设备、石化装置等进行定期检查与维护。

1.3.2　国内的失效分析现状

我国是开展失效分析较早的国家,从 20 世纪 60 年代就已经开始进行失效分析的研究工作。近年来,我国的失效分析工作有了很大发展,主要表现在以下几个方面:

1. 交流渠道不断扩大

1974 年,在南京召开的材料金相学术研讨会上第一次设立了失效分析分会场;1980 年,在北京召开了全国第一次机械装备失效分析经验交流会;1993 年,正式成立了中国机械工程学会失效分析分会;2006 年,国内第一个专业的失效分析刊物《失效分析与预防》正式出版发行,其他一些刊物如《材料工程》《机械工程材料》等也设立了失效分析专栏,一大批有关失效分析的著作也陆续出版。随着交流渠道的扩大和重视程度的提升,各高校和科研院所也涌现了一批优秀的失效分析专家和技术人员,并且促进了各企业对失效分析工作的重视。

2. 大力开展失效分析专业人才的培养

自 1983 年起,将失效分析相关课程作为工科院校材料科学与工程专业教学计划中的必修课程,一些院校还将失效分析相关课程作为机械或工科类专业的选修课,部分院校在研究生课程中也开设了失效分析课程。同时,许多大学还举办了各种类型针对在职人员的培训班,使我国的失效分析人才队伍逐步建立起来。一些与失效分析相关的教材和其他资料也相继出版。

3. 大力推进失效分析数据库和网络的建设

我国相继开发和建设了一些与失效分析相关的数据库,如 1987 年航空材料数据中心建立的材料数据库,1991 年以后上海材料研究所和郑州机械研究所建立的工程材料数据库和机械强度与疲劳设计数据库,1995 年以后建立的金属材料疲劳断裂数据库、腐蚀数据库、燃气管道失效记录数据库,等等。为了满足石油化工装备安全可靠运行以及提供失效分析技术服务与技术支持的要求,开发并逐步完善了基于互联网的石油化工装备计算机辅助失效分析系统,按失效形式、装备类型和材料类型建立了失效分析案例库子系统,实现了不同地域的不同用户利用不同上网工具的访问和使用。

但目前我国的失效分析也存在一些问题。

1. 重视程度有待提高

一些决策部门和决策人员对失效分析工作重视程度不够,全面开展失效分析工作的机构仍然偏少,涉及的领域有限。很多失效分析工作的开展都是各自为政,没有形成统一的、规范的失效分析基础平台,相关标准的制定也略显滞后。

2. 失效分析人员水平参差不齐

失效分析是一门综合性的技术学科,失效分析过程十分复杂,对失效分析人员的理论知识和实践经验的要求也较高,但目前我国专门从事失效分析的人员数量偏少,人员水平参差不齐,科研院所的失效分析人员往往实践经验不足,企业的失效分析人员往往理论水平不够,造成了理论和实践的脱节,制约了失效分析人员能力和水平的提升。

3. 基础研究水平有待进一步提高

失效分析涉及的学科门类繁多,手段多样,材料或机件的失效过程往往叠加了多重因素,机理十分复杂。因此,要想得到正确的分析结果,必须综合运用各学科的知识点和基础研究成果,但目前我国在失效分析领域的基础研究还略显薄弱,相关的分析技术和监控设备还略显落后。

1.4 现代失效分析的发展方向

现代的工业体系中,设备的自动化程度越来越高,结构越来越复杂,服役条件越来越恶劣,服役周期越来越长,对可靠性的要求也越来越严格,对失效分析工作的系统性、综合性和可靠性要求也越来越高。因此,失效分析的发展趋势是从简单的断口分析向综合分析发展,从单一条件下的失效分析向复杂条件下的失效分析发展,从定性分析向定量分析发展,从事后分析向事先分析发展,从单一模式的安全评定向多参数、全过程的分析评定发展。在产品设计和研发阶段就要加强可能的失效模式研究,比如,某船舶的设计流程中就已经将失效模式的分析和判断列入其中,从而在研发阶段就做到有的放矢,事先预防,其设计流程如图1-2所示。

由于材料或机件的失效过程很复杂,至今还缺乏预测材料或机件损伤倾向和评估剩余寿命的有效手段,对于失效机理和失效过程的认识基本上仍是唯象和定性的。随着计算机技术的发展,用计算机模拟材料或机件失效的动力学过程,不仅可以证实失效机理和失效原因分析的正确性,而且为材料或机件的设计提供了科学依据。同时,计算机模拟技术还可以解决许多难以用实验科学进行测试和表征的问题,使失效分析工作效率更高,成本更低。因此,复杂服役条件下材料或机件可靠性和失效模式物理和数学模型的建立,以及相应的计算机软件系统的开发已经成了现代失效分析的重要发展方向之一。

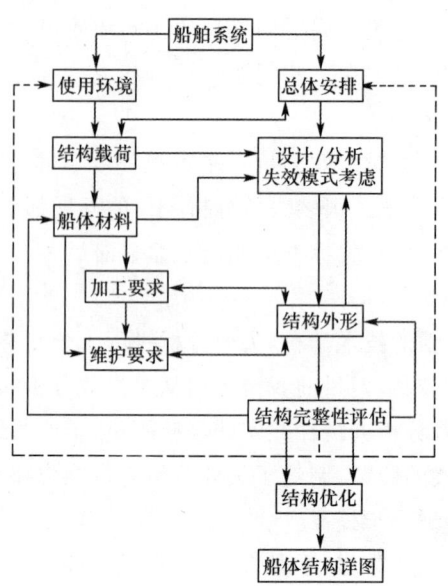

图 1-2   某船舶的设计流程

1.5   失效分析的过程与实施

对一个失效事件进行分析的全过程一般包括侦测(Detection)、诊断(Diagnosis)和事后处理(Prognosis)三个要素,即利用各种侦测手段,调查、测试和记录有关失效的现场、参数等信息,通过诊断,鉴别和确定产品失效的模式、过程、原因、机理和影响因素,经过事后处理采取补救或预防措施,并进行其他技术管理的反馈活动。具体包括:

(1)现场调查:首先要保护好现场,向目击者和其他人员了解失效发生前后的具体情况,确定失效发生的时间、地点和过程,收集残骸碎片,标出相对位置,对失效断口等部位加以保护,形成现场调查报告。

(2)收集背景资料:包括设备或机件的初始状况、运行记录、是否出现过类似或其他失效情况、维修记录等信息,以及设计图纸及说明书、装配程序说明书、使用维护说明书等文件,同时还应了解材料选择及其依据、生产流程、质量检验报告、相关的规范和标准等资料。

(3)技术参量检验测试:采用各种分析仪器和测试手段,对失效机件进行全方位技术参量检验,包括无损检测、断口宏观形貌和微观形貌分析、材料化学成分测试、显微组织观察、硬度测试、相结构分析、力学性能指标测试等。

(4)综合分析:根据以上所取得的资料和技术参量测试结果,结合现场工况,确定失效产生的机理、过程和具体原因,同时要给出明确的补救或预防措施。

失效分析的一般流程如图 1-3 所示。

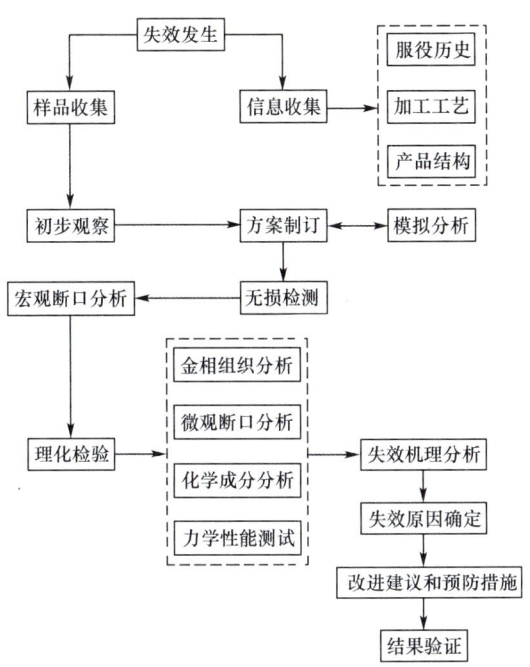

图 1-3 失效分析的一般流程

1.6 失效分析的思路和方法

　　失效分析的思路建立在对机件失效过程的特征和原因的科学认识之上,即以失效规律为理论依据,对各个渠道获得的信息进行综合考虑和有机结合,以失效事实为出发点,全面运用逻辑推理和综合分析方法,对机件失效的机理、过程和具体原因进行推断和验证,以便达到"模式准确、原因明确、机理清楚、措施得力、模拟再现、举一反三"的理想目标。失效分析所遵循的总体原则主要有整体概念原则、立体性原则、从现象到本质原则、动态原则和两分法原则;失效分析所采用的总体方法主要有相关性方法、抓关键问题方法、对比方法、经验积累方法和逻辑方法。

　　一个机件从完好状态到失效是一个动态发展的过程,其核心问题是材料的结构和性能以及机件的结构和服役环境。因此,失效分析过程所采用的具体方法也有所不同,主要包括:

　　(1)因果关系分析法:不同的服役条件对应不同的失效模式,具体分析时应根据机件残骸(断口)特征和残留信息,首先判断失效模式,根据失效模式和服役条件,应用基础理论知识和因果关系判断失效原因。

　　(2)假设性推理分析法:依据失效事件各事实之间的条件联系进行推断,特别是在信息量不足、情况复杂的失效事件分析中,往往要以为数不多的事实和现象为基础,根据已有的知识提出相应的假设,然后进行推理,得出结论。

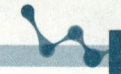

失效分析中常用到 4M 分析法，即指将人员（Man）、机器（Machine）、环境（Media）和管理（Management）作为统一的整体并从不同层面进行分析的方法，具体包括：

（1）人员情况分析：如工作态度不好，责任心不强，玩忽职守、主观臆断、违章作业等各种不安全做法以及事后反应迟钝、隐瞒事实等不当行为。

（2）设备情况分析：包括材料选择是否正确、结构设计是否合理、加工制造过程是否可靠、运输装配过程是否安全等。

（3）环境情况分析：主要指机件服役时的环境和状态，如载荷状态、温度、介质是否在规定范围、是否超过设计标准等。

（4）管理情况分析：包括作业程序是否正确、规章制度是否健全、保障措施是否完善、补救措施是否得当等。

4M 分析法又称撒大网式的逐个因素分析法，该方法思路较宽，不易丢失可能的因素，但工作量较大，在一些重大的失效事故和军事部门应用较多，在其他失效分析场合应有所侧重。随着计算机技术的发展，尤其是数据库的完善和大数据的应用，并结合神经网络、图像识别等技术，可以大大减轻人力成本，在复杂条件下对多参量耦合损伤的分析过程中得到广泛应用。

故障树分析（Fault Tree Analysis，FTA）法也是失效分析中常用的一种方法，是利用布林逻辑组合，由上往下的演绎式分析方法，主要用在航空航天、核动力、石油化工等高风险领域，用来确定系统失效的原因，并且找到最佳降低风险的方式。故障树分析大体包括 5 个步骤：

1. 定义要探讨的不想要的事件

不想要事件的定义有些可能非常困难，不过也有些事件很容易分析和观察。在实际应用中，充分了解系统设计的工程师或是有工程背景的系统分析师最适合定义及列举不想要的事件，一个故障树分析只能对应一个不想要的事件。

2. 获得系统的相关信息

若选择了不想要的事件，所有影响不想要事件的原因及其发生概率都要进行研究分析。但在实际应用中，要得知确切的概率需要很高的成本及时间，多半是不可能的。电脑软件可以用来研究相关概率，可以进行成本较低的系统分析。分析人员应了解整个系统的所有知识，这些知识相当重要，可以避免遗漏任何一个会造成不想要事件的原因，最后要将所有事件及概率列出，以便绘制故障树。

3. 绘制故障树

在选择了不想要的事件，并且对系统进行分析，了解所有会造成此事件的原因或发生概率后要进行故障树的绘制。故障树一般会用传统的逻辑门符号表示，故障树中从初始事件到事件之间的路径称为分割集合，从初始事件到事件之间的最短可能路径称为最小分割集合。

4. 评估故障树

在针对不想要的事件绘制故障树后，需评估及分析所有可能的改善方式，换一个方式来说，是进行风险管理，并且设法改善系统。这个步骤会导入下一个步骤，也就是控制所识别的风险。简单来说，此一步骤会设法找出降低不想要的事件发生概率的方式。

5. 控制所识别的风险

此步骤会随系统的不同而发生改变,但主要重点是在识别所有风险后,确认有使用所有可行的方法来降低事件的发生率。

故障树分析法的一般流程如图1-4所示。

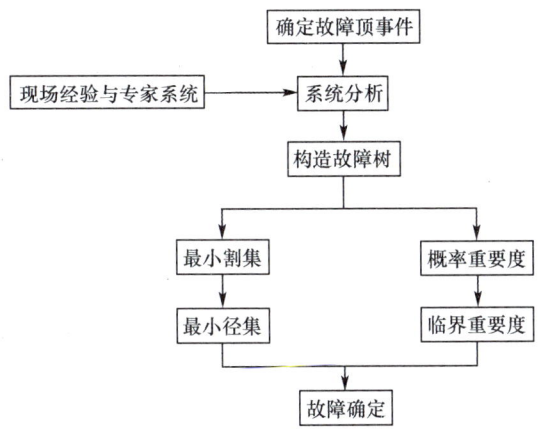

图 1-4　故障树分析法的一般流程

数理统计方法在失效分析中也得到了广泛应用,与上述方法不同之处在于,它所研究的失效问题通常不是某个具体的失效事件,而是某类一批产品在某一段时间内的失效率,如图1-5所示的"浴盆曲线"就是利用数理统计方法获得的。

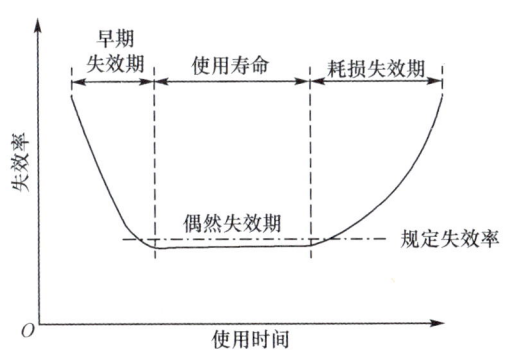

图 1-5　浴盆曲线

以失效模式、失效方法或失效的部位为横坐标,以失效率或经济损失为纵坐标绘制的曲线称为巴特雷曲线,如图1-6所示,该图可以清楚地告诉我们哪个失效模式、失效方式和失效部位是应该优先考虑的问题。

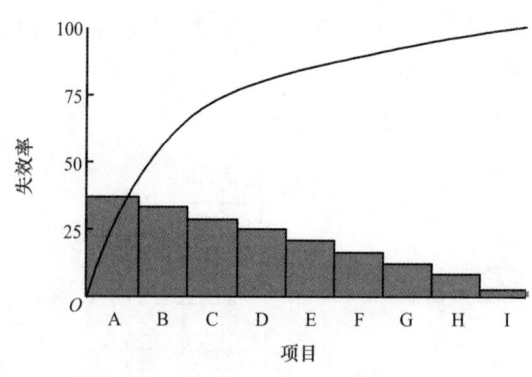

图 1-6　巴特雷曲线

　　在失效分析中往往会遇到这种情况,即找出的某种失效模式与多种因素有关,此时需要进一步确定是哪种因素起主导作用,只有针对主要影响因素所采取的改进措施才是行之有效的,为了解决这类问题,也常常要用数理统计的方法。

　　失效分析的另一个重要方法是逻辑推理法,就是从一个或几个已知的判断推出另一个新判断的思维过程。失效分析中逻辑推理的客观基础是失效事实的内在本质,正确的逻辑推理过程,对于找出失效分析的原因、得到准确的结论、制定正确的改进和预防措施具有重要意义。

　　(1)推理是认识失效事件的反映形式:根据现场调查和专门检验获得的有限数量的事实,形成直观的认识,结合实践经验和理论知识进行一系列推理,判断失效部位、时间、模式、过程、影响和危害等一系列因果关系。根据推导出的新的判断,扩大线索,进一步做专门检验和补充调查,把失效分析工作引向深入。

　　(2)推理是失效分析中一个重要的理性认识阶段:在感性认识的基础上,对感性材料连贯起来思索,进行去伪存真、由此及彼、由表及里的分析。

　　(3)推理可以贯穿失效分析的全过程:失效分析工作科学性的体现和标志就是失效分析过程是否能够形成一个严密的逻辑思维体系。逻辑推理有演绎推理、归纳推理和类比推理三大类,还可衍生出选择性推理和假设性推理。演绎推理是前提与结论之间有必然性联系的推理,或者说是前提与结论之间有蕴含关系的推理。演绎推理是由一般到个别的过程,其结论所断定的没有超出前提所断定的范畴。鉴于材料学、痕迹学和断口学等学科的迅速发展,已经形成有关失效模式、失效机理、失效原因等一套比较系统的理论,因此一旦做出某一判断,就可以根据已有的判断演绎出新的判断,特别是初步判断机件的失效模式后,就要充分利用这一模式所内含的基本失效过程、机理、规律、条件、影响因素等一般性的知识,演绎出新的性质判断或关系判断。归纳推理是前提与结论之间有或然性联系的推理,是由个别的事物或现象推出该类事物或现象普遍规律的推理。归纳推理的思维过程主要是分析和综合,分析是把不同失效事件或事件的个别特征和属性区分开来分别加以考察,而综合则是把失效事件的各个部分和因素结合成一个整体加以考虑。在失效分析过程中,有的时候可以观察到两个或两个以上的失效事件有许多属性和特征都相同,进而推断出它们在其他主要属性上也相同,这就是失效分析中使用的类比推理。同一类型的机件在功能和服役环境等方面有很多共同之处,其失效模式和失效原因也有很多类比性,人们在长期的生产、使用过程的实践中,从大量失效事件及其失效分析中总结出各类基础部件和成套设备的常见失效模式和失效原因,这是在失效分析过程中进行类比推理的重要依据。

1.7　失效分析与其他学科的关系

　　失效分析是一门交叉、边缘、综合型的新兴学科,与许多应用学科有密切的关系,不仅涉及数学、物理、化学等基础学科,也涉及材料科学、无损检测、计算机科学等应用学科;不仅涉及道德修养、思想方法等人文学科,也涉及系统工程、归纳演绎等管理学科。失效分析的过程是针对失效结构或机件进行的,因此失效分析是一种技术活动;失效分析过程的实施主体是人,因此失效分析也是一种管理活动。近代材料科学和工程力学对材料的断裂、磨损、腐蚀及其复合型的失效模式和失效机理的研究为失效分析奠定了理论基础,现代的仪器仪表学、断口分析技术、无损检测技术为失效分析奠定了技术基础,数理统计、模糊数学、可靠性工程、计算机技术的发展为失效分析提供了新的方法和手段。这几个方面的融合,使失效分析逐渐成为一门相对独立而又具有丰富内涵的应用型学科,失效分析与其他学科之间的关系如图1-7所示。

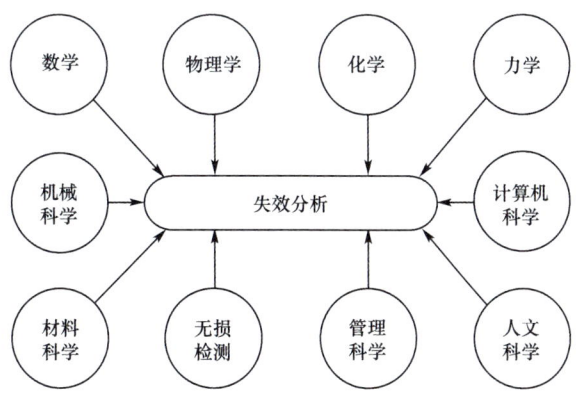

图 1-7　失效分析与其他学科的关系

1.8 失效分析人员应具备的基本素质

失效分析是一门多学科交叉融合的新兴学科,因此,失效分析人员除了应具有失效分析的基础和共性知识外,还应当了解和掌握其他学科的专业知识,并能熟练运用具体的分析方法,熟悉相关仪器设备的功能和特点,同时还应具有良好的道德品质和排除干扰、求真务实的精神。失效分析人员应具备的基本素质包括:

(1)求真务实的品质,在任何情况下都要坚持实事求是,以事实为依据,勇于坚持真理,摆脱干扰,修正错误。

(2)敏锐的观察力和扎实的基本功,善于利用一切手段捕捉各种相关信息。

(3)正确的分析思路和综合判断的能力。

(4)良好的知识获取能力,要具有扎实的专业知识和宽阔的知识面。

(5)良好的协作精神和一定的组织能力。

(6)良好的语言和文字表达能力以及清晰、缜密的逻辑思维能力。

1.9 失效分析报告

采用失效分析技术对失效事件进行综合分析,得出相关结论后,需要形成失效分析报告。失效分析报告要对整个分析过程进行回顾,从总体上审视失效分析全过程,给出明确的结论并提出改进和预防措施。失效分析报告不同于一般的检测报告,规范的失效分析报告应该包含相关的数据、图片等直接素材,还应有必要的模型、理论计算或分析过程等间接素材。对于一些比较重大的失效事件,报告可能内容丰富,篇幅较长,这就要求撰写报告时抓住重点,思路清晰,论证充分,结论明确,使用的语言要规范准确、简要直接,避免使用模棱两可和带有感情色彩的词语。报告结构要紧凑清晰、前后呼应、层层递进,进而顺理成章地形成结论。要合理地使用图片,图片要清晰,尺寸要明确,并应辅以必要的说明,一些情况下也可以通过绘制示意图来更加准确地展现失效结构、失效部位等信息,使非专业失效分析人员也能很容易看清楚和弄明白。在进行分析论证时,除了采用实际检测结果作为分析和判断的依据外,还可引用与分析对象相同或相似的其他研究人员取得的研究成果作为判断依据,但必须指出引用的出处。失效分析报告可以引用参考文献,应优先选择国家法定出版社的科学论著或比较权威期刊的科技论文。但应注意,失效分析报告不是科技论文,其主要判断依据是实际的测试结果,参考文献仅起到补充作用,切勿本末倒置。

失效分析报告没有统一的格式,一般应包括以下内容:

(1)相关信息:包括失效分析委托单位、失效机件名称、编号、失效分析实施单位、实施地点和相关人员、日期等。

（2）概述：主要介绍失效机件的自然情况、失效事件发生的时间、地点、后果，分析的目的及要求等。

（3）现场调查情况：包括失效发生时机件的服役环境和工况条件，失效未发生时机件的制造和服役过程，当事人和目击者对失效事件的看法，相关的标准和技术要求等。

（4）分析过程：采用了何种方法和手段、利用了哪些仪器和设备、做了哪些检验和测试工作、参照了哪些标准、每一步骤得到了什么结果等。

（5）结论：失效分析报告应给出明确的结论，对于无法给出明确结论的分析过程，在可能的条件下应加大分析范围、深化分析层次，进一步进行分析以便得到明确结论。

（6）建议：针对失效分析得到的结论，要结合现场工况和相关标准，给出具有可行性的建议，例如如何预防类似的失效事件，改进措施是什么。

委托方和被委托方都要归档管理失效分析报告，这不仅保证有据可查，更能为以后的失效分析工作提供参考，避免类似事件的发生。

第 2 章
失效分析常用技术

为了准确判定机件产生失效的原因,必须运用相关技术或仪器设备对失效机件进行多方位的观察、测试和分析并做出评价,常用的技术包括无损检测技术、宏观金相分析技术、微观金相分析技术、电子显微分析技术、定量分析技术等,其他还有力学性能测试技术、物理性能测试技术等。

2.1 无损检测技术

无损检测技术以不损害被检验机件的使用性能为前提,应用多种物理和化学原理,对机件进行检验和测试。随着科学技术的发展,无损检测技术的种类越来越多,常用来进行失效分析的无损检测技术包括目视检测、超声检测、射线检测、涡流检测、磁粉检测、渗透检测、红外检测、声发射检测、漏磁检测、漏点检测等。

2.1.1 目视检测

目视检测(Visual Testing,VT)又称外观检验,它仅指用人的眼睛或借助光学仪器对被检验对象表面进行观察或测量的一种方法,是一种实施简便而又应用广泛的检验方法,主要是发现机件表面的缺陷。

目视检测的特点见表 2-1。

表 2-1　　　　　　　　　　目视检测的特点

优点	局限性
1. 无须复杂的检测设备 2. 检测过程简便、快捷 3. 检测结果实时可现,直观性和重复性好	1. 只能检测机件表面缺陷 2. 受人眼分辨能力的限制,无法检测细微的缺陷

根据具体实施方法的不同,目视检测可以分为直接目视检测、间接目视检测和透光目视检测,三种检测方法的比较见表 2-2。

表 2-2 三种目视检测方法的比较

检测方法	适用环境	辅助设备	应用场合
直接目视检测	可以直接用肉眼观察的环境	照明光源;反光镜;放大镜	部件表面缺陷
间接目视检测	不能直接用肉眼观察的环境	内窥镜;光导纤维;照相机;机器人	管道或其他结构体内部表面缺陷
透光目视检测	可以直接用肉眼观察的环境	照明光源;放大镜	半透明层压板缺陷

人眼能够看见的光称为可见光,其波长范围在 390～760 nm,如图 2-1 所示。

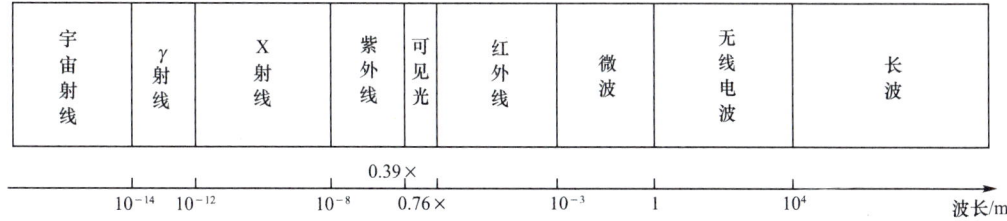

图 2-1 电磁波谱

目视检测设备主要有放大镜和内窥镜,其中后者包括刚性内窥镜、柔性内窥镜和柔性视频内窥镜。

1. 放大镜

放大镜是用来观察物体微小细节的简单目视光学器件,是焦距比人眼的明视距离小得多的会聚透镜。放大镜增大了视角,可使人眼更加清楚地分辨物体细节,通过放大镜看到的物体尺寸与将该物体放在明视距离处人眼所看到的尺寸之比称为放大镜的放大率。

虽然放大镜能将物体的细节放大,但其本身有三个固有的缺陷:畸变、球差和色差。

(1)畸变:图像看起来不真实,这与透镜材料、磨削工艺和抛光的质量有关,如图 2-2 所示。

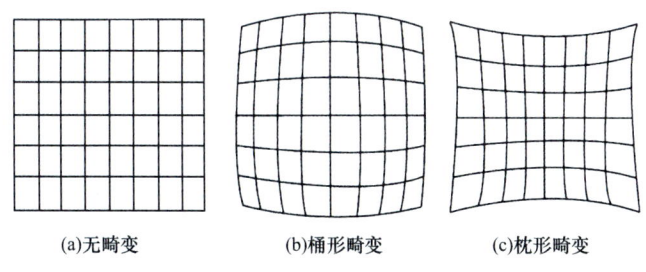

(a)无畸变   (b)桶形畸变   (c)枕形畸变

图 2-2 图像的畸变

(2)球差:透过透镜中心和透镜外侧边的光线聚焦在不同的位置,相对于理想成像点有偏离,如图 2-3 所示。球差是限制透镜分辨率的主要因素,可以通过稍微修改弯曲表面来修正。

（3）色差：简单来说就是颜色的差别，是透镜成像的一个严重缺陷。不同波长的光颜色各不相同，通过透镜时的折射率也不相同，这样物方的一个点，在像方则可能形成一个色斑，色差可用复合透镜来修正，单色光不产生色差。

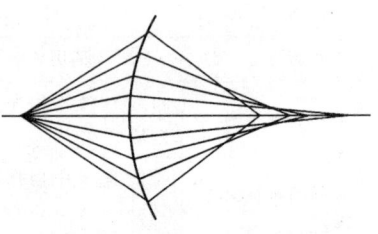

图 2-3　球差的产生

放大镜的放大率并不是无限大的，随着放大率的增大，会产生以下问题：

（1）物体不规则表面的峰、谷点同时落在焦点上的距离变小了，即视场深度变小。

（2）可观察到的区域变小。

（3）透镜到物体的距离要求更短。

通常而言，放大镜的放大率一般不超过 $20\times$。

2. 内窥镜

内窥镜是一种多学科通用的工具，利用内窥镜可以观察眼睛不能直视到的部位，能在密封空腔内观察其内部空间结构与状态，能实现远距离观察与操作。

内窥镜作为目视检测的重要设备，是集光、机、电一体化的无损检测设备，根据制造工艺特点，内窥镜分为刚性内窥镜、柔性内窥镜和柔性视频内窥镜三类。

（1）刚性内窥镜：刚性内窥镜通常限于观察者和观察区之间是直通道的场合，典型的刚性内窥镜如图 2-4 所示。光导纤维将光从外部光源导入，对观察区域进行照明，由物镜、消色差转像透镜和目镜组成的光学系统使观测者可对观测区进行高分辨力观察，放大倍数常为 $3\times$ 或 $4\times$，一般不超过 $50\times$。

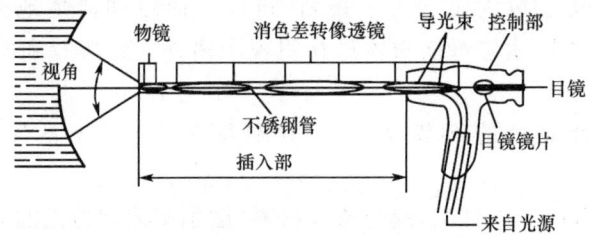

图 2-4　典型的刚性内窥镜

（2）柔性内窥镜：由高品质的光导纤维传递图像（导像束）和光线（导光束），通过目镜直接观察。柔性内窥镜由插入部（先端部、弯曲部和柔软部）、操作部和目镜组成，光纤及调校前端摆头角度的钢丝全部内置，另配有专用的冷光源。

（3）柔性视频内窥镜：柔性视频内窥镜成像系统由先端部、弯曲部、柔软部、控制部及视频内窥镜控制组和监视器构成，柔性视频内窥镜不仅可以提供高分辨力和高清晰度的图像，而且在使用过程中具有很大的灵活性。

使用内窥镜检查一般要遵循以下程序：

（1）了解被检机件内部结构特点、检测的具体内容和位置，按规定要求连接仪器设备。

（2）选择合适的探头、镜头及进入机件的通道，检测前应查明通道内是否存在毛刺、氧化皮、腐蚀物等可能对探头造成运动障碍甚至损坏的因素。

(3)对于一些结构复杂、无法了解内部结构的机件,可使用观察镜头观察后再进行检测,检测中尽量使镜头正对检测区域。

(4)检测前应使眼睛适应检测环境及光线,应避免长时间工作,以免眼睛疲劳造成误判或漏检。

(5)检测过程中应小心仔细,可使用辅助工具确保探头顺利到达指定部位,探头在推进过程中如遇明显阻力则应停止前进并查找原因。探头退出时应缓慢,避免用力拉拽,以免造成机件或探头损坏。

2.1.2 超声检测

超声检测(Ultrasonic Testing,UT)是利用超声波在传播过程中产生衰减或在异质界面产生反射、折射、波形转换等现象,对材料或部件的缺陷状况和力学性能进行评价。

超声检测的特点见表 2-3。

表 2-3 超声检测的特点

优点	局限性
1.超声波具有良好的指向性,对缺陷可以准确定位 2.超声波的能量高,具有很强的穿透能力 3.超声波在异质界面会产生反射、折射、波形转换等现象,可以对物体内部或表面状况进行有效判断 4.超声检测速度快,可检测金属、非金属、复合材料等多种介质 5.超声波对人体无害,不污染环境 6.除进行缺陷检测外,利用超声波还可以测定材料的某些性能指标如硬度、应力、弹性模量、晶粒度等	1.超声检测记录性差,无法直观地判断缺陷的几何形状、尺寸和性质 2.超声检测的可靠性在很大程度上与检测人员的技术水平和责任心有密切关系 3.超声检测不适合较薄工件的检测,某些情况下对体积型缺陷检出率较低

频率高于 20 kHz 的声波称为超声波,超声波属于机械波,是机械振动在弹性介质中的传播。按传播时介质质点振动方向与波传播方向的关系,超声波可分为纵波、横波、表面波、板波等;按传播时波阵面的形状,超声波可分为平面波、柱面波和球面波;按波源振动的持续时间,超声波可分为连续波和脉冲波。

充满超声波的空间或超声振动所涉及的介质部分称为超声场,通常用声压、声强、声阻抗等特征量描述超声场的特性。超声波在垂直入射到异质界面时会发生反射和透射,如图 2-5 所示,界面上声能、声压和声强的分配和传播方向都遵循一定的规律。

当超声波倾斜入射到异质界面时,不仅会发生反射和折射,还会发生波形转换,如图 2-6 所示。

超声检测方法有反射法和透射法。反射法采用一个探头,既作为发射探头,又作为接收探头,当在声波传播路径上没有缺陷时,示波屏上显示始发脉冲和底波(图 2-7(a));当在声波传播路径上有小缺陷时,示波屏上显示始发脉冲、缺陷波和底波(图 2-7(b));而当

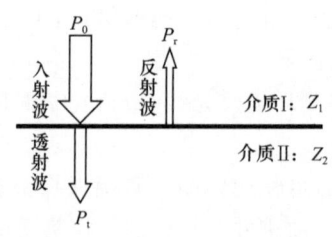

图 2-5 垂直入射到异质界面时超声波的反射和透射

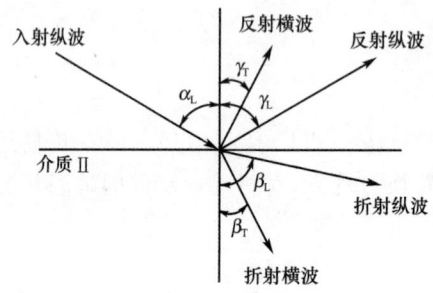

图 2-6 倾斜入射到异质界面时超声波的反射、折射和波形转换

缺陷较大时会完全遮挡声波的传播,示波屏上只显示始发脉冲和缺陷波(图 2-7(c)),可以根据缺陷波的幅值大小、位置和形状判断缺陷的大小、位置和性质。

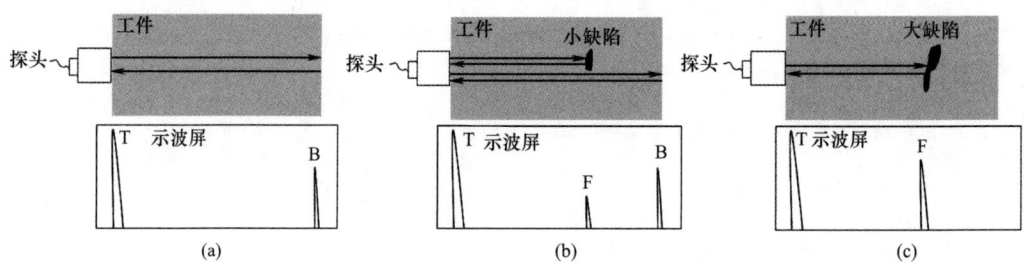

图 2-7 超声反射法检测时的波形显示(T-始发脉冲 F-缺陷波 B-底波)

透射法采用两个探头,放置在工件两侧,一个作为发射探头,另一个作为接收探头。当在声波传播路径上没有缺陷时,示波屏上显示始发脉冲和透射波[图 2-8(a)];当在声波传播路径上有小缺陷时,示波屏上显示始发脉冲和透射波,但此时透射波幅值降低[图 2-8(b)];而当缺陷较大时透射波幅值进一步降低,甚至可能完全遮挡声波的透射,此时示波屏上只显示始发脉冲[图 2-8(c)],根据透射波的幅值大小判断缺陷的大小,但无法根据透射波的位置判断缺陷位置,因为透射波的位置只与两个探头之间的距离有关。

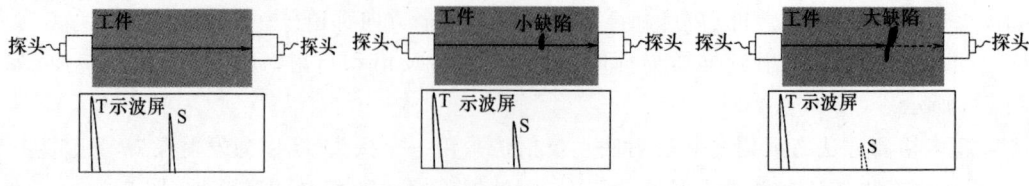

图 2-8 超声透射法检测时的波形显示(T—始波;S—透射波)

超声检测设备主要有超声波检测仪、超声波探头和试块。

1. 超声波检测仪

超声波检测仪是超声检测的主体设备,其性能直接影响检测结果的可靠性。超声波检测仪的作用是产生电振荡并施加于超声探头,使之发射超声波,同时还将探头传回的电信号进行滤波、检波和放大等,并以一定的方式将结果显示出来,以此获得被检对象的诸多信息。按缺陷显示方式分类,超声波检测仪可分为以下几种:

(1)A型显示超声波检测仪:A型显示是一种波形显示,仪器示波屏上的横坐标代表声波的传播时间,如果超声波在均质材料中传播,声速是恒定的,则传播时间可以转换为传播距离,纵坐标代表反射波的幅度。由传播时间可以确定缺陷位置,由反射波幅度和形状可以大致确定缺陷性质和估算缺陷的大小。

(2)B型显示超声波检测仪:B型显示是一种图像显示,仪器示波屏上的横坐标是靠机械扫描来得到的探头扫查轨迹,纵坐标是靠电子扫描来得到的声波传播时间(或距离),可直观显示出被检对象任一纵截面上缺陷的分布及深度信息。

(3)C型显示超声波检测仪:C型显示也是一种图像显示,仪器示波屏上的横坐标和纵坐标都靠机械扫描来得到探头在工件表面的位置,探头接收信号幅度以辉度表示,因而当探头在被检对象表面移动时,示波屏上便显示出被检对象内部与内部缺陷的平面图像,但不能显示缺陷深度。

2. 超声波探头

超声波检测中,声波的产生和接收过程是一个能量转换过程,这种转换是通过探头来实现的,超声波探头的功能就是将电能转换为超声能(发射探头)或将超声能转换为电能(接收探头),因此又将超声波探头称为超声波换能器。超声波探头有压电型、磁致伸缩型、光声型和电磁型。

3. 试块

试块是按一定用途设计制作的具有简单形状的人工反射体的试件,试块是超声检测中的重要设备,其主要用途有以下几个方面:

(1)测试和校验探伤仪和探头的性能,如组合灵敏度、垂直线性、水平线性、盲区、分辨力等。

(2)确定和校验探伤灵敏度。

(3)调节探测范围,确定缺陷位置。

(4)评价缺陷大小,对被检工件进行评级。

(5)测量材质衰减,确定耦合补偿等。

通常将试块分为标准试块和对比试块两大类。

标准试块(STB试块)是由权威机构规定的试块,主要用于测试和校验探伤仪和探头的性能,也可用于调整探测范围和探伤灵敏度。

对比试块(RB试块)是由各部门按具体检测对象规定的试块,主要用于调整探测范围,确定检测灵敏度,评价缺陷大小,是对工件进行评级和判废的依据。

超声检测过程主要有以下步骤:

(1)检测前的准备:包括要了解被检工件的性能特点和服役历史,如材质、尺寸、热处理状态、焊接方法、坡口形式、服役过程、遵循的标准等。

（2）仪器校准和参数选择：包括仪器的选择、探头形式、检测频率、扫查方式、试块选择、耦合剂选择等，并要对所选仪器和探头进行校准，以及利用标准试块或对比试块进行灵敏度校验。

（3）缺陷的评定：当发现缺陷显示信号后，要结合工件的具体情况对缺陷进行评定，即确定缺陷位置、尺寸、性质等，并根据相关标准确定损伤级别。

（4）出具检测报告：内容应包括被检件的详细信息、缺陷的详细信息及给出明确的结论。

2.1.3 射线检测

射线检测（Radiographic Testing，RT）是根据射线穿过试件前后强度的变化确定其内部是否有缺陷并对缺陷进行定量和定性的方法，射线检测原理如图 2-9 所示。可以用来进行射线检测的有 X 射线、γ射线和中子射线，其中最常用的是 X 射线和γ射线。

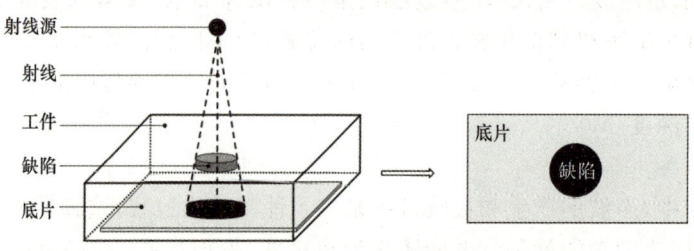

图 2-9　射线检测原理

射线检测的特点见表 2-4。

表 2-4　　　　　　　　射线检测的特点

优点	局限性
1.检测结果直观 2.检测结果可保存 3.缺陷定性及定量方便 4.适用于各种材料	1.检测成本高，效率低 2.射线对人体有害 3.被检件尺寸不能太大

X 射线是波长比紫外线还短的电磁波，它具有光的特性，例如具有反射、折射、干涉、衍射、散射和偏振等现象。它能使一些结晶物体发生荧光、气体电离和胶片感光。射线穿透物质时会与物质相互作用，产生光电效应、康普顿散射效应、瑞利散射效应、电子对效应等，造成射线的衰减。X 射线检测本质上就是利用 X 射线对材料的透射性能不同或者说不同材料对 X 射线的吸收和衰减程度的不同，使底片感光形成黑度不同的图像来观察和判断缺陷的有无及性质。

X 射线衰减的程度不仅与被透过物质的厚度有关，而且还与射线的性质（波长）、物体的性质（密度和原子序数）有关。一般来讲，射线的波长愈大，衰减愈大；物质的密度及原子序数愈大，衰减也愈大。单色窄束 X 射线的衰减呈指数规律，如图 2-10 所示。

X 射线是由于高速运动的电子撞击金属靶时急剧减速,其动能转化为辐射能,从而产生了 X 射线,这个过程称为韧致辐射。X 射线强度随波长的分布称为 X 射线谱,X 射线谱又分为连续 X 射线谱和特征(标识)X 射线谱,如图 2-11 所示。特征 X 射线强度低,在检测中不起主要作用。

γ 射线是放射性同位素经过 α 衰变或 β 衰变后,从激发态向稳定态过渡的过程中从原子核内发出的,这一过

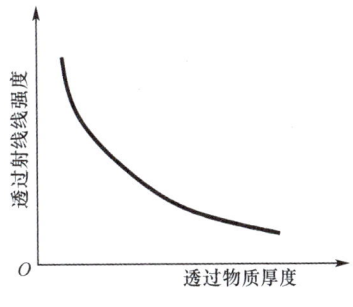

图 2-10　单色窄束 X 射线的衰减规律

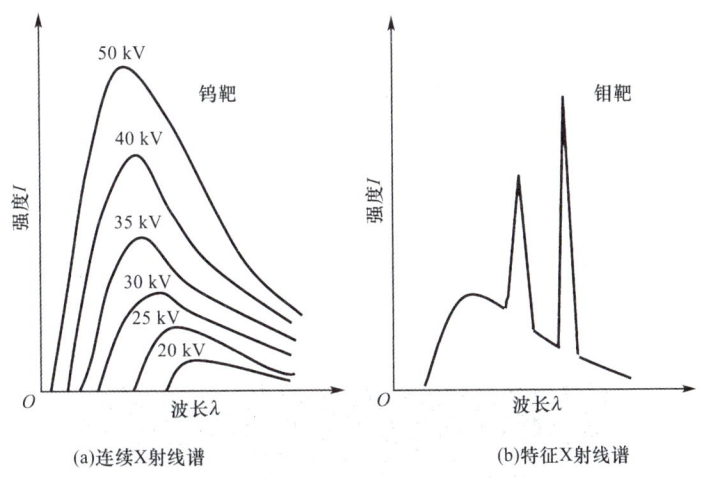

(a)连续X射线谱　　　　　　(b)特征X射线谱

图 2-11　X 射线谱

程称为 γ 衰变或跃迁。γ 射线的能量由放射性同位素的种类决定,一种同位素可能放出多种能量的 γ 射线,γ 射线能谱为线状谱。

射线检测的主要设备有射线源、像质计、胶片、增感屏、黑度计、观片灯等。

1. 射线源

射线源有 X 射线源和 γ 射线源,选择射线源的首要因素是要对被检试件有足够的穿透能力。X 射线的穿透能力取决于管电压,管电压越高,线质越硬,在试件中的衰减越小,穿透能力越强。X 射线源的能量可以根据试件厚度进行调节,而 γ 射线源的能量不能调节。两种射线源的特点见表 2-5。

表 2-5　　　　　　　　　　　　两种射线源特点比较

射线源	X 射线源	γ 射线源
优点	能量可以根据实际透照厚度调节 曝光时间短,一般为几分钟 射线源可用开关切断,较易实施射线防护	射线源尺寸小,可用于 X 射线源无法接近的部位 不需要水源和电源 基本消耗费用低
局限性	体积较大,基本消耗费用和维修费用也较大 能透照 40 mm 以上厚度的射线源成本较高 所有射线源均需要电源,有些还需要水源	曝光时间长,通常需几十分钟 射线能量不可调节 对安全防护要求高,需严格管理 固有不清晰度一般比 X 射线源大 灵敏度低于 X 射线源

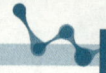

2. 像质计

像质计是用来评定透照灵敏度的带有人工缺陷的标准试块,类型有金属丝式、槽式、阶梯孔式、板式等,我国主要采用金属丝式像质计。

3. 胶片

胶片是用来记录透过射线强度分布的器材,是在醋酸纤维或聚酯材料片基上涂覆结合层、乳剂层和保护层制成的。射线胶片与普通胶片的不同之处,一是射线胶片乳剂的感光谱不同于普通胶片,二是射线胶片的乳剂层厚度远大于普通胶片的乳剂层厚度。

4. 增感屏

射线检测中,射线胶片仅吸收入射射线很少的能量。为了缩短曝光时间,常使用增感屏和胶片一起进行照相,利用增感屏吸收一部分射线能量,增加胶片的感光,达到缩短曝光时间的目的。增感屏有金属增感屏、荧光增感屏和金属荧光增感屏。金属增感屏的增感系数低,但影像清晰度高,而荧光增感屏虽然增感系数高,但影像质量差,已不允许使用。

5. 黑度计

黑度计是用来测量底片的黑度以判断底片是否合格。

6. 观片灯

观片灯是用来观察并识别底片影像,要有足够的亮度。

射线检测是根据底片上的图像信息来判断缺陷的有无及缺陷的性质,如图 2-12 所示,某工件焊缝射线检测的底片图像中,可以清楚地看到工件内部存在着未焊透缺陷。

图 2-12　焊缝中的未焊透缺陷

射线检测过程主要有以下步骤:

(1)检测前的准备:要了解被检机件的性能特点和服役历史,如材质、尺寸、热处理状态、焊接方法、坡口形式、服役过程、遵循的标准等。

(2)射线源和参数选择:根据透照厚度选择合适的射线源和胶片,确定管电压、管电流、焦距、透照时间、透照方式等参数。

(3)暗室处理:将经过透照的胶片经过合适的暗室处理变为可见影像的底片。

(4)缺陷的评定:在观片灯下观察底片,并按照相关标准对发现的缺陷进行损伤级别的评定。

(5)出具检测报告:内容应包括被检件的详细信息、缺陷的详细信息及给出明确的结论。

2.1.4　涡流检测

涡流检测(Eddy current Testing,ET)是利用电磁感应原理,通过测定被检机件内感生涡流的变化来检测导电材料表面和近表面缺陷以及评价工件的某些性能参数,涡流的产生如图 2-13 所示。当导体处在变化的磁场中或相对于磁场运动时,其内部会感应出电流,这些电流在导体内部形成闭合回路,呈漩涡状流动,称之为涡流。涡流的大小、相位以及流动方式等受材料导电性能的影响,涡流产生的反作用磁场又使检测线圈的阻抗发生变化,因此,通过测定检测线圈阻抗的变化,就可以得到被检机件有无缺陷或相关参数变化的信息。

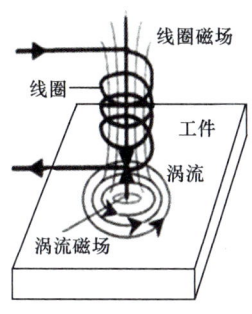

图 2-13　涡流的产生

涡流检测的特点见表 2-6。

表 2-6　涡流检测的特点

优点	局限性
1. 对表面和近表面缺陷检测灵敏度很高 2. 检测时不要求检测线圈与被检材料紧密接触,无须耦合介质,易于实现高速、自动化在线检测 3. 不仅可以进行缺陷检测,也可以对金属材料工艺和性能参数进行评价 4. 可对高温状态的导电材料进行缺陷检测、材质检验以及直径、壁厚等尺寸测量 5. 检测线圈可绕制成不同形状,可用于异形材料和小零件的检测	1. 仅适用于导电材料表面和近表面缺陷的检测 2. 影响因素多,信号分析较为复杂 3. 是一种当量比较的测量方法,需要将检测结果与标准试块进行对比,无法对缺陷类型、形状、尺寸等给出准确的定性、定量判断 4. 具有提离效应和趋肤效应,不适合形状复杂、表面粗糙工件的检测

涡流检测时存在趋肤效应,即被检件表面层的电流密度最大,随着进入导体深度的增大而呈指数规律衰减,因此涡流检测只能检测表面和近表面缺陷,图 2-14 给出了几种材料的标准透入深度与检测频率的关系,为了保证检测灵敏度,不同的材料都有最佳的检测频率。

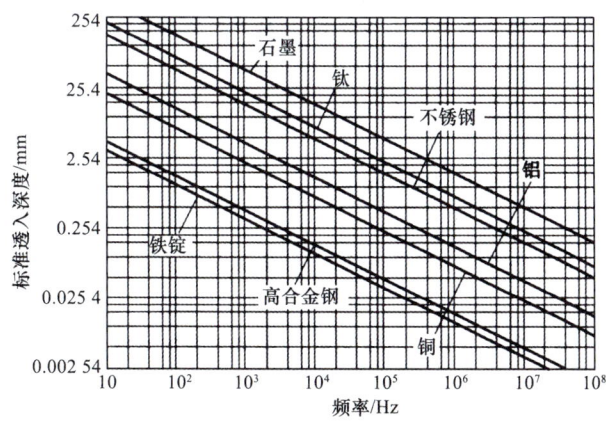

图 2-14　几种材料的标准透入深度与频率的关系

涡流检测设备主要有涡流检测仪、涡流传感器和试块。

1. 涡流检测仪

涡流检测仪有便携式和固定式两大类。便携式仪器体积小,方便随身携带,适合野外作业;固定式仪器体积大,需放置于室内,有利于实现自动化。涡流检测仪一般由振荡器、信号检出电路、放大器、信号处理器和显示器组成,振荡器在被检工件中感生涡流,涡流信号经放大后送入信号处理器进行处理后由显示器以数字、图形等方式显示结果。

2. 涡流传感器

涡流传感器的主要功能是在被检试件中激发出涡流,并检测涡流反作用后原磁场的变化,是涡流检测的关键设备。常用的涡流传感器主要有线圈、霍尔元件、磁敏二极管等,其中最常用的是线圈。按感应方式不同,线圈可以分为穿过式、放置式和内插式线圈,如图 2-15 所示;按连接方式的不同,线圈可以分为绝对式和差动式线圈,其中差动式线圈又可分为标准比较式和自比较式线圈,如图 2-16 所示。

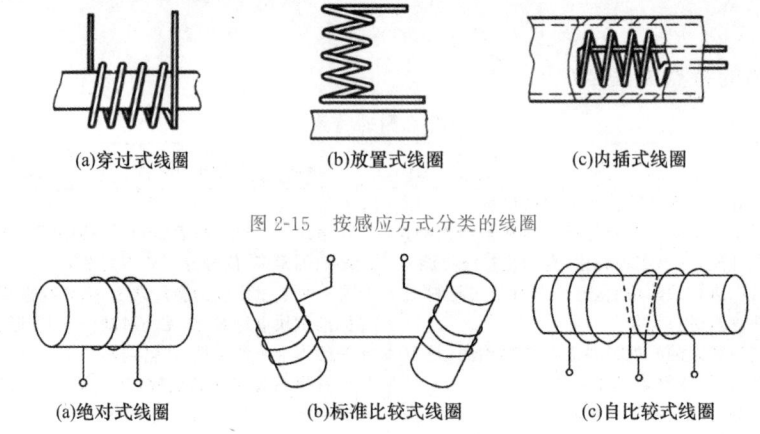

(a)穿过式线圈　　　(b)放置式线圈　　　(c)内插式线圈

图 2-15　按感应方式分类的线圈

(a)绝对式线圈　　　(b)标准比较式线圈　　　(c)自比较式线圈

图 2-16　按连接方式分类的线圈

3. 试块

试块是指按一定用途设计制作的含有特定人工缺陷的试件,又分为标准试块和对比试块。

标准试块主要用于仪器性能的测试与评价,以保证缺陷测试和评价结果具有较好的重复性和可比性。标准试块的规格尺寸、材质、缺陷的形式(位置、大小、数量等)都有严格规定,不同检测标准中对标准试块都有明确的要求。

对比试块需要根据被检测对象的形状来确定,必须具有一定代表性,因此对比试块的形状也是各有差异,但都需要根据待检测对象最可能的缺陷形式和性质而定。

涡流检测过程主要有以下步骤:

(1)检测前的准备:要了解被检机件的性能特点和服役历史,如材质、尺寸、热处理状态、焊接方法、坡口形式、服役过程、遵循的标准等。

(2)仪器校准和参数选择:包括仪器的选择、探头形式、检测频率、扫查方式、试块选择等,并要对所选仪器和探头进行校准,以及利用标准试块或对比试块进行灵敏度校验。

(3)缺陷的评定:当发现缺陷显示信号后,要结合机件的具体情况对缺陷进行评定,即确定缺陷位置、尺寸、性质等,并根据相关标准判断损伤级别。

(4)出具检测报告:内容应包括被检件的详细信息、缺陷的详细信息及给出明确的结论。

2.1.5 磁粉检测

磁粉检测(Magnetic particle Testing,MT)是一种利用机件不连续处产生的漏磁场,对铁磁性材料进行缺陷检测的方法。

铁磁性材料机件被磁化后,由于材料中缺陷处的磁导率远小于无缺陷处的磁导率,导致磁路中的磁阻发生变化,使机件表面和近表面的磁感应线发生局部畸变,产生漏磁场,如图2-17(a)所示。缺陷处漏磁场与磁粉相互作用,通过磁粉显示出缺陷的位置、大小、形状和严重程度,如图2-17(b)所示。

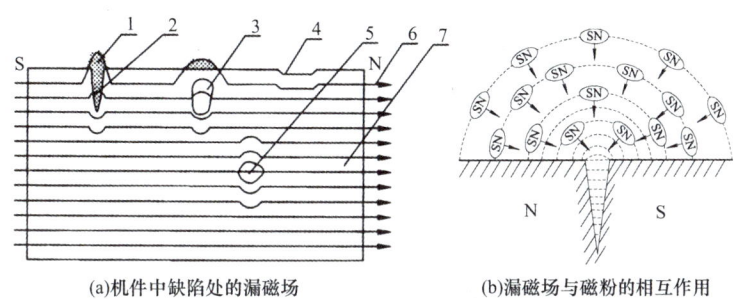

(a)机件中缺陷处的漏磁场　　(b)漏磁场与磁粉的相互作用

图2-17 磁粉检测原理

1—漏磁场;2—裂纹;3—近表面气孔;4—划伤;5—内部气孔;6—磁力线;7—机件

磁粉检测的特点见表2-7。

表2-7 磁粉检测的特点

优点	局限性
1.能检测出铁磁性材料机件表面和近表面的开口与不开口缺陷,能直观显示缺陷的位置、大小、形状和严重程度,可大致确定缺陷性质	1.只能检测铁磁性材料
	2.只能检查表面和近表面缺陷,一般深度小于1~2 mm(直流电磁化时检测深度可大一些)
2.检测灵敏度高,能检测出微米级裂纹及目视检测和超声检测难以检出的缺陷	3.检测灵敏度与磁化方向有很大关系,当缺陷方向与磁化方向平行时灵敏度很低
3.综合使用多种磁化方法,可以检出机件各个方向的缺陷	4.不适用于检测机件表面浅而宽的划伤、针孔状缺陷和埋藏较深的内部缺陷
4.检查缺陷的重复性好,成本低	5.通电法和触头法易产生打火烧伤,大部分机件检查完毕后要进行退磁处理
5.单个机件检测速度快,工艺简单,污染小	

磁粉检测过程中要用电流对机件磁化来产生磁场,常用的磁化电流主要有交流电、单相半波整流电和三相全波整流电,如图2-18所示。

为了发现不同方向的缺陷,磁化方法分为周向磁化、纵向磁化和复合磁化三大类,如图2-19所示。

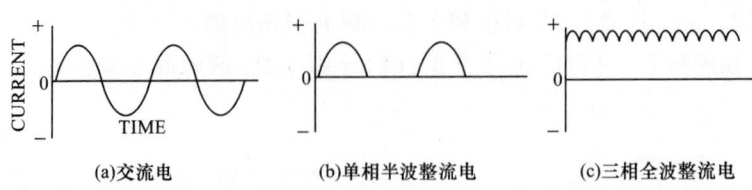

图 2-18 常用磁化电流种类

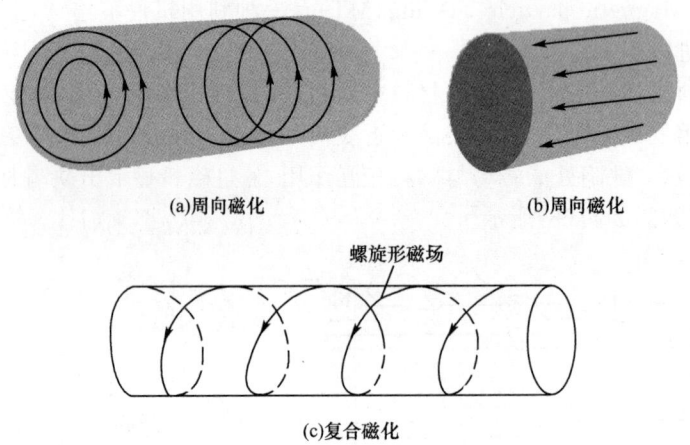

图 2-19 磁化方法

不同的磁化方法对不同方向缺陷的检出灵敏度是不同的,如图 2-20 所示为通电法磁化(周向磁化)时对不同方向缺陷的检出能力,可见,当缺陷方向与磁力线方向平行时,缺陷无法检出。

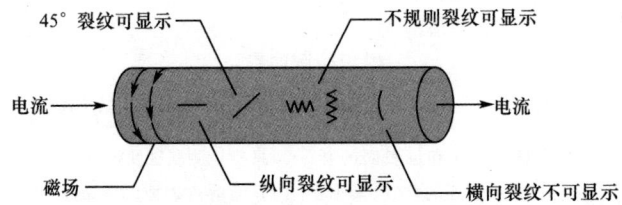

图 2-20 通电法磁化时缺陷的检出能力

根据显示的磁痕,可判断缺陷的有无、位置和性质,如图 2-21 所示,可以清晰地显示齿轮疲劳裂纹。

磁粉检测设备及材料主要有磁粉探伤机、磁粉、标准试片/试块等。

1. 磁粉探伤机

磁粉探伤机又分为便携式磁粉探伤机、移动式磁粉探伤机和固定式磁粉探伤机。便携式磁粉探伤机体积小,重量轻,携带方便,磁化电流小,适用于现场、高空和野外作业,移动式磁粉探伤机体积和重量小,可在现场进行检测,磁化电流中等。固定式磁粉探伤机体积和重量大,不能在现场进行检测,但磁化电流大,功能多,一般带有照明装置、退磁装置和磁悬液搅拌、喷洒装置等。

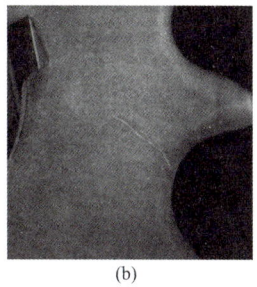

(a)　　　　　　(b)

图 2-21　磁粉检测显示的齿轮疲劳裂纹

2. 磁粉

磁粉是具有一定形状、大小和颜色的铁磁性物质的粉末,又分为非荧光磁粉、荧光磁粉和特种磁粉。磁粉应具有高的磁导率、低的剩磁和矫顽力,检测时选择所需粒度和形状的磁粉与载液配制成磁悬液施加在被检工件表面。

3. 标准试片/试块

标准试片/试块用于制定磁化规范,确定系统灵敏度是否达到要求,了解有效磁场的强度和方向等。试片/试块种类很多,图 2-22 所示为标准 NB/T 47013.4—2015 中规定的 A 型试片和八角试块,A 型试片用来确定系统灵敏度,八角试块用来确定磁场方向。

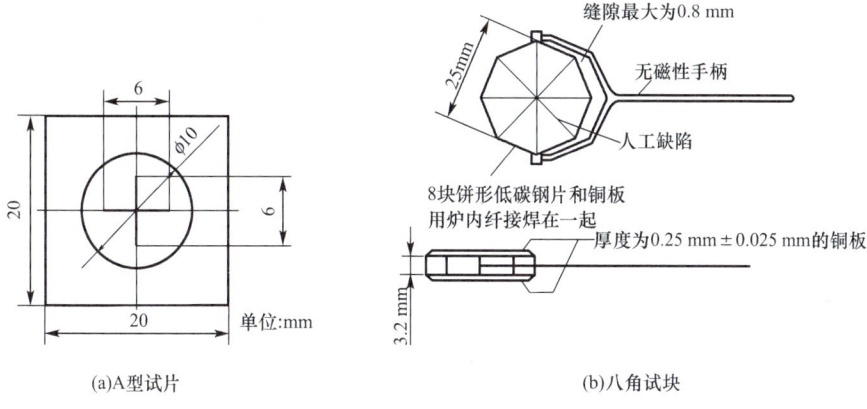

(a)A型试片　　　　　　　　　　　　(b)八角试块

图 2-22　标准试片/试块

磁粉检测过程主要有以下步骤:

(1)检测前的准备:要了解被检机件的性能特点和服役历史,如材质、尺寸、热处理状态、焊接方法、坡口形式、服役过程、遵循的标准等。

(2)预处理:对待检机件要预先进行表面处理和清洗,去除油污、毛刺、氧化皮等。

(3)机件磁化:选择合适的磁化方法对机件进行磁化并施加磁粉或磁悬液。

(4)磁痕的观察与评定:在合适的照明条件下观察磁痕显示并进行判断与评定。

(5)退磁:一般机件在经过磁粉检验后均应进行退磁处理,以防止剩磁在机件的后续加工或使用中产生不利的影响。

(6)出具检测报告:内容应包括被检件的详细信息、缺陷的详细信息及给出明确的结论。

2.1.6 渗透检测

渗透检测(Penetrating Testing,PT)是一种以毛细作用原理为基础,用于检测非疏孔性金属和非金属试件表面开口缺陷的方法,广泛应用于锻件、铸件、焊接件的表面质量检测。

渗透检测的特点见表2-8。

表 2-8 渗透检测的特点

优点	局限性
1. 原理简单易懂,对操作者要求低 2. 检测设备简单,成本低廉 3. 可用于多种材料的表面检测,几乎不受机件几何形状和尺寸的限制 4. 一次操作可同时检测不同方向的缺陷	1. 只能检测表面开口缺陷 2. 工艺流程比较烦琐,效率低 3. 渗透液易污染失效 4. 检测温度范围在 5~50 ℃之间

将玻璃毛细管分别插入盛水和水银的容器中,毛细管中水的液面会高于容器中水的液面,而毛细管中水银的液面会低于容器中水银液面,这是由于水能润湿玻璃,而水银不能润湿玻璃,如图 2-23 所示。实际中的缺陷可以视为毛细管,施加能润湿缺陷的渗透液,通过显像可以将缺陷的形状和大小显示出来,图 2-24 为渗透检测显示的轴瓦内表面放射状磨削裂纹。

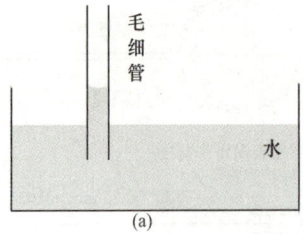
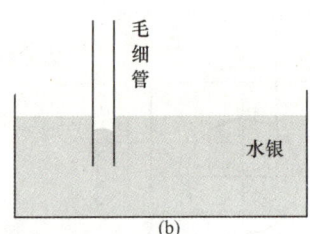

图 2-23 毛细现象

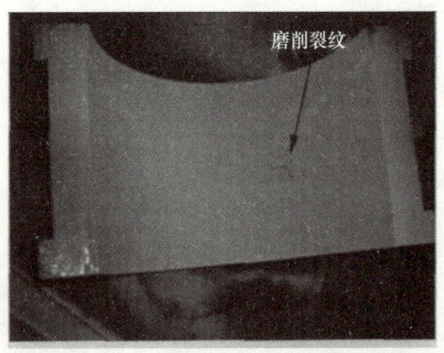

图 2-24 轴瓦内表面放射性磨削裂纹

根据渗透液所含染料成分,可分为着色渗透检测、荧光渗透检测和着色荧光渗透检测。着色法的渗透液中含有红色染料,在白光下即可进行缺陷观察。荧光法的渗透液中含有荧光染料,需要在紫外光下进行缺陷观察。着色荧光法则兼具着色法和荧光法的显像特性,在白光和紫外光下均能进行观察。根据渗透液的去除方法,可分为水洗型渗透检测、后乳化型渗透检测和溶剂去除型渗透检测。当渗透液中含有乳化剂时,机件表面多余的渗透液可直接用水去除,称为水洗型渗透检测。若渗透液中不含乳化剂,清除渗透液前要先进行乳化,然后用水清洗,称为后乳化型渗透检测。溶剂去除型渗透检测是用有机溶剂擦洗机件表面去除多余的渗透液。根据显像方法,可分为干式显像(干粉显像剂)、湿式显像(水悬浮型显像剂)、速干式显像(溶剂悬浮型显像剂)和自显像,其中干式显像法主要用于水洗型及后乳化型荧光渗透检测,自显像一般适合于荧光渗透检测。

渗透检测设备及材料主要有渗透检测装置和辅助器材。

(1)渗透检测装置:分为便携式装置和固定式装置。便携式装置包括装有各种渗透检测剂的压力喷管、毛刷、观察灯等,可在现场进行检测。固定式装置功能较多,包括渗透、乳化、水洗、干燥、显像等功能,图 2-25 为 L 型排列的固定式荧光渗透检测装置。

(2)渗透检测辅助器材:包括黑光灯、照度检测仪和检测试块等。

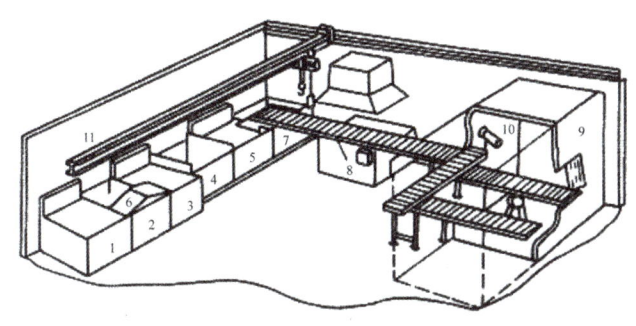

图 2-25 L 型排列的固定式荧光渗透检测装置

1—渗透槽;2—滴落槽;3—乳化槽;4—水洗槽;5—液体显像槽;

6,7—滴落板;8—传输带;9—观察室;10—黑光灯;11—吊轨

渗透检测过程主要有以下步骤:

(1)检测前的准备:要了解被检机件的性能特点和服役历史,如材质、尺寸、热处理状态、焊接方法、坡口形式、服役过程、遵循的标准等。

(2)预处理:对待检机件要预先进行表面处理和清洗,去除油污、毛刺、氧化皮等。

(3)施加渗透液:在待检机件表面施加渗透液,在保证充分渗透后再去除表面上多余的渗透液并进行干燥处理。

(4)施加显像剂:显像剂的作用是将缺陷中的渗透液吸附出来,并作为背景以形成显示。

(5)缺陷观察与评定:在合适的照明条件下观察缺陷显示并进行判断与评定。

(6)出具检测报告:内容应包括被检件的详细信息、缺陷的详细信息及给出明确的结论。

2.1.7 红外检测

红外检测是利用红外设备测量被检物体表面红外辐射能,将其转换为电信号后,以彩

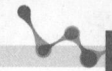

色图或灰度图的方式显示被检物体表面的温度场,然后根据该温度场的分布状况判断被检物体表面或内部状况的技术。

红外检测的特点见表 2-9。

表 2-9　　　　　　　　　　红外检测的特点

优点	局限性
1.检测结果形象直观,存储方便 2.适用范围广,检测速度快 3.非接触检测,操作安全 4.检测灵敏度高	1.检测费用高 2.仅对表面缺陷较敏感 3.对低发射率材料检测有困难

辐射是指物体受某种因素的激发而向外发射能量的现象,由于物体内部微观粒子的热运动而使物体向外发射辐射能的现象称为热辐射,红外辐射即属于热辐射。任何温度高于绝对零度的物体都会向外辐射红外辐射能,同时也吸收来自外界的红外辐射能,因此,红外辐射是普遍存在的。热辐射的红外线是一种电磁波,具有电磁波的一切特性。任何高于绝对零度的物体都具有热辐射现象,只不过在不同的温度下,物体所发出的热辐射波长不同,比如,37 ℃人体最大辐射波长在约 9.3 μm 处,而 5 500 ℃太阳的最大辐射波长在约 0.5 μm 处,此时热辐射表现为可见光,如图 2-26 所示。

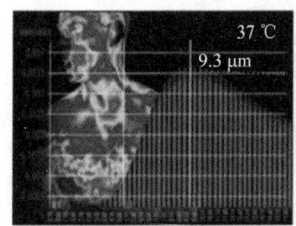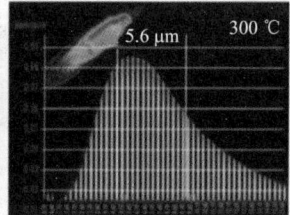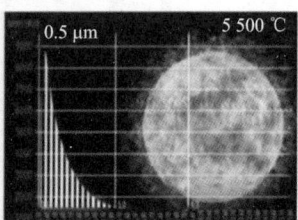

(a)人体热辐射　　　　　　　(b)火箭推进器热辐射　　　　　　　(c)太阳热辐射

图 2-26　物体的热辐射特性

红外热成像是利用目标和背景或目标不同区域间的辐射差异形成的红外辐射特征,利用红外探测器采集数据,通过处理系统形成的一种图像。红外图像能够呈现物体各部分的辐射起伏,从而显示出景物的特征,它不同于人眼能看到的可见光图像,而是物体表面温度分布的图像。

红外热成像系统的结构如图 2-27 所示,热成像的关键技术主要有热成像镜头、焦平面探测器、图像处理算法、数据处理系统、测温算法和校正等。热成像技术具有非接触、实时、快速、直观、安全、灵敏度高等特点,应用范围十分广泛。图 2-28 为某输电线路绝缘子红外热像图,由图中可以看出,在绝缘子端部靠近导线处存在严重的发热点,进一步检查表明,复合绝缘子护套已经变脆变硬,表面存在碳化通道和电蚀损,存在粉化现象。

按是否需要对被检件施加激励,红外检测可以分为被动式检测和主动式检测。被动式检测利用被检件自身的辐射能,不需要对其施加激励,主要用于运行中的电力设备、石化设备的在役检测。主动式检测需要对被检件施加激励,其目的是在被检件中造成温度场的扰动,使被检件探测面的温度场在激励的作用下不断发生变化,同时利用检测设备连

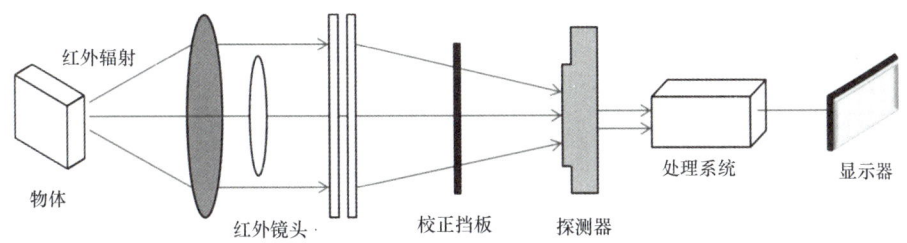

图 2-27　红外热成像系统

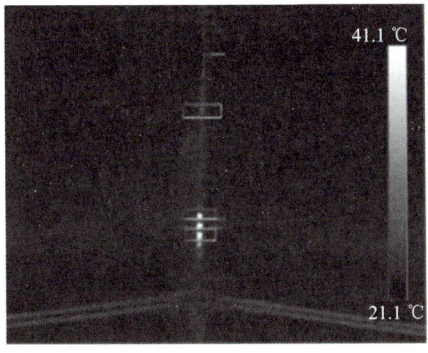

图 2-28　输电线绝缘子红外热像图

续获取被检件表面的红外辐射能,从而判断被检件表面或内部状况。主动式检测一般为动态检测,缺陷热图像的显现是暂时的,导热快的材料更是如此,这也是红外对热导率快的材料检测有困难的原因。

红外检测设备包括红外测温仪、红外热像仪、红外热电视等。红外测温仪在某一时刻只能测取物体表面上某一个小区域的平均温度,而红外热像仪和红外热电视可以测取物体表面较大区域内的温度场。

2.1.8　声发射检测

声发射是指物体在形变或受外力作用下,因迅速释放弹性能而产生瞬态应力波的现象,通过仪器接收应力波并进行分析,进而判断被检件的损伤状况。

声发射检测的特点见表 2-10。

表 2-10　　　　　　　　　　　声发射检测的特点

优点	局限性
1. 检测灵敏度和效率高 2. 不受材质和结构限制 3. 适用于难以或不能接近的环境 4. 具有整体性和全局性	1. 不能明确给出缺陷的性质和大小 2. 检测过程易受到机电或环境噪声干扰 3. 定位精度不高 4. 信号解析比较困难

声发射检测是动态检测过程,材料的塑性变形、裂纹形成与扩展、分层开裂、腐蚀减薄、摩擦磨损、泄漏、撞击振动等都可以成为声发射源,典型的声发射信号如图 2-29 所示,

通过对计数率进行分析,可以评价材料内部的损伤和声发射源的数量,通过对声发射源进行定位,就可以判断损伤的位置。

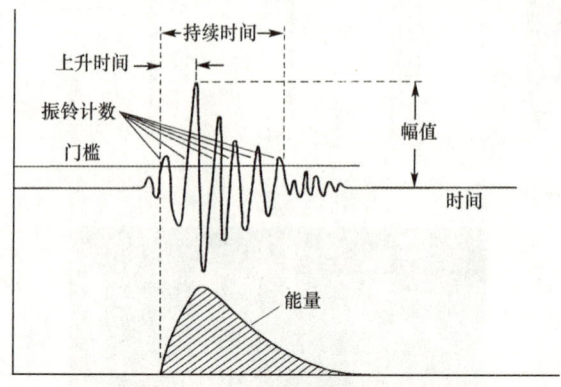

图 2-29 典型的声发射信号

典型的声发射仪器一般包括换能器、信号采集系统、信号处理系统等模块,现代声发射仪器除了可以进行声发射参数实时测量和声发射源定位外,还可以直接进行声发射信号波形的观察、显示和谱分析。

2.1.9 漏磁检测

漏磁检测(Magnetic Fluxleakage Testing,MFL)是利用磁敏元件检测缺陷形成的漏磁场,从而发现被检件表面和近表面缺陷。漏磁检测在现场实施方便快捷,与其他检测方式配合可以取得良好的检测效果,在钢坯、钢棒、钢管、钢丝绳、压力容器、铁轨的检测中得到了广泛的应用。

漏磁检测的特点见表 2-11。

表 2-11　　　　　　　　漏磁检测的特点

优点	局限性
1.对检测环境要求不高,易于实现自动化 2.降低了人为因素的影响,具有较高的可靠性 3.可以对缺陷的危害程度进行量化评估 4.检测过程安全高效,环境友好	1.只适用于铁磁性材料 2.只能检测表面缺陷 3.不适合表面有涂层或覆盖层的工件 4.不适合形状复杂零部件的检测

漏磁场检测时首先要对机件进行磁化,在实际检测过程中,大多采用的是和磁粉检测相同的磁化技术,但由于漏磁场检测是利用磁敏元件检测漏磁场,因而其磁化方法与磁粉检测又有一些不同,直流磁化和交流磁化是两种最基本的磁化方式。直流磁化对电源的要求较高,但能够检测较深的缺陷;交流磁化实施比较方便,可以用来检测表面粗糙的机件,但能够检测的缺陷深度较小。近年来,随着对漏磁场检测技术研究的不断深入,在交流磁化的基础上开发了低频磁化技术,利用其渗透深度大的特点,可以检测埋藏深度更深的缺陷,信号处理时只提取相位信号,用于测量机件厚度的变化,可靠性很高。另一种新发展起来的是利用脉冲电流的脉冲磁化技术,采用方波或尖脉冲,它们都不是单频波,在

其基频附近存在一个频带,这种磁化方法既可获得充分的磁化效果,又对杂散信号有一定的抑制作用,同时可以缩小磁化装置的体积和重量。

典型的漏磁场检测仪器一般包括传感模块、信号处理模块和扫查模块,如图2-30所示。漏磁检测仪器一般采用多通道设计,以增加传感器数量,扩大检测区域,提高检测效率。

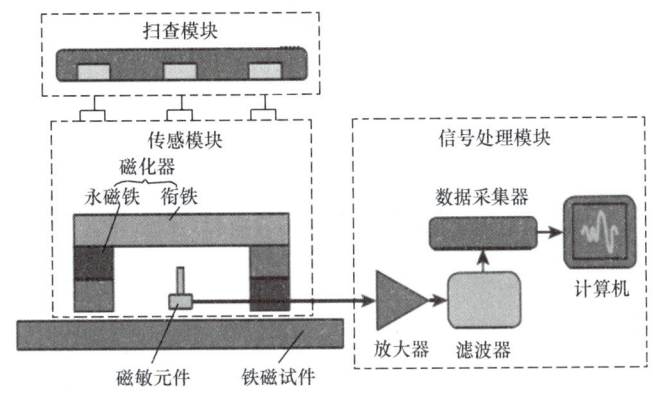

图 2-30 典型漏磁场检测仪器结构

上述几个模块中,漏磁场检测传感器是漏磁场检测的关键部分,要完整、准确、及时地反映缺陷的漏磁场,传感器必须具有动态范围宽、响应时间短、空间分辨力好、灵敏度高、抗干扰能力强、稳定性和可靠性好等特点。常用的传感器有线圈传感器、巨磁阻传感器、霍尔器件等。

2.1.10 漏点检测

在机械装备的失效分析中,有一类问题需要对其做泄露原因分析,此时,失效分析首先要解决的事情就是对于泄露点的准确定位。若机件比较小,或者缺陷位置区域比较明确时,可采用无损检测方法进行漏点的精准定位,但很多情况下机件较大,表面状态差,上述方法很难发现泄漏点,此时可将被检设施一端密闭,从两端向内充入水或气体,在达到一定的压力后保持一段时间,通过观察和设施连通的压力表变化来判断设施内部压力的变化情况,若在规定时间内压力下降较多,则表明其存在泄漏点。

对压力容器的漏点检测一般都采用充水检测法,该方法对水的要求不高,一般的河水、江水甚至海水都可以使用,如图2-31(a)所示。充水检测法的优点是检测成本较低,缺点是检测完后要对容器内做干燥处理,以免引起腐蚀。有些容器不允许有残留水,特别是含有腐蚀性介质的水,若残留在容器内很容易导致局部腐蚀引发失效。

真空设备由于比较忌讳水,所以一般都采用充气法检测,如图2-31(b)所示,检查时也可以加人一些芳香类气体,这样就可根据泄漏气体的气味找到源头,也可以根据添加气体的特殊性质,采用专业检漏仪查找漏点。充气检测法的优点是使用范围较广,也不会污染被检对象,缺点是成本较高,实际操作时也比较烦琐。

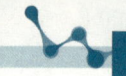

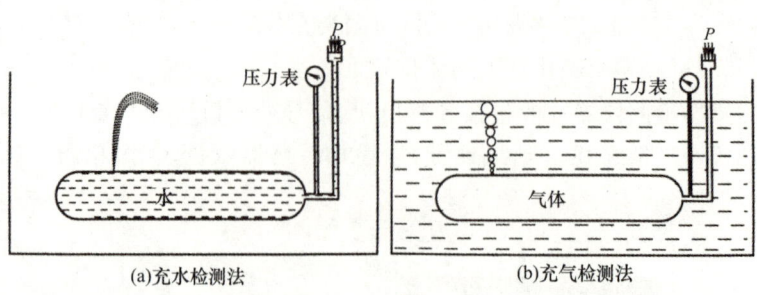

(a)充水检测法　　　　　(b)充气检测法

图 2-31　泄漏点检测方法

2.2　宏观金相分析技术

宏观金相分析技术是指用肉眼或借助 30～50 倍以下的放大镜对金属的组织和缺陷进行检查,在失效分析中应用较多的有两种情况,一种是按相关标准对产品质量进行评定;另一种是通过低倍试验,显示失效件的结构、断裂位置、断裂面以及断裂源区的特征,为更深层次的微观分析确定取样位置和分析方向。

宏观金相分析过程一般包括取样、镶嵌、磨光、抛光、腐蚀、观察等工序,无论哪个工序操作不当都可能影响最终的分析结果。

1. 取样

取样应选择有代表性的部位。对于失效机件,应在失效部位和完好部位分别取样以便于对比分析;对于铸件,应从表面到内部、从上部到下部分别取样观察组织差异,以便于了解偏析、疏松及冷却速度对组织的影响;对于锻轧件或冷变形件,应进行纵向取样,以便于观察组织和夹杂物的变形情况;若要观察热处理件的显微组织,则应进行横截面取样。可以根据材料的特点采用不同的工具或取样方法,如砂轮切片、电火花切割、锯、刨、车等,但要注意避免破坏待分析部位或引起组织变化。

2. 镶嵌

试样尺寸较小时需要进行镶嵌以便实施后续工作,镶嵌方法有机械镶嵌、热镶嵌、冷镶嵌等。机械镶嵌主要是根据试样形状,利用合适的夹具固定试样;热镶嵌是将试样磨面向下装入模具中,再加入适量的热镶嵌粉末,通过加热加压使之固化成型;冷镶嵌是将试样磨面向下放入专用模具,再将按一定比例混合的糊状树脂倒入其中,在室温静置一段时间后固化成型。

3. 磨光

一般情况要对试样进行磨光,磨光分为粗磨和精磨。粗磨的目的是为了平整试样观察面并将试样制成合适的形状和尺寸,每道磨光工序要尽量减少人为损伤并需去除前道工序造成的变形层。精磨的目的是为了消除粗磨时产生的磨痕并为抛光做准备,精磨通常采用不同粒度的砂纸。

4. 抛光

抛光又分为机械抛光、电解抛光和化学抛光,目的是把磨光过程形成的细微磨痕去除。机械抛光一般采用带有人造金刚石、Al_2O_3、Cr_2O_3、MgO 等磨粒的抛光布,也分为粗抛和精抛。机械抛光容易实施,但在试样表面会产生变形层,影响最终观察的真实性,此时可以采用电解抛光。电解抛光时试样作为阳极、不锈钢作为阴极放入电解液后通电,阳极发生溶解,金属离子进入电解液。电解抛光时,在不平的试样表面会形成一层高电阻的薄膜,试样凸起部分的薄膜厚度比凹下部分的薄膜厚度小,电流密度大,金属溶解速度快,从而使试样凸起部分逐渐平坦,形成光滑平整的表面。电解抛光不会使试样表面形成变形层,比较适合硬度低的单相合金、铝合金、镁合金、铜合金、钛合金等机械抛光难以达到要求的材料,但是电解抛光对材料成分的不均匀和显微偏析特别敏感,非金属夹杂物部位会产生强烈腐蚀,因此电解抛光不适合偏析严重的材料和作为检验夹杂物的试样,同时要选择合适的抛光参数,否则会造成新的损伤。化学抛光是将试样浸在化学抛光液中进行适当的搅动或擦拭,经过一段时间后表面产生溶解,可以得到光亮的表面。化学抛光与电解抛光类似,都是试样表面不均匀溶解的结果,在溶解过程中也产生一层氧化膜,但化学抛光对试样凸起部分的溶解速度比电解抛光慢,因此化学抛光后的试样表面虽然光滑但不十分平整,有微小起伏,适用于低倍和中倍观察。

5. 腐蚀

腐蚀是利用化学腐蚀剂对抛光样品的光面进行一定时间的腐蚀,从而显示试样的组织形貌。对纯金属和单相合金而言,腐蚀是一个化学溶解过程,由于晶界原子排列不规则,能量较高,因此晶界最先受到腐蚀而产生凹沟,在显微镜下可以看到多边形的晶粒,若腐蚀时间过长,由于各晶粒位向不同,所以溶解速率也不同,导致腐蚀后的显微平面与原磨面的角度不同,反射光线角度不一样,观察到的是明暗不同的晶粒形状。对两相合金而言,腐蚀是一个电化学腐蚀过程,因为两个组成相具有不同的电极电位,在局部区域形成微电池,具有较高负电位的相成为阳极被溶解,因而可以清楚地显示合金的两相。对于多相合金而言,腐蚀也是一个化学溶解过程。对于一些抗腐蚀能力较强、难以实施化学腐蚀的材料可以采用电解腐蚀,所用设备与电解抛光相同,只是电压和电流较小,在试样磨面上一般不形成薄膜,由于晶粒和晶界或各相之间电位不同,在微弱电流的作用下腐蚀程度不同,因而可以显示材料的组织状态。

6. 观察

腐蚀完成后,就可以利用肉眼或放大镜进行组织或缺陷观察,并结合失效部位的宏观形貌进行分析评判,图 2-32 为铜棒宏观金相照片,图 2-33 为低碳钢角焊缝宏观金相照片。

图 2-32　铜棒宏观金相照片

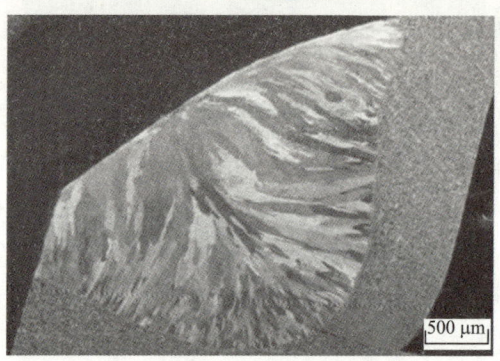

图 2-33　低碳钢角焊缝宏观金相照片

2.3　微观金相分析技术

微观金相分析技术主要包括以传统光学显微镜为主要手段的经典金相分析技术和以电子显微镜为主要手段的现代电子显微分析技术。

2.3.1　光学显微镜分析

光学显微镜(Optical Microscope,OM)是进行失效分析的基本工具之一,在失效分析中使用的光学显微镜主要有立体显微镜和金相显微镜。立体显微镜和金相显微镜除了放大倍数不同之外,其结构、成像原理及使用方法都基本相似。光学显微镜由物镜和目镜组成,其结构如图 2-34 所示。

物镜是显微镜最主要的部件,由玻璃制成的不同形状的透镜构成。位于物镜最前端的平凸透镜称为前透镜,用途是对物体进行放大,前透镜以后的其他透镜均可称为校正透镜,用以校正前透镜所产生的光学缺陷如色差、像差、像弯曲等。目镜主要是用来对物镜

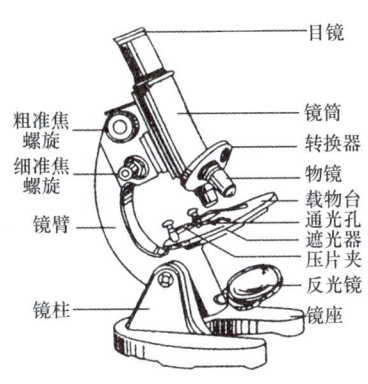

图 2-34 典型光学显微镜结构

已经放大的图像进行再放大,又可分为普通目镜、校正目镜、投影目镜等,光学显微镜的成像原理如图 2-35 所示。

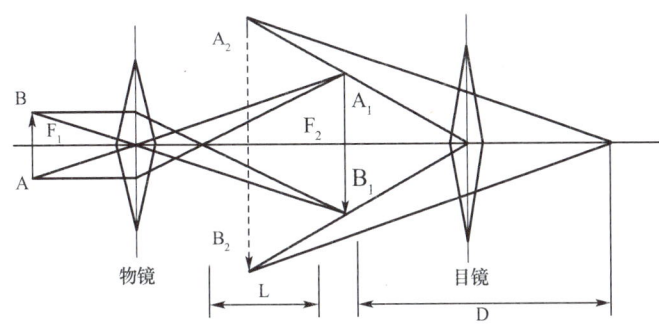

图 2-35 光学显微镜成像原理

物体 AB 置于物镜的前焦 F_1 外,在物镜另一侧形成一个倒立的放大实像 A_1B_1,当实像 A_1B_1 位于目镜前焦 F_2 以内时,目镜又使 A_1B_1 进一步放大形成虚像 A_2B_2。光学显微镜的放大倍数是目镜和物镜两者放大倍数之积,如图 2-35 所示,物镜放大倍数 $M_物 = \dfrac{L}{F_1}$,其中 L 为显微镜光学镜筒长度,F_1 为物镜的焦距。目镜的放大倍数 $M_目 = \dfrac{D}{F_2}$,其中 D 为人眼的明视距离(250 mm),F_2 为目镜的焦距。因此,光学显微镜总放大倍数为 $M = M_物 M_目 = \dfrac{250L}{F_1 F_2}$。

立体显微镜和金相显微镜均有反射和透射两种照明方式,并且配有一些辅助装置,可提供明场、暗场、偏光以及微分干涉等观察方式,以适应不同观察的需要。此外,还可配备照相和摄像等记录装置,图 2-36 为放大倍数 100 倍时显微镜下观察到的奥氏体不锈钢固溶态组织照片。

光学显微镜的特点是操作简单、无须真空条件,缺点是景深小,空间分辨率低,放大倍数小,观察微米以下的细微结构有一定困难。立体显微镜的放大倍数较低,从几倍到上百倍;但景深大,立体感强;金相显微镜的放大倍数较高,从几十倍到两千倍,但景深较小,主要用于平面观察成像。立体显微镜的放大倍数一般连续可调,金相显微镜可通过变换不

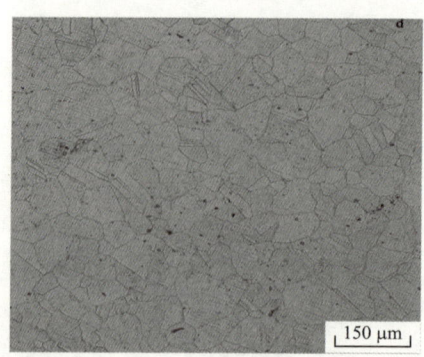

图 2-36　06Cr18Ni11Ti 奥氏体不锈钢固溶态组织(×100,电解腐蚀)

同倍数的物镜来改变放大倍数。

　　光学显微镜使用过程中要轻拿轻放,镜头脏污只能用专用工具进行专门清洗。

2.3.2　彩色金相技术

　　彩色金相技术是利用热氧化法和某些化学侵蚀剂,使金属或合金的显微组织显示不同颜色,从而可以更加直观地研究金属及合金的显微组织结构。彩色金相技术最先起源于钢中非金属夹杂物和矿物质的分析与鉴别,因为这些天然的矿物质大多具有天然的固有色彩,同时还具有明显的光学各向同性和各向异性效应,因此通过观察各类夹杂物本来色彩的差别和变化,可作为鉴别钢中非金属夹杂物的重要依据之一。随着科学技术的发展,目前计算机彩色金相技术已日趋成熟。计算机彩色金相的突出特点不仅是色彩鲜丽,衬度鲜明,美丽悦目,更重要的是计算机彩色金相对组织的分辨能力比传统黑白金相高了许多,大大提高了金相鉴别能力,组织鉴别清晰,可靠性和重现性也较好。由于光的薄膜干涉对于显微区域中的成分偏析、晶粒位相以及应力状态等都很敏感,因此,彩色金相能够提供更加丰富的显微组织及其他很有意义的信息。利用计算机彩色金相技术可以发现许多新的实验现象,提示合金基体组织的一些重要细节。

　　彩色金相技术在材料分析中的应用如下:

　　(1)成分偏析的显示:由于合金的大多数相变都是扩散型相变,在相变过程中会发生成分重新分布,因此,在微观区域中,普遍地存在着成分不均匀的现象,而彩色衬度能把它们鲜明地显示出来。薄膜干涉所产生的颜色衬度对基体组织的成分很敏感,所以计算机彩色金相技术对于成分偏析的显示具有很大优势,无论枝晶偏析还是带状偏析,都可产生鲜明的颜色衬度,即使是微小的晶内偏析,或者扩散型相变中相界附近的成分不均匀性,也可能从颜色上显示出差别,而且各种偏析显示,不会被基体组织所掩盖,组织和成分偏析能同时显示清楚,这是计算机彩色金相技术最重要的特点之一。

　　(2)组织区分与识别:钢中马氏体和下贝氏体组织都是针叶状,在黑白金相中难以清楚地区分开来,在中低碳合金钢中,残余奥氏体也很难显示出来,而彩色金相通过颜色衬度利用计算机图像识别技术,能较好地对这些组织进行区分。铸铁的组织往往比钢还要复杂,用传统黑白金相的方法不能很好地显示铸铁组织中的细节,彩色金相技术可以帮助人们观察和了解铸铁中各种复杂的组织状态。

（3）晶体位向显示：在计算机彩色金相技术的实践中发现，颜色衬度对晶体的不同位向有很好的反映。在单向合金中，用适当的彩色显示方法，不同位向的晶粒可以得到很好的显示与区分。

（4）定量分析：明确材料的宏观性能与其微观组织结构之间的定量依存关系非常重要，计算机彩色金相技术的发展为定量金相奠定了良好的基础。计算机彩色金相能对相的类型、形貌、尺寸及分布提供较准确、较丰富的信息，从而使计算机彩色金相建立在组织与性能的定量关系中发挥出更大的作用，图2-37为黄铜（H70）组织彩色金相照片。

图2-37　黄铜（H70）组织彩色金相照片（200×，高氯化铁溶液腐蚀）

2.3.3　现场金相技术

对于一些大型结构或机件，不能采用切割成样品的方式进行实验室的金相观察和分析，必须在现场进行。随着数码技术和计算机技术的发展，目前可在现场实施金相检验的设备和仪器体积越来越小，可实现远程观察，使用也越来越方便，现场金相检验的效果往往和实验室取样检测的效果不相上下。由于现场金相检验无须切割取样，其操作更为方便灵活，尤其适合发电站、石油平台、桥梁和飞机等领域的失效分析。

2.4　电子显微分析技术

受到可见光波长的限制，利用可见光做光源的光学显微镜放大倍率和分辨率有限，无法在更细微的层次上对材料进行观察和分析，而利用高能量的加速电子做光源，使用电磁线圈做透镜的电子显微分析技术可以在更深层次（可达到原子级别）上研究构件失效的本质，包括材料的晶体结构、组成、微观形貌及各种特性等。透射电子显微镜（Transmission Electron Microscope，TEM）诞生较早，是电子显微分析技术的基础，和其他能谱仪结合使用，可以进行结构、形貌及成分等多种测试分析，但TEM对样品要求较高，使其应用范

围受到一定限制。其后诞生的扫描电子显微镜(Scanning Electron Microscope,SEM)是一种用于高分辨率微区形貌分析设备,具有景深大、分辨率高、成像直观、立体感强、放大倍数范围宽的特点,在断口形貌分析方面具有无可替代的作用和地位。SEM 还配备有 X 射线能量色散谱仪(Energy Dispersive X-Ray Spectroscopy,EDS)和电子背散射衍射探测器(Electron Back Scattered Diffraction,EBSD),EDS 可以对材料的微小区域进行定性和半定量化学成分分析,还可以分析样品某一区域中某一元素的线分布或面分布情况;EBSD 将显微组织和晶体学分析相结合,能够获得样品诸如织构和取向差、晶粒尺寸及形状分布、晶界、亚晶界及孪晶界性质等大量的晶体学信息,可以观察到第二相、夹杂物等对裂纹萌生与扩展的影响。俄歇电子能谱仪(Auger Electron Spectroscopy,AES)用聚焦和扫描的电子束作辐射源,可以做表面微区分析,在材料的表面物性分析方面具有显著的优越性。X 射线衍射仪(X-Ray Diffractometer,XRD)利用 X 射线在材料中产生衍射,衍射波叠加的结果使射线的强度在某些方向上加强,在其他方向上减弱,对衍射结果进行分析,便可获得材料的晶体结构。

2.4.1 透射电子显微镜分析技术

透射电子显微镜(TEM)是利用电子束作为光源,用电磁场作为透镜,把经加速聚焦的电子束投射到非常薄的样品上,电子与样品中的原子碰撞而改变方向产生散射,散射角的大小与样品的密度和厚度有关,从而形成明暗不同的影像。TEM 的分辨率比光学显微镜(OM)高很多,可以达到 $0.1 \sim 0.2$ nm,放大倍数为约百万倍,因此,使用 TEM 可以观察样品的精细结构,甚至可以观察仅仅一列原子的结构,如图 2-38 所示。由于电子束的穿透力很弱,因此 TEM 样品的厚度很薄,大约 50 nm。

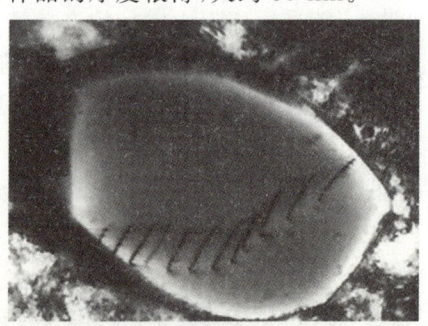

图 2-38 钢中原子尺度上晶格位错的 TEM 图像

TEM 一般由照明系统、成像系统、真空系统、记录系统、电源系统等部分构成,其结构如图 2-39 所示。

TEM 的总体工作原理:由电子枪发射出来的电子束,在真空通道中沿着镜体光轴穿越聚光镜,通过聚光镜将之会聚成一束尖细、明亮而又均匀的光斑,照射在样品室内的样品上,透过样品后的电子束携带有样品内部的结构信息,样品内致密处透过的电子量少,稀疏处透过的电子量多;经过物镜的会聚调焦和初级放大后,电子束进入投影镜进行综合放大成像,最终被放大了的电子影像投射在观察室内的荧光屏上,荧光屏将电子影像转化

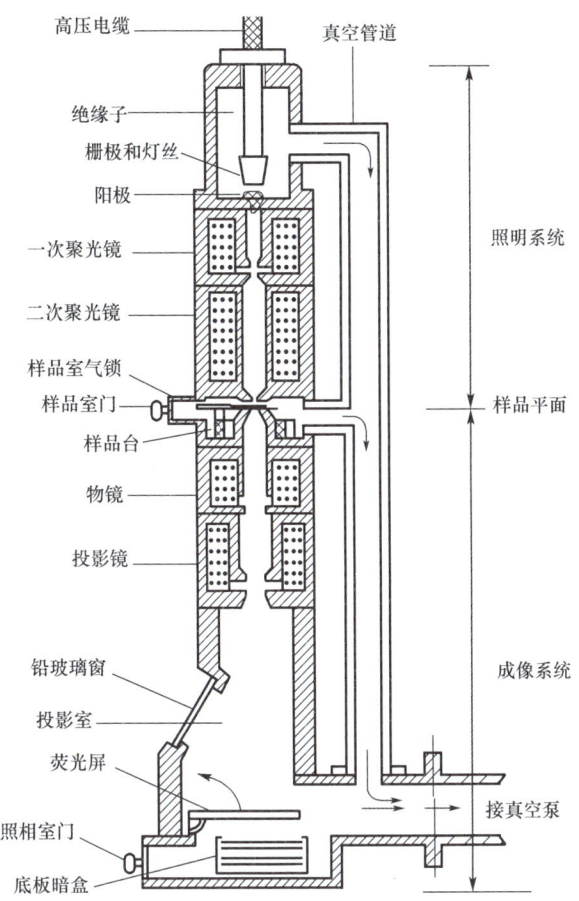

高压电缆

真空管道

绝缘子

栅极和灯丝

阳极

一次聚光镜

二次聚光镜

样品室气锁

样品室门

样品台

物镜

投影镜

铅玻璃窗

投影室

荧光屏

照相室门

底板暗盒

照明系统

样品平面

成像系统

接真空泵

图 2-39　透射电子显微镜(TEM)结构示意图

为可见光影像以供使用者观察。

　　TEM 的成像方式有三种：

　　(1)吸收像：当电子射到质量、密度大的样品时，主要的成像原因是散射作用。样品中较厚的区域或者含有原子数较多的区域对电子吸收较多，于是在图像上显得比较暗，而对电子吸收较小的区域看起来就比较亮，如图 2-40 所示。

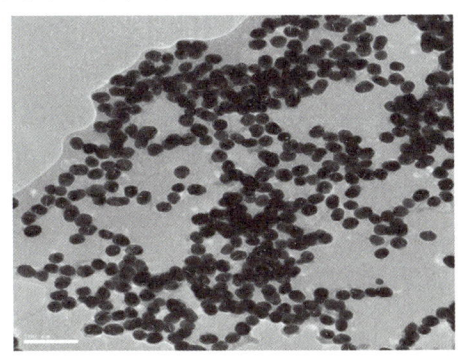

图 2-40　金纳米颗粒吸收像

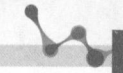

(2)衍射像:电子束被样品衍射后,样品不同位置的衍射波振幅分布对应于样品中晶体各部分不同的衍射能力,当出现晶体缺陷时,缺陷部分的衍射能力与完整区域不同,从而使衍射波的振幅分布不均匀,反映出晶体缺陷的分布,如图 2-41 所示。

图 2-41　奥氏体不锈钢中孪晶衍射像

(3)相位像:当样品薄至 100 Å 以下时,电子可以穿过样品,波的振幅变化可以忽略,成像来自相位的变化,可揭示小于 1 nm 的样品细节,故可称为高分辨像,如图 2-42 所示。

图 2-42　单晶硅二维晶格相位像

随着科学技术的发展,TEM 功能越来越强大,在多个领域得到了广泛应用:

(1)材料领域:材料的微观结构对材料的力学、光学、电学等物理和化学性质起着决定性作用,TEM 作为材料表征的重要手段,不仅可以用衍射模式来研究晶体的结构,还可以在成像模式下得到实空间的高分辨像,即对材料中的原子进行直接成像,直接观察材料的微观结构。

(2)物理学领域:在物理学领域中,电子全息术能够同时提供电子波的振幅和相位信息,从而使 TEM 在磁场和电场分布等与相位密切相关的研究上得到广泛应用。目前,TEM 结合电子全息技术已经应用在测量半导体多层薄膜结构器件的电场分布、磁性材料内部的磁畴分布等方面。

(3)化学领域:在化学领域,原位 TEM 因其超高的空间分辨率为原位观察气相、液相化学反应提供了一种重要的方法。利用原位 TEM 进一步理解化学反应的机理和纳米材料的转变过程,以期望从化学反应的本质理解、调控和设计材料的合成。目前,原位电子显微技术已在材料合成、化学催化、能源应用和生命科学领域发挥着重要作用。TEM 可以在高放大倍数下直接观察纳米颗粒的形貌和结构,是纳米材料常用的表征手段之一。

(4)生物学领域:在生物学领域,可以利用 TEM 对细胞的微细结构进行更深入的研究,发现病毒并对病毒的分类提供直观的依据,在临床病理诊断、免疫学研究、细胞化学等方面也有较多应用。

2.4.2 扫描电子显微镜分析技术

扫描电子显微镜(SEM)利用经过聚焦的很窄的高能电子束对样品进行扫描,通过电子束与物质间的相互作用来获取材料内部信息,对这些信息收集、放大、再成像以达到对物质微观形貌表征的目的。新式的 SEM 分辨率可以达到 1 nm,放大倍数可以达到 30 万倍以上且连续可调。

SEM 主要由成像系统、图像显示和记录系统、真空系统、电气系统组成,如图 2-43 所示。

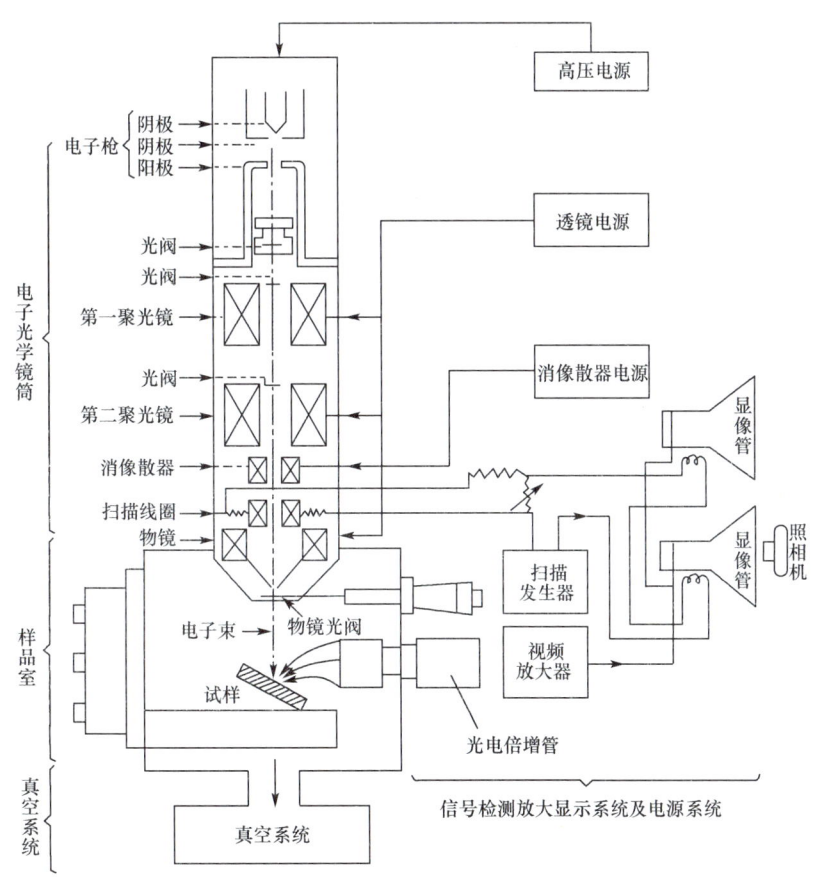

图 2-43 扫描电子显微镜(SEM)结构示意图

SEM 成像过程与电视成像过程有很多相似之处,而与 TEM 的成像原理完全不同。TEM 是利用电磁透镜一次成像,而 SEM 的成像则不需要成像透镜。以二次电子像为

例,由电子枪发射的电子束经会聚透镜、物镜缩小和聚焦,在样品表面形成一个具有一定能量、强度、斑点直径的电子束。在扫描线圈的磁场作用下,入射电子束在样品表面上按照一定的空间和时间顺序做光栅式逐点扫描。由于入射电子与样品之间的相互作用,将从样品中激发出二次电子,将各个方向发射的二级电子汇集起来,通过加速极加速照射到闪烁体上,转变成光信号,经过光导管到达光电倍增管,使光信号再转变成电信号,经视频放大器放大并将其输送至显像管的栅极,调制显像管的亮度,因而,在荧光屏上呈现一幅亮暗程度不同的、反映样品表面形貌的二次电子像,如图 2-44 所示。

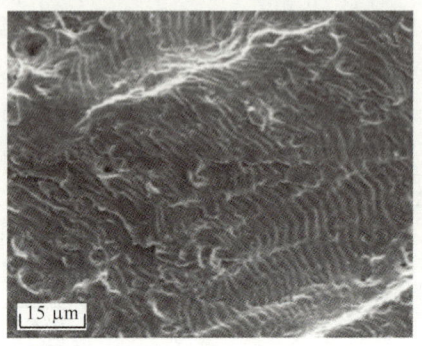

图 2-44　1Cr18Ni9 奥氏体不锈钢疲劳辉纹 SEM 形貌

SEM 样品制备简单,只要将块状或粉末状的样品稍加处理甚至不处理,就可直接进行观察,因而更接近于物质的自然状态。SEM 观察样品的景深和视场大,图像富有立体感,可直接观察起伏较大的粗糙表面和试样凹凸不平的金属断口。

2.4.3　X 射线能量色散谱仪分析技术

X 射线能量色散谱仪(EDS)是 SEM 的基本配置,可利用不同元素的 X 射线的光子特征能量不同进行成分分析。电子束轰击试样时,由于电子与物质的相互作用,会产生特征 X 射线、二次电子、背散射电子、俄歇电子、吸收电子、透射电子等,如图 2-45 所示,不同元素发出的特征 X 射线具有不同的频率,EDS 通过探测这些特征 X 射线的能量和强度,可以分析出元素的种类和含量。

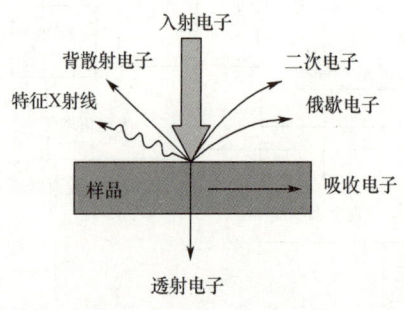

图 2-45　电子与物质的相互作用

与波谱仪(WDS)相比,EDS 的结构简单,探测效率高,稳定性和再现性好,对样品表面无特殊要求，适用于粗糙表面分析。但 EDS 分辨率较低，且只能分析原子序数大于 11 的元素。

EDS 的分析方法包括点分析、线分析和面分析。点分析区域一般为几立方微米到几十立方微米范围，主要用于显微结构的定性或定量分析，比如对材料的晶界、夹杂物、析出相、沉淀物、未知相的组成研究等；线分析是电子束沿试样表面一条线逐点进行分析，各分析点等间距且有相同的驻留时间，从而获得元素含量变化的线分布曲线；面分析可以用来研究材料中的杂质、相的分布和元素偏析，范围一般没有限制，但若扫描范围太大，均匀的元素分布会由于电子束入射角的变化而变得不均匀，影响分辨率，所以实际上一般不超过 $90\ mm \times 90\ mm$。EDS 分析在失效分析中具有非常重要的作用和地位，特别是在与腐蚀有关的失效分析中得到了广泛应用，比如对腐蚀产物进行定性和定量分析，对一些引起失效的未知相或夹杂物进行分析等，通过对断裂源处的未知物相进行定性和定量分析，可以判断断裂源产生的过程及原因，如图 2-46 所示。

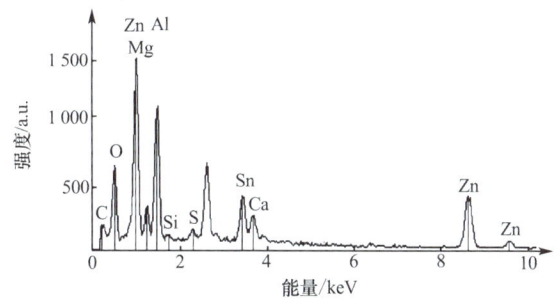

图 2-46 镁合金 EDS 能谱

2.4.4 电子背散射衍射分析技术

背散射电子(BE)是被试样反弹回的入射电子，来自表层几微米深度范围，其能量较高，一般大于 50 eV。背散射电子以直线轨迹逸出样品表面，在离开样品的过程中与满足布拉格衍射条件的晶面族发生衍射，形成两个顶点为散射点、与该晶面族垂直的两个圆锥面，两个圆锥面与接收屏交截后形成一条亮线，称为菊池线，如图 2-47 所示。每条菊池线代表晶体中的一组平面，线间距反比于晶面间距，所有不同晶面产生的菊池衍射花样构成一张电子背散射衍射图谱，一幅电子背散射衍射图包含多个菊池线。电子背散射衍射(EBSD)分析技术基于采集到的数据可绘制取向图、极图和反极图，还可计算取向(差)分布函数，这样在很短的时间内就能获得关于样品的大量的晶体学信息，可以进行织构和取向差分析、晶粒尺寸及形状分布分析、晶界、亚晶及孪晶界性质分析、应变和再结晶的分析、相鉴定及相比计算等。

EBSD 分析技术具有高精度的晶体结构分析功能和独特的晶体取向分析功能，样品制备相对简单，可在样品上自动进行线、面分布数据点采集，分析速度快，效率高，在晶体

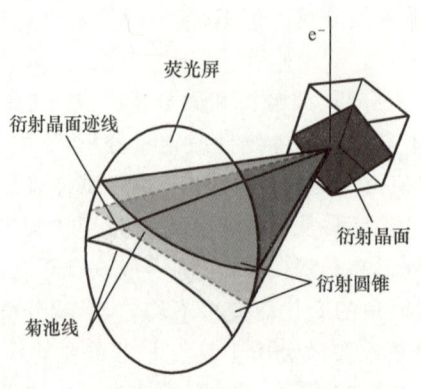

图 2-47　单个晶面电子背散射原理

结构及取向分析方面,既具有 TEM 微区分析的特点,又具有 X 射线衍射或中子衍射对大面积样品区域进行统计分析的特点,如图 2-48 所示。

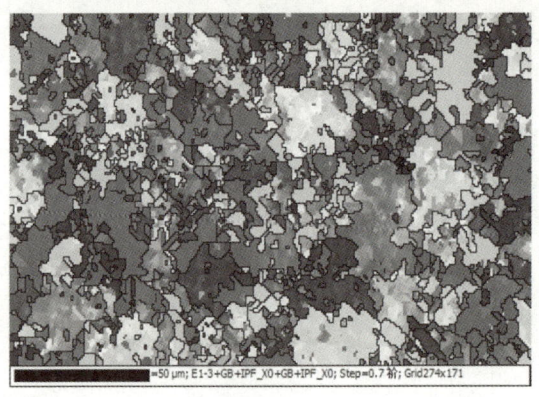

图 2-48　M2 高速钢晶粒取向 EBSD 图像

2.4.5　俄歇电子能谱仪分析技术

俄歇电子在固体中平均自由程非常短,一般来说,能够逸出表面的俄歇电子信号主要来自样品表面 2~3 个原子层,即表层 0.5~2.0 nm 的深度。俄歇电子的特征能量只与能级有关,而与入射粒子能量无关。俄歇电子的能量与元素的种类有关,数量与元素的含量有关。利用俄歇电子能谱仪(AES)做表面成分分析时,需要测定俄歇电子的特征能量,然后根据能谱仪峰的位置来鉴别对应的元素。AES 用低能电子束轰击被分析的材料,激发出具有不同能量的二次电子,通过能量分析器进行分析,测出其能量分布,从而可以得到一系列的能谱。由于 AES 的初级电子束直径很细,并且可以在样品上扫描,因此它可以进行定点分析、线扫描、面扫描和深度分析。在进行定点分析时,电子束可以选定某分析点,或通过移动样品,使电子束对准分析点,分析该点的表面成分、化学价态和元素的深度分布,如图 2-49 所示。电子束也可以沿样品某一方向扫描,得到某一元素的线分布,并且可以在一个小面积内扫描得到元素的面分布图。

AES 分析技术可以进行原子结构及能级分析和固体表面的能带结构、电子态密度以及表面组分分析,可以用来确定材料的组分、纯度,研究衬料的生长过程。

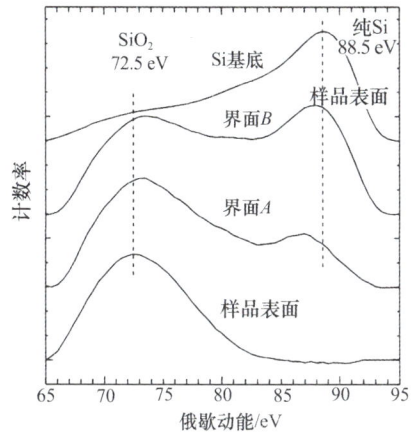

图 2- SiO$_2$/Si 界面不同深度处的 Si LVV 俄歇谱

2.4.6　X 射线衍射分析技术

X 射线是波长很短的电磁波,能够穿透一定厚度的物质。X 射线与物质产生作用,在某些方向上产生衍射,如图 2-50 所示。衍射线在空间分布的方位和强度与晶体结构密切相关,这就是 X 射线衍射(XRD)分析技术的基本原理。

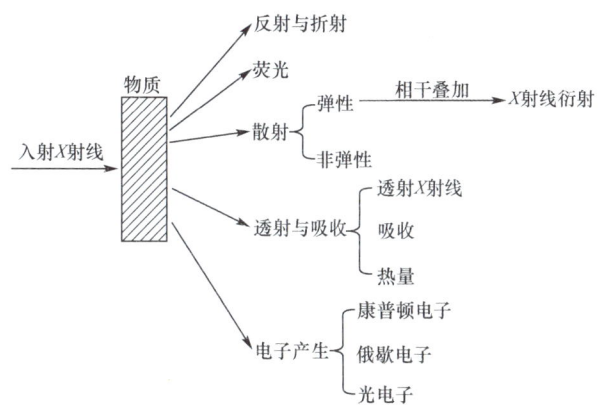

图 2-50　X 射线与物质的相互作用

X 射线衍射技术已经成为最基本、最重要的一种结构测试手段,其应用主要有以下几个方面:

(1)物相分析:物相分析是 X 射线衍射在金属材料中用得最多的方面,又分为定性分析和定量分析。定性分析是把对材料测得的点阵平面间距及衍射强度与标准物相的衍射数据相比较,确定材料中存在的物相;定量分析则是根据衍射花样的强度,确定材料中各相的含量,在研究材料性能和各相含量的关系、检查材料的成分配比及随后的处理规程是否合理等方面都得到广泛应用。图 2-51 所示为经不同脉冲次数强流脉冲电子束处理前后 M2 高速钢的 XRD 衍射图谱,由图中可以清楚地得知物相的变化。

(2)结晶度测定:结晶度定义为结晶部分质量与总的试样质量之比的百分数,结晶度直接影响材料的性能,因此结晶度的测定就显得尤为重要。测定结晶度的方法有很多,但不论哪种方法都是根据结晶相的衍射图谱面积与非晶相图谱面积确定,在非晶态合金研究中应用广泛。

(3)点阵参数确定:利用 XRD 技术可以精确测定点阵参数,进一步得到单位晶胞原子数,从而确定固溶体类型;还可以计算出密度、膨胀系数等有用的物理性能参数。

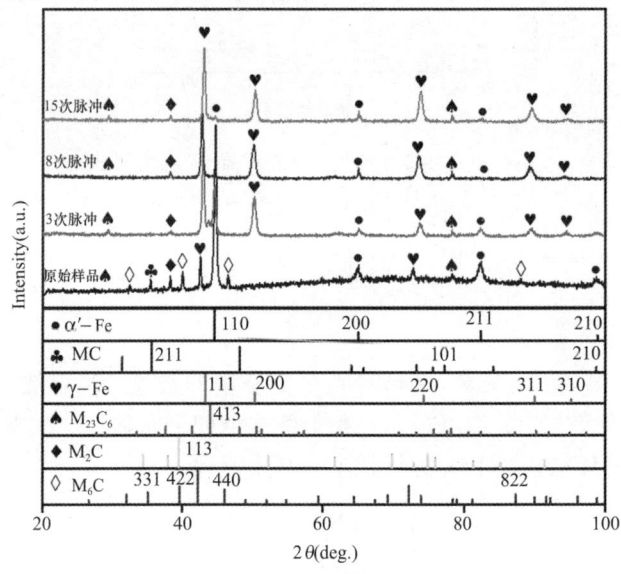

图 2-51　强流脉冲电子束处理前后 M2 高速钢的 XRD 衍射图谱

2.5　定量分析技术

造成机械装备失效的原因有很多,涉及冶金、设计、材质、冷热加工、装配与使用、环境等各种因素,这些失效原因都可以用化学元素含量、各种缺陷的等级、各组成相的数量、尺寸、角度、温度、时间、压力、速度、浓度等参数进行定量表征,它们在产品设计、冷热加工工艺、装配工艺以及使用规程中都有明确规定,是产品正常加工和使用的保障。在具体的失效分析过程中,这些数据可以通过现场勘察、观看监测录像、过程控制记录以及工序检验记录等技术资料获得,也可以通过在实验室对收集到的失效机件进行检验和测试获得,例如化学成分分析、理化性能测试、断口分析、金相分析、受力分析等。

机械装备从设计到失效的每一个环节都包含着定量化技术要求,产品在选材、设计、制造、装配和使用等环节中均可进行定量控制,通过科学的管理,尽量排除各种人为干预和各种未知的影响因素,保证每个环节的唯一性和可控性。随着科学技术的不断进步,各种分析仪器的精度、可靠性以及生产管理、质量管理水平不断提高,定量化分析技术涵盖的范围也越来越宽。定量分析技术不仅可以对产品质量的优劣进行评定,还可以对产品的服役环境和受力情况进行量化和再现,在机械装备的失效分析中具有非常重要的作用和地位。

2.5.1 化学成分定量分析技术

材料的化学成分是材料组织和性能的决定性因素之一,对于材料化学成分的定量分析有不同的方法。以精密分析天平和滴定管为主要仪器的重量分析和滴定分析方法解决了主成分和高含量组分的定量测定,这种分析方法一般对样品的质量有一定的要求。分光光度分析、发射光谱分析和极谱分析可以对材料进行微量组分分析和快速分析,这种分析方法比较适合具有一定尺寸的固体试样。原子吸收光谱分析、ICP 光谱分析、质谱分析、X 射线荧光光谱分析等可以对高纯材料进行痕量组分测定、微损或无损分析。红外光谱和各类色谱分析技术可以对材料进行有机组分的测定,主要用于非金属材料或复合材料的成分分析。热分析使材料中热不稳定组分的测定成为可能,流动注射分析使化学分析可在非平衡状态下实现。辉光放电光谱/质谱解决了材料表面到内部的逐层分析问题。各种分析方法的连用以及多种方法的组合使用,现在已经能成功满足常量、微量、痕量组分的测定,疵痕、微损或无损分析,多元素同时或顺序测定,分布分析,化学形态分析,以及快速分析等多种分析目的的需要。

2.5.2 力学性能定量分析技术

材料的力学性能包括强度、韧性、硬度、冲击韧性、疲劳强度、耐磨、耐蚀性能、高温性能等指标,可以按照相关标准通过不同的试验方法进行测试。通过力学性能定量分析,可以判断引起机件失效的直接原因。随着科学技术的发展和新材料的不断涌现,力学性能定量分析技术的手段和范围也不断拓展,比如实际生产中为了获得最佳的综合性能,对机件进行高频淬火、渗碳、渗氮等工艺得到了广泛应用,但有时处理不当,会出现某些部分未被硬化的软边现象,也可能出现局部脱碳、脱氮或过度回火等情况,采用巴克豪森噪声检测技术可以无损地定量分析渗碳区、脱碳区或软边的大小,图 2-52 所示为高频淬火凸轮轴软边应力大小对巴克豪森噪声(MBN)信号的影响。

造成材料力学性能不合格的原因有很多,例如化学成分不合格、加工工艺不当、热处理工艺不适当、服役过程导致性能退化等,对其定量分析必须要严格按照相关标准和测试程序,有时还要涉及数据的后续处理方法,同时要结合机件的结构、材质、服役历史、环境因素等对多个力学性能指标进行综合分析,这样才能得到准确的结论。

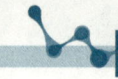

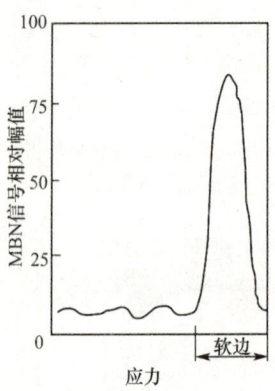

图 2-52　高频淬火凸轮轴软边对 MBN 信号的影响

2.5.3　物理性能定量分析技术

　　在失效分析过程中,经常要对样品的某些物理性能参数做定量分析和评定。物理性能定量分析的内容有很多,包括夹杂物评级,晶粒度评级,低倍缺陷评级,金相组织评级,组成相评级,铸铁中的石墨、碳化物、磷共晶等的数量和形态评级,各种镀层、涂层厚度及其显微硬度检测,密度、膨胀系数、淬透直径、各种物相表面粗糙度及过渡圆弧的测量,硬度梯度与 XRD 物相分析,残留奥氏体和残余应力的测定等都可以进行定量化分析,图 2-53 所示是巴克豪森噪声信号(MBN)幅值与残余应力的关系曲线。

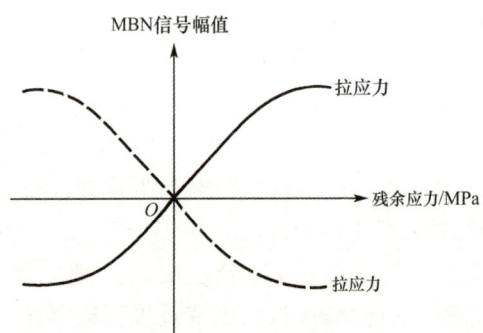

图 2-53　MBN 信号幅值与残余应力的关系

　　过渡圆弧、倒角、尖角、螺纹根部的形状尺寸、加工刀痕等尺寸过渡处往往是热处理淬火裂纹的发源地,使用中也经常会从这些区域产生疲劳断裂或氢脆断裂。这些部位的定量分析不但可以对产品的加工质量进行评定,还有助于对失效原因的准确判断。目前,断口的定量分析技术已有很大发展,金相定量分析的范围也在不断拓宽,分析的准确性和可操作性也在不断完善。

2.6　其他失效分析主要仪器和设备

2.6.1　扫描声学显微镜

　　扫描声学显微镜是一种多功能、高分辨率的仪器，兼具电子显微分析高分辨率和声学显微分析非破坏性成像的特点，可以用于材料中夹杂、裂纹、分层、空洞等缺陷的检测。

　　超声波在传输过程中，遇到异质界面会产生反射回波，反射回波强度与材料密度有关，扫描声学显微镜（SAM）就是利用此特性来检测材料内部的缺陷并依据所接收的信号变化生成图像的。超声换能器发出一定频率的超声波，经过声学透镜聚焦，由耦合介质传到样品上并在样品表面进行二维扫描，在SAM的图像中，与背景相比的衬度变化构成了重要的信息，在有空洞、裂纹、不良粘接和分层剥离的位置产生高的衬度，因而容易从背景中区分出来。衬度的高低表现为回波脉冲的正负极性，其大小由组成界面的两种材料的声学阻抗系数决定，回波的极性和强度构成一幅能反映界面状态缺陷的声学图像。

　　SAM的分辨率和穿透能力决定于超声波的频率。频率越高，波长越短，分辨率越高，但穿透能力也越差。此外，SAM的入射波和反射波都聚焦在样品的一个点上，使其提高了深度鉴别能力并有助于消除聚焦外面的反射。SAM有透射型和反射型两种，透射型只能观察很薄的试件，对样品制备有要求，反射型由于不受试件厚度的限制，应用领域更为广泛。

2.6.2　光辐射显微镜

　　光辐射显微镜（PEM）采用微光探测技术，对材料中缺陷引起的发光部位进行精确定位，是失效分析和工艺缺陷检测的有力工具，其光谱分析功能还能通过分析缺陷引起的特征光谱来确定缺陷的性质和类型。

　　PEM的核心部件是微光探头，其灵敏度可以达到人眼的 10^6 倍以上，覆盖光谱范围从红外区到近紫外区。通过微光探头探测到的光信号，经过光增益放大后，通过图像处理叠加在光学图像上实现对发光点的定位。比如半导体器件中许多类型的缺陷和损伤，在特定的电应力条件下会产生漏电，并伴随载流子的跃迁而导致光辐射，这样对发光部位的定位就是对可能失效部位的定位。光辐射显微镜的特点是快速、简便、高效，尤其在失效定位方面具有准确、直观、再现性好的优点。PEM样品制备简单，不用对样品进行剥离或对失效部位进行隔离，对样品没有破坏性，也不需要真空环境。

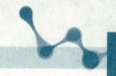

PEM 在失效分析中主要用于探测半导体器件中多种缺陷和机理引起的退化和失效，可以探测的缺陷和损伤类型有漏电结、接触尖峰、氧化缺陷、栅针孔、静电放电损伤、热载流子、饱和态晶体管以及开关态晶体管等。

2.6.3　红外显微镜

红外显微镜(IM)主要由傅立叶变换红外光谱仪及红外显微镜组成，干涉仪产生的干涉光透过样品室被探测器接收后，经傅立叶变换即可得到相应样品的光谱图，可以测试透射光谱，也可以测试反射光谱，由于无须制样，不加任何稀释剂，能反映样品的本质光谱，红外显微镜具有灵敏度高、分析对象广泛、制样方法简便、分析速度快、样品的红外光谱真实等特点。

红外显微镜在失效分析中，主要用于分析高性能纤维的聚集态结构、表面结构及其变化、微区结构和组分的表征、界面和表面结构的表征。

2.6.4　二次离子质谱仪

二次离子质谱(SIMS)仪是一种非常灵敏的表面成分精密分析仪器，它是通过高能量的一次离子束轰击样品表面，使样品表面的分子吸收能量进而从表面发生溅射产生二次离子，通过质量分析器收集、分析这些二次离子，就可以得到关于样品表面信息的图谱，进而确定表面成分。SIMS 是一种非常灵敏的表面成分分析手段，其信息量也远远超过了简单的元素分析，SIMS 在检测轻原子量的元素方面，比俄歇电子能谱(AES)或 X 射线光电子谱(XPS)更灵敏，在失效分析中主要用于表面痕量元素和杂质成分分析。

第 3 章
常见失效模式的机理和特征

　　机件或材料的失效模式与其化学成分和微观结构密切相关。当机件承受外力时,如果外加应力超过屈服强度或抗拉强度,或者外加应力虽然未超过屈服强度或抗拉强度,但机件内部由于集中产生的应力超过其局部的屈服强度或抗拉强度,就会发生塑性变形导致微裂纹的产生,微裂纹的不断扩展最终导致机件的断裂。材料失效的模式和形态是多样的,常见的失效模式有韧性断裂、脆性断裂、解理断裂、应力腐蚀断裂、疲劳断裂、磨损、氢脆等,它们具有不同的失效机理和特征。

3.1 断裂的分类

　　在应力或应力和环境介质的共同作用下,机件或材料被分成两个或两个以上部分的情况称为断裂,断裂是机件最危险的失效形式。

　　断裂的分类方法有多种,主要有:

1. 按断裂前塑性变形量分类

　　按断裂前塑性变形量大小,分为韧性断裂和脆性断裂。

　　(1)韧性断裂:断裂前产生明显的、宏观可见的塑性变形,变形量一般大于 5%,裂纹的扩展是一个缓慢撕裂的过程,断裂面一般与主应力呈 45°,断口呈纤维状,暗灰色。典型的韧性断口形貌如图 3-1(a)所示,可以分为三个区域:纤维区、放射区和剪切唇区,如图 3-1(b)所示。断口三区域的形态、大小和相对位置与机件形状、尺寸、材料性能、服役条件的不同有关,材料强度提高,塑性降低,放射区比例增大;机件尺寸加大,放射区明显增大,而纤维区变化不大。

　　(2)脆性断裂:断裂前基本不发生塑性变形,变形量一般小于 3%,断裂前没有明显征兆,危害很大,它的断裂面一般与正应力垂直,断口平齐光亮呈放射状或结晶状,如图 3-2 所示。

2. 按断裂面取向分类

　　按断裂面取向,分为正断和切断。

　　(1)正断:断口的宏观表面垂直于最大正应力方向。

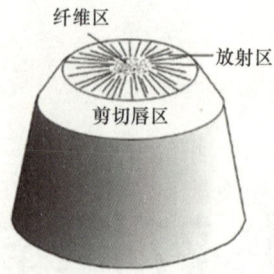

纤维区

放射区

剪切唇区

(a)断口形貌   (b)断口分区

图 3-1 韧性断裂断口

图 3-2 脆性断裂断口宏观形貌

（2）切断：断口的宏观表面平行于最大正应力方向。

3. 按裂纹扩展路径分类

按裂纹扩展路径，分为穿晶断裂和沿晶断裂。

（1）穿晶断裂：裂纹扩展路径穿过晶粒内部，如图 3-3（a）所示。从宏观上看，穿晶断裂可能是韧性断裂，也可能是脆性断裂，典型的穿晶断口微观形貌如图 3-4 所示。

（2）沿晶断裂：裂纹沿晶界扩展，如图 3-3（b）所示，这主要是由于晶界上的一薄层连续或不连续的脆性第二相或夹杂物破坏了晶界的连续性造成的。沿晶断裂几乎都是脆性断裂，典型的沿晶断口微观形貌如图 3-5 所示。

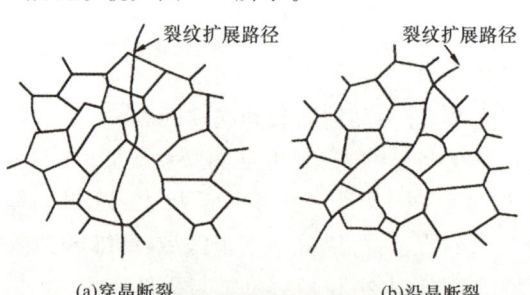

裂纹扩展路径   裂纹扩展路径

(a)穿晶断裂   (b)沿晶断裂

图 3-3 穿晶断裂和沿晶断裂的裂纹扩展路径

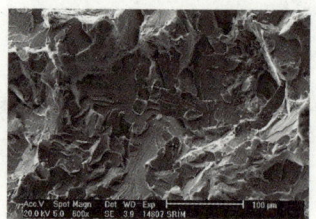

图 3-4 穿晶断裂断口微观形貌

图 3-5　沿晶断裂断口微观形貌

4. 按断裂机理分类

按断裂机理,分为解理断裂、微孔聚集型断裂和纯剪切断裂。

(1)解理断裂:材料在一定条件(如低温)下,当外加应力达到一定数值后,以极快速度沿一定晶体学平面产生的断裂,因与大理石断裂类似,故称为解理断裂。解理断裂是穿晶的脆性断裂,但有时在断裂前也显示一定量的塑性变形,所以解理断裂并不等同于脆性断裂,典型的解理断口微观形貌如图 3-6 所示。

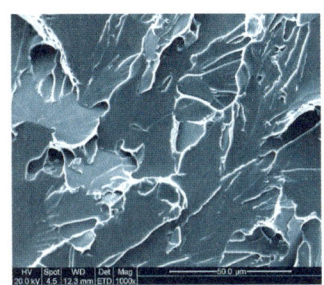

图 3-6　解理断裂断口微观形貌

(2)微孔聚集型断裂:晶界或晶粒内部微孔相互连接形成裂纹导致的断裂。晶内微孔聚集型断裂属于韧性断裂,包括微孔成核、长大、聚合、断裂,其典型的微观形貌特征是韧窝,如图 3-7 所示。应力状态不同,韧窝的形状也不同,可以分为等轴韧窝、拉长韧窝和撕裂韧窝。

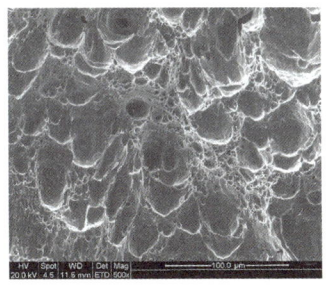

图 3-7　微孔聚集型断裂断口微观形貌

(3)纯剪切断裂:沿滑移面分离或通过缩颈导致的断裂。

5. 其他分类方法

根据相应的特征,断裂也有其他分类方法。

(1)按应力状态分类:可分为静载断裂(拉伸、剪切、扭转)、动载断裂(冲击断裂、疲劳断裂)等。

(2)按断裂环境分类:可分为低温断裂、中温断裂、高温断裂、应力腐蚀断裂、氢脆及液

态金属致脆断裂等。

（3）按断裂所需能量分类：可分为高能断裂、中能断裂、低能断裂等。

（4）按断裂速度分类：可分为快速断裂、慢速断裂、延迟断裂等。例如拉伸、冲击、爆破等为快速断裂，疲劳、蠕变等为慢速断裂，氢脆、应力腐蚀等为延迟断裂。

（5）按断裂形成过程分类：可分为工艺性断裂和服役性断裂。例如，在铸造、锻造、焊接热处理等过程中形成的断裂为工艺性断裂，高温部件的蠕变断裂为服役性断裂。

常见的断裂分类方法及其特征见表 3-1。

表 3-1　　　　　　　　　　　　　常见的断裂分类方法及其特征

分类方法	名称	示意图	特征
根据断裂前塑性变形量大小	脆性断裂		断裂前无明显塑性变形，断口形貌为光亮结晶状
	韧性断裂		断裂前有明显塑性变形，断口形貌为暗灰色纤维状
根据断裂面取向	正断		断裂宏观表面垂直于最大正应力方向
	切断		断裂宏观表面平行于最大切应力方向
根据裂纹扩展路径	穿晶断裂		裂纹穿过晶粒内部
	沿晶断裂		裂纹沿晶界扩展
根据断裂机理	解理断裂		无明显塑性变形，沿解理面分离，穿晶断裂
	微孔聚集型断裂		沿晶界微孔聚合，沿晶断裂
			在晶内微孔聚合，穿晶断裂
	纯剪切断裂		沿滑移面分离（单晶体）
			缩颈导致断裂（多晶体）

3.2　韧性断裂

中、低强度钢光滑圆柱试样在室温下的静拉伸断裂是典型的韧性断裂,其宏观断口呈杯锥状,由纤维区、放射区和剪切唇组成,如图 3-8 所示。

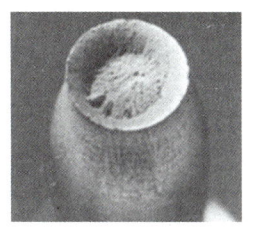 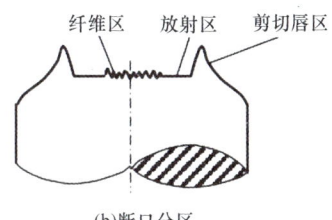

(a)杯锥状断口　　　　　　　(b)断口分区

图 3-8　典型韧性断裂断口

杯锥状断口一般由杯锥和杯底组成,杯锥状断口底部金属的晶粒拉长,宏观上呈纤维状,因而韧性断口又称纤维状断口。断口的纤维区是由无数小的纤维状山峰组成的,各个山峰的小斜面又大致和拉伸轴线近似地呈 45°,可见杯锥状断口的底部本身也是由无数小的杯锥组成的,纤维状是由于塑性变形过程中微裂纹不断扩展和相互连接造成的。

如图 3-9 所示,光滑圆柱试样受拉伸力作用,当拉应力达到一定数值时,在试样的局部区域产生缩颈,此区域的应力状态也由单向变为三向,且中心轴向应力最大。在三向拉应力作用下,塑性变形难以进行,致使试样中心部分的夹杂物或第二相质点碎裂,或使夹杂物质点与基体界面脱离形成微孔,微孔的不断长大和聚合形成显微裂纹。早期形成的显微裂纹其端部产生较大的塑性变形且集中于极窄的高变形带内,新的微孔就在变形带内成核和长大,当其与原有裂纹连接时,裂纹便向前扩展了一段距离,这样的过程重复进行就形成了锯齿状的纤维区,纤维区所在的平面垂直于拉伸应力方向。

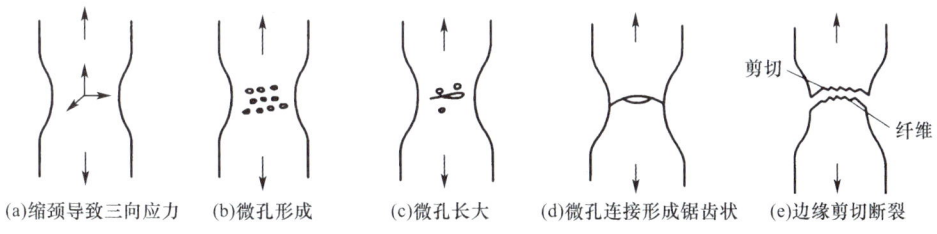

(a)缩颈导致三向应力　　(b)微孔形成　　(c)微孔长大　　(d)微孔连接形成锯齿状　　(e)边缘剪切断裂

图 3-9　杯锥状断口形成

纤维区中裂纹扩展是很慢的,随着裂纹的快速扩展形成放射区。放射区是裂纹做快速低能量撕裂形成的,具有放射线花样特征,放射线平行于裂纹扩展方向,逆指向裂纹源,撕裂时塑性变形量越大,放射线越粗,温度降低或材料强度增加,放射线由粗变细甚至消失。

拉伸的最后阶段形成杯状或锥状的剪切唇,剪切唇表面光滑,与拉伸轴呈 45°,是典

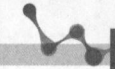

型的切断型断裂。

韧性断裂断口的宏观特征包括：

(1)断口附近有明显的宏观塑性变形。

(2)断口为平行于最大切应力、与主应力呈45°的剪切断口。

(3)断口的纤维区表面呈锯齿状。

(4)断口的放射区有放射线花样。

(5)断口的颜色呈暗灰色。

韧性断裂断口的微观特征包括：

韧性断裂断口最典型的微观形貌特征是韧窝,视应力状态的不同,韧窝有等轴韧窝、拉长韧窝和撕裂韧窝,如图3-10所示。韧窝的大小(直径和深度)取决于第二相质点的大小和密度、基体材料的塑性变形能力、应变硬化指数以及外加应力的大小和状态。第二相质点密度增大和间距减小,则韧窝尺寸减小;应变硬化指数大,材料难以发生内缩颈,韧窝尺寸减小;单向拉伸应力高,内缩颈容易产生,韧窝深度增大;而在多向拉伸应力作用下或在缺口根部,韧窝则较浅。

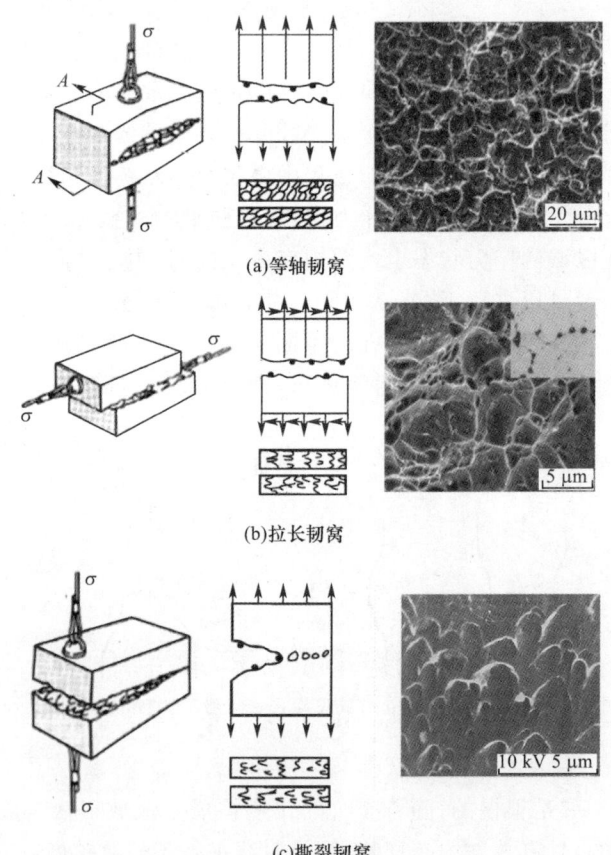

(a)等轴韧窝

(b)拉长韧窝

(c)撕裂韧窝

图 3-10 韧性断口韧窝形状

必须指出,韧性断裂微观上一定有韧窝存在,但在微观上存在韧窝,其宏观上不一定是韧性断裂,若宏观上是脆性断裂,在局部区域也可能有塑性变形,从而显示出韧窝形态。

3.3 脆性断裂

脆性断裂在工程结构中是一种非常危险的断裂,这是由于脆性断裂之前不发生或很少发生宏观可见的塑性变形,断裂之前没有明显的预兆,裂纹扩展一旦达到临界长度,就会以极快的速度扩展,并发生瞬间断裂。由于这种断裂往往会酿成严重的事故和损失,因此人们在设计、选材、制造、维护和使用过程中总是力图避免脆性断裂的发生。

机件发生脆性断裂的原因是多种多样的,按脆性断裂发生的原因,大致可以分为材质脆断、工艺脆断、应力脆断和环境脆断;按断裂途径,可以分为沿晶脆断和穿晶脆断。

脆性断裂断口的宏观特征包括:

脆性断裂断口的宏观基本特征是在断裂前没有可以察觉到的塑性变形,断口一般与正应力垂直,断口表面平齐,断口边缘没有剪切唇或剪切唇很小。断口的颜色有时比较光亮,呈放射状或结晶状,有时暗灰,但仍比韧性断裂的纤维状断口要亮,如图 3-11 所示。

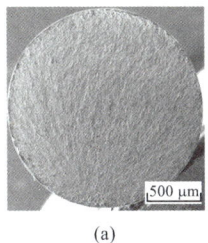
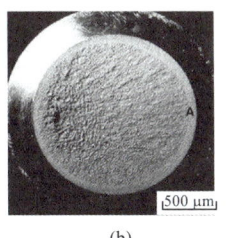

(a) (b)

图 3-11 脆性断裂断口宏观形貌

脆性断裂断口的微观特征包括:

脆性断裂可以是沿晶断裂,也可以是穿晶断裂。沿晶断裂是由于晶界上的一薄层连续或不连续的脆性第二相或夹杂物破坏了晶界的连续性造成的,也可能是杂质元素在晶界的偏聚造成的,应力腐蚀、氢脆、回火脆性、淬火裂纹、磨削裂纹等大都是沿晶断裂。沿晶断裂断口的微观形貌呈冰糖状,如图 3-12 所示,但若晶粒细小,则肉眼可能无法辨认出冰糖状形貌,此时断口一般呈晶粒状,颜色较纤维状断口明亮。

图 3-12 沿晶断裂断口微观形貌

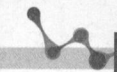

3.4 解理断裂

解理断裂是材料在一定条件下(如低温),当外加应力达到一定数值后,以极快速度沿一定晶体学平面产生的断裂,因与大理石断裂类似,故称为解理断裂。解理断裂是穿晶的脆性断裂,裂纹源于晶界、亚晶界或相界并沿金属结晶学平面扩展,其断裂单元为一个晶粒尺寸。

金属机件发生解理断裂的原因主要有:

(1)通常只有冷脆金属(bcc 和 hcp 晶格类型)才能发生解理断裂,fcc 金属易产生多系滑移使滑移带破碎,导致其尖端钝化,应力集中下降,因而不易产生解理断裂,仅在腐蚀介质存在的特殊条件下,奥氏体钢、铜及铝等 fcc 金属才可能发生解理断裂。

(2)机件的服役温度较低,即处在韧脆转变温度以下。

(3)机件尺寸较大,处于平面应变状态。

(4)机件晶粒尺寸粗大。因为解理断裂单元为一个晶粒尺寸,粗晶使解理断裂应力显著降低,并使韧脆转变温度提高,故易产生解理断裂。

(5) 机件中存在宏观裂纹,使裂纹尖端产生应力集中并使机件的韧脆转变温度提高,促使冷脆金属发生解理断裂。

(6)加载速度大及活性介质的吸附作用也会促进解理断裂的发生。

实际解理断口是由许多相当于晶粒大小的解理面集合而成的,这些晶粒大小的解理面称为解理刻面。解理刻面也并不是一个单一的平面,而是由一组平行的解理面所组成。解理断裂过程裂纹要跨越若干相互平行的并且位于不同高度的解理面,从而形成解理断口的基本微观特征——解理台阶和河流花样。解理台阶形成过程有两种方式,一种是通过刃位错运动与螺位错相交形成解理台阶,如图 3-13 所示;另一种是通过二次解理或撕裂棱形成解理台阶,如图 3-14 所示。

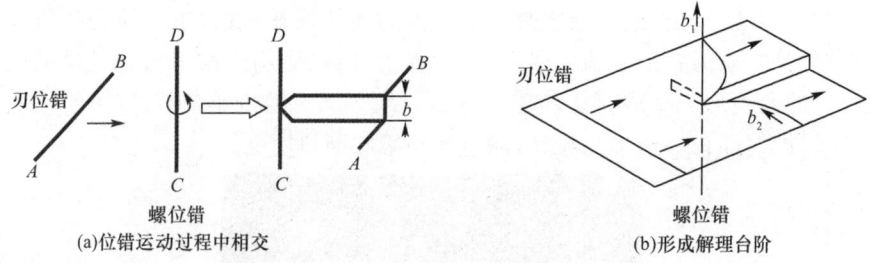

图 3-13 位错运动形成解理台阶

解理台阶沿裂纹前端滑动而相互汇合:同号台阶汇合长大,异号台阶汇合消毁。当汇合台阶高度足够大时,便成为在电镜下可以观察到的河流花样,如图 3-15 所示。

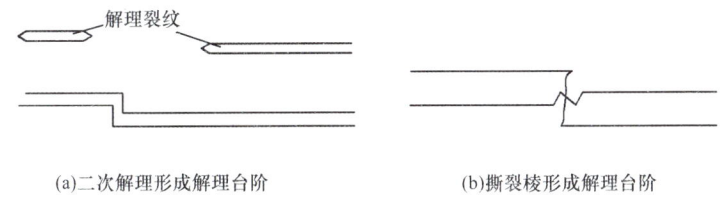

(a)二次解理形成解理台阶　　　　(b)撕裂棱形成解理台阶

图 3-14　通过二次解理或撕裂棱形成解理台阶

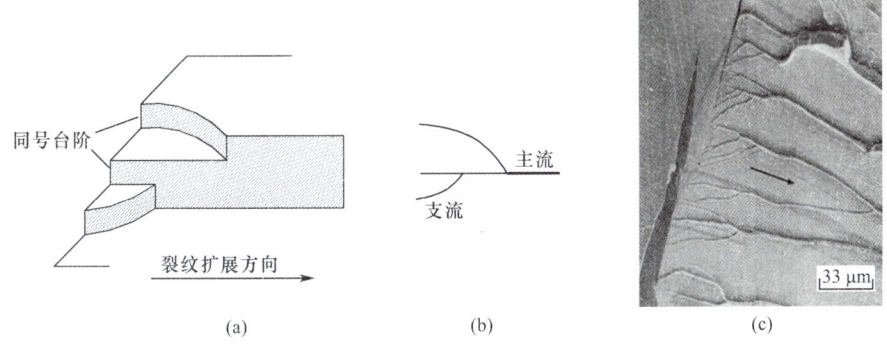

图 3-15　解理断口河流花样

　　解理断口的另一微观特征是舌状花样，因其在电镜下观察类似于人的舌头而得名，它是由于解理裂纹沿孪晶界扩展留下的舌头状凹坑或凸台，故在匹配断口上"舌头"为黑白对应，如图 3-16 所示。

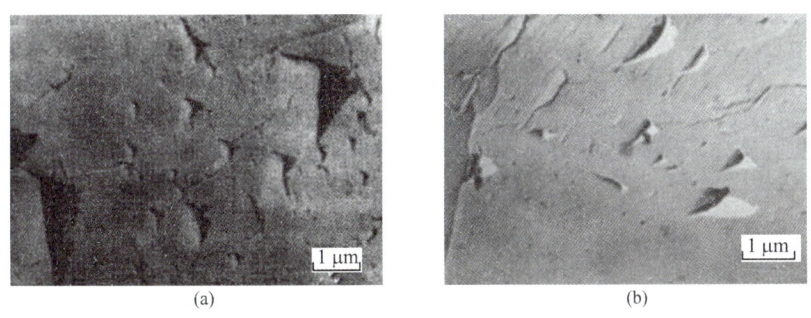

图 3-16　解理断口舌状花样

　　舌状花样的形成过程如图 3-17 所示，解理裂纹在固有解理面上扩展遇到孪晶时，不能继续沿着固有解理面扩展，只能先沿着孪晶面扩展后再沿着固有解理面扩展，因此在匹配的断口上留下了凹坑和凸台。

　　在淬火并低温回火的高强度钢中较为常见的一种断裂形式是准解理断裂，常发生在韧脆转变温度附近，其原因是材料中弥散细小的第二相改变了解理裂纹的扩展路径，使裂

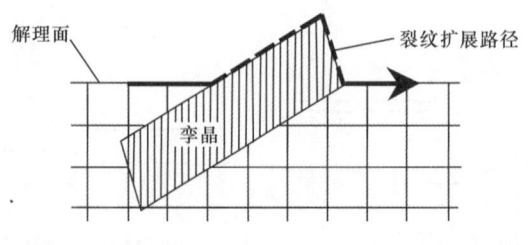

图 3-17　舌状花样的形成

纹难以严格按解理面扩展,断裂路径不再与晶粒位向有关,其断口微观特征类似解理但又非真正解理,故称为准解理断裂。准解理断裂与解理断裂的机制相同,可以认为准解理断裂是一种解理裂纹与塑性变形之间的过渡型断裂机制。准解理断裂与解理断裂的共同点是二者均为穿晶断裂,都有小解理刻面、解理台阶和河流花样,不同点是准解理刻面不是晶体学上的解理面。解理裂纹源于晶界,而准解理裂纹源于晶内质点,河流花样从晶内呈放射状,如图 3-18 所示。

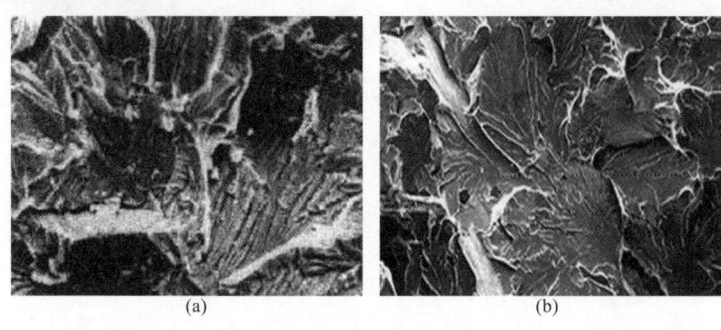

(a)	(b)

图 3-18　准解理断口微观形貌

　　准解理断口在微观范围内可以看到解理断裂和微孔型断裂的混杂现象,即在微孔断裂区内有平坦的小刻面或在小刻面的周边有塑性变形形成的撕裂棱的形貌特征,小刻面的几何尺寸与晶粒大小基本相当,小刻面上的河流花样比解理断裂所看到的要短,且大都源于晶内而中止于晶界,小刻面上的台阶直接汇合于邻近的由微孔组成的撕裂棱上。

　　金属机件发生准解理断裂的原因主要有:

　　(1)从材质方面看,一般淬火加低温回火的马氏体组织,由于回火温度低,易产生准解理断裂。

　　(2)机件的工作温度与材质的韧脆转变温度基本相同时易产生准解理断裂。

　　(3)机件的薄弱环节其应力处于平面应变状态时易发生准解理断裂。

　　(4)材料的晶粒尺寸比较粗大时易发生准解理断裂。

　　(5)回火马氏体组织中存在缺陷,如碳化物在回火时的定向析出、孪晶马氏体的中脊与微裂纹以及较大的淬火相变应力等均使准解理初始裂纹易于形成。

　　可以根据某些特征判断脆性断裂的起始位置和走向、加载速度和载荷类型。

　　(1)断裂起始位置和走向判断:对于无缺口的光滑试样,放射状撕裂棱的放射源即为断裂的起始位置,放射状撕裂棱的放射方向即为裂纹扩展的方向;但对于有缺口的板材,则由于缺口应力集中的缘故,不仅裂纹首先在缺口处形成,而且裂纹沿缺口处的扩展速度比中心更快,故断裂时所形成的人字纹尖顶方向与无缺口光滑试样正好相反,其放射源的尖顶方向是裂纹的扩展方向。在微观断口上,可以根据河流花样的流向来判断裂纹的起源和扩展方向,河流花样的上游是裂纹的起源位置,河流的流向是裂纹的扩展方向。

(2)加载速度:试验表明,在沿晶的脆性宏观断口上一般看不出加载速度的影响,但是脆性断口上放射状撕裂棱的形态是与材料性质和加载速度有关的。一般情况下,放射状撕裂棱的存在表明破坏是快速进行的,当材料的性能相同时,冲击载荷的加载速度越大,放射状的撕裂棱就越明显,因此可以认为,这种放射状线条的存在要么表明材料本来就属于脆性,要么表明受破坏的速度非常之大。

(3)载荷类型:脆性金属材料在拉伸时,断口与拉应力垂直,断口表面一般呈无定型的粗糙表面,有时也呈现出晶粒的外形。微观断口一般呈准解理形貌。在扭矩的作用下,脆性金属的断口呈麻花状,这是由于脆性材料在纯扭矩的作用下,沿与最大主应力垂直的方向分离造成的。麻花状断口的表面形态和脆性拉伸断口一样,也是呈无定型的粗糙表面,或呈现晶粒外形,其微观断口一般也为准解理,有时呈现浅韧窝的形貌。在脆性材料的冲击断口上,一般有放射状条纹或人字形花纹,微观形态是河流花样,冲击载荷的冲击点(或线)处有被冲击的痕迹。

脆性材料的压缩断口有时呈粉碎性的条状,有时呈 45°剪切断口形状,后者与韧性金属 45°剪切断口的差别在于宏观塑性变形的大小,有时剪切的中心区域为正应力拉断。

3.5 应力腐蚀断裂

金属在拉应力和特定化学介质的共同作用下,经过一段时间后所产生的低应力脆性断裂现象称为应力腐蚀断裂。应力腐蚀断裂并不是金属在外加应力作用下的机械性破坏和化学介质作用下的腐蚀性破坏的线性叠加,而是在应力和化学介质的联合作用下,按特有机理产生的一种特殊断裂现象,其断裂强度比单个因素分别作用后再叠加起来的要低得多。

应力腐蚀是一种局部腐蚀,形成的裂纹常被腐蚀产物覆盖,不易被发觉,导致的断裂具有突发性。应力腐蚀裂纹扩展的速率一般在 $1 \times 10^{-9} \sim 1 \times 10^{-6}$ m/s,介于均匀腐蚀速率和快速机械断裂速率之间。造成应力腐蚀破坏的是静应力,远低于材料的屈服强度,而且一般是拉伸应力(近年来,也发现在不锈钢中可以由压应力引起应力腐蚀断裂)。这个应力可以是外加应力,也可以是焊接、冷加工或热处理过程产生的残留拉应力。最早发现的冷加工黄铜子弹壳在含有潮湿的氨气介质中的腐蚀破坏,就是由于冷加工造成的残留拉应力的结果,如果经过去应力退火,这种事故就可以避免。

绝大多数金属材料在一定化学介质作用下都有应力腐蚀倾向,但某种金属材料所能产生应力腐蚀的化学介质是特定的,即只有在特定的合金成分与特定的介质相组合时才会造成应力腐蚀,例如α黄铜只有在氨溶液中才会被腐蚀破坏,而β黄铜在水中就能破裂。

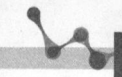

一般来说,产生应力腐蚀的应力并不一定很大,特定化学介质的腐蚀性也并不一定很强,若单独分别作用时不会产生断裂,只有组合起来才会产生应力腐蚀断裂,工业中常见的应力腐蚀断裂有"碱脆""硝脆""氯脆""氨脆"等,常用金属材料发生应力腐蚀的敏感介质见表 3-2。

表 3-2　　　　　　　　　常用金属材料发生应力腐蚀的敏感介质

金属材料	化学介质	金属材料	化学介质
低碳钢和低合金钢	NaOH 溶液;沸腾硝酸盐溶液;海水;海洋性和工业性气氛	铝合金	氯化物水溶液;海水及海洋大气;潮湿工业大气
奥氏体不锈钢	酸性和中性氯化物溶液;熔融氯化物;海水	铜合金	氨蒸气;含氨气体;含氨离子的水溶液
镍基合金	热浓 NaOH 溶液;HF 蒸气和溶液	钛合金	发烟硝酸;300 ℃ 以上的氯化物;潮湿空气及海水

对应力腐蚀敏感的金属在特定的化学介质中,首先在表面形成一层钝化膜,在没有拉应力作用的情况下,钝化膜使金属不至于受到腐蚀破坏。若有拉应力的作用使钝化膜破裂,则会露出基体金属,在电解质溶液中成为阳极,而保留有钝化膜的金属表面成为阴极,从而形成腐蚀微电池,阳极金属变成正离子使阳极溶解,导致金属表面形成蚀坑。拉应力除了使裂纹尖端区域钝化膜破坏外,还在蚀坑或原有裂纹的尖端形成应力集中使阳极电位降低,加速了阳极的溶解。如果裂纹尖端的应力集中始终存在,则微电池反应不断进行,钝化膜不能恢复,裂纹将逐渐向纵深扩展,如图 3-19 所示。

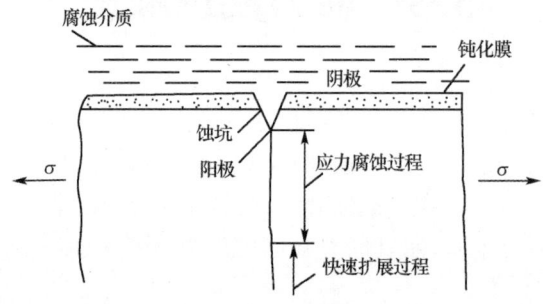

图 3-19　应力腐蚀断裂机理

在应力腐蚀过程中,如果微电池电流过小,则腐蚀过程受抑制,极端情况是阳极金属表面重新形成完整的钝化膜,腐蚀停止。如果电流过大,金属表面受到强烈而全面的腐蚀,表面不能形成钝化膜,此时金属产生的是腐蚀损伤,只有金属在介质中生成不完整钝化膜的条件下,即金属和介质处于某种程度的钝化与活化过渡区域的情况下才最容易发生应力腐蚀。

应力腐蚀断口的宏观形貌可以分为裂纹源区、亚稳扩展区和瞬断区。一般裂纹源区始于表面,在钝化膜破裂处形成。在亚稳扩展区可以看到腐蚀产物和氧化现象,故常呈现黑色或灰黑色,瞬断区是裂纹扩展到临界尺寸时快速撕裂形成的,如图 3-20 所示。

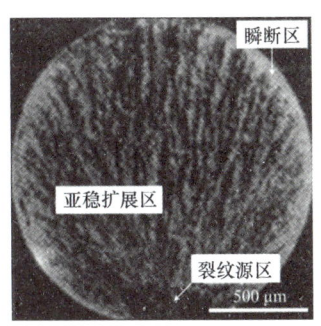

图 3-20 应力腐蚀断口宏观形貌

应力腐蚀裂纹有分叉现象，呈枯树枝状，表明在应力腐蚀时，有一主裂纹扩展较快，其他分支裂纹扩展较慢。根据这一特征可以将应力腐蚀与腐蚀疲劳、晶间腐蚀及其他形式的断裂区分开来，如图 3-21 所示。

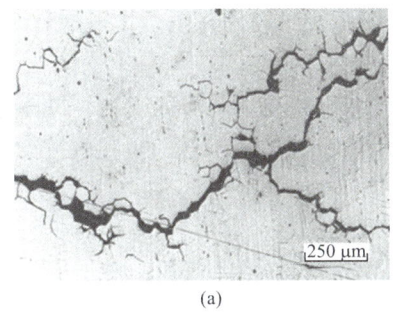
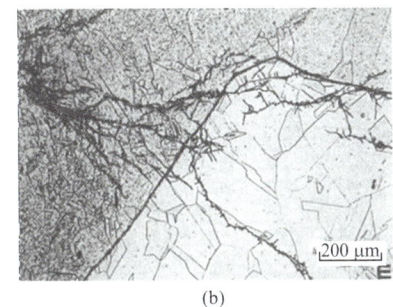

(a)   (b)

图 3-21 应力腐蚀微裂纹的分叉现象

应力腐蚀断口的微观形貌一般为沿晶断裂，少量也有可能为穿晶断裂。一般情况下，当应力较小、腐蚀介质较弱时多为沿晶断裂，而当应力较大、腐蚀介质较强时多为穿晶断裂。应力腐蚀断口上常可以看到"泥状花样"的腐蚀产物及腐蚀坑，如图 3-22 所示，奥氏体不锈钢应力腐蚀以穿晶断裂为主，断口还可以观察到河流花样和扇形花样，如图 3-23 所示。

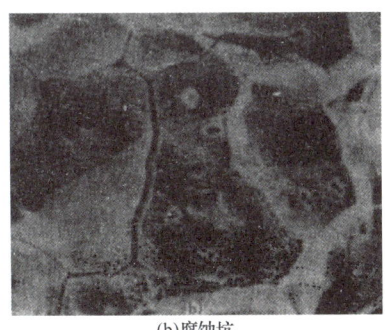

(a)泥状花样   (b)腐蚀坑

图 3-22 应力腐蚀断口的泥状花样和腐蚀坑

金属机件发生应力腐蚀断裂的原因主要有：

(1)选择材料不合理：若机件在某种化学介质环境下服役，要避免选择在该化学介质中有应力腐蚀倾向的材料，比如铜对氨的应力腐蚀敏感性很高，因此接触氨的机件就要避

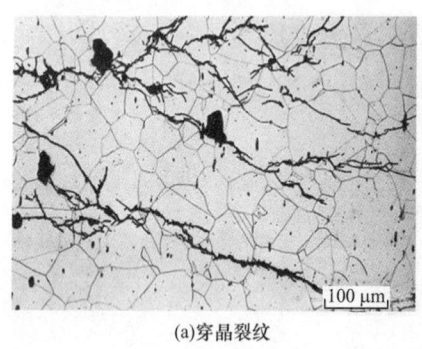 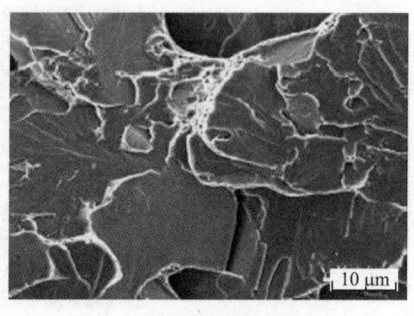

(a)穿晶裂纹　　　　　　　　　　　　(b)扇形花样

图 3-23　奥氏体不锈钢应力腐蚀断口微观形貌

免选择铜合金。对在高浓度氯化物介质中服役的机件,可选用不含镍、铜或含微量镍、铜的低碳高铬铁素体不锈钢。

(2)残余拉应力过大:这是造成应力腐蚀断裂的重要原因。机件中的残余拉应力可能是设计和加工工艺不合理产生的,也可能是服役过程中产生的,因此要注意设计和加工过程中应尽量减少机件上的应力集中,服役过程中加热和冷却要均匀,必要时可采用退火工艺消除应力,或采用表面强化手段在机件表面形成残余压应力,可有效减少应力腐蚀倾向。

3.6　疲劳断裂

疲劳是金属机件在交变载荷长期作用下,由于累积损伤造成的断裂现象。

疲劳断裂具有以下特点:

(1)疲劳是低应力循环延时断裂:疲劳断裂的应力水平往往低于材料的屈服强度,机件的疲劳寿命因应力不同而不同,应力高时寿命短,应力低时寿命长,理论上当应力低于某一临界值时寿命可达无限长。

(2)疲劳是脆性断裂:由于疲劳过程的应力水平比较低,所以机件在疲劳断裂前不会发生较大的塑性变形,在长期累积损伤过程中,裂纹萌生并逐渐扩展到临界尺寸时会突然发生断裂,因此危害性极大。

(3)疲劳对缺陷十分敏感:由于疲劳破坏是从局部开始的,因此对缺陷十分敏感,甚至机件表面的刀痕也可能成为潜在的疲劳源。如果有缺口、微裂纹或其他组织缺陷,更会加快疲劳过程的开始和发展。

(4)疲劳对环境介质敏感:金属材料的疲劳断裂除了取决于本身性能外,还与机件的运行环境密切相关。腐蚀介质虽然对材料的静强度也有一定影响,但其影响程度远不如对材料疲劳强度的影响大。大量实验数据表明,在腐蚀介质环境下材料的疲劳极限较在大气条件下低得多,甚至可以说没有疲劳极限。

材料的疲劳过程包括疲劳裂纹萌生、裂纹亚稳扩展和裂纹失稳扩展三个阶段。大量研究表明,疲劳裂纹都是由不均匀的局部滑移和显微开裂引起的,主要方式有表面滑移带开裂、相界面开裂、晶界和亚晶界开裂。

(1)滑移带开裂形成裂纹:金属在循环应力长期作用下,即使应力水平低于屈服应力,也会发生循环滑移形成滑移带。与静载荷时形成的均匀滑移带相比,疲劳循环滑移带是极不均匀的,用电解抛光的方法也很难去除。即使暂时去除,当对试样重新循环加载时,循环滑移带又会在原处再现,这种永留或再现的循环滑移带称为驻留滑移带。随着循环次数的增加,驻留滑移带不断加宽,在加宽的过程中,除了产生位错的塞积和交割作用,还会出现"挤出脊"和"侵入沟",如图 3-24 及图 3-25 所示,于是此处就产生应力集中和空洞,经一定循环周期后产生微裂纹。

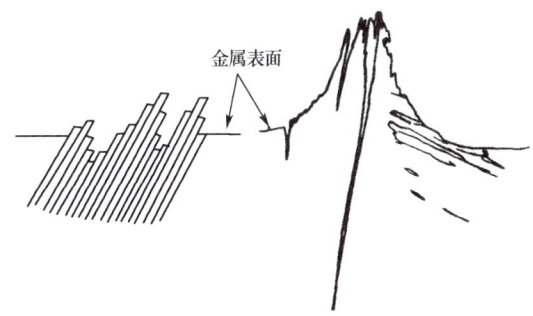

图 3-24 金属表面的"挤出脊"和"侵入沟"

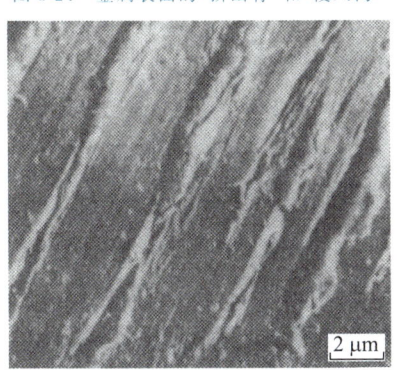

图 3-25 多晶铜沿滑移带形成的"挤出脊"和"侵入沟"

(2)相界面开裂形成裂纹:很多微裂纹都是由于材料中的第二相或夹杂物引起的。如图 3-26 所示,位错沿滑移面运动时遇到第二相产生塞积,形成的应力集中导致第二相或夹杂物和基体界面开裂形成微裂纹,故采取适当措施控制第二相或夹杂物使之"少、圆、小、匀"均可抑制或延缓疲劳裂纹的产生。

(3)晶界开裂形成裂纹:位错运动时在晶界处发生位错塞积和应力集中现象,超过晶界强度就会产生裂纹,所以,凡是使晶界强化、净化和细化晶粒的因素,均能抑制晶界裂纹形成,提高疲劳抗力。

疲劳裂纹萌生后即进入扩展阶段,大致分为沿最大切应力方向向内扩展、逐渐转向垂直拉应力方向扩展和失稳扩展三个阶段,如图 3-27 所示。

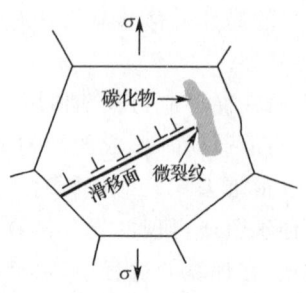

图 3-26　相界面开裂形成裂纹

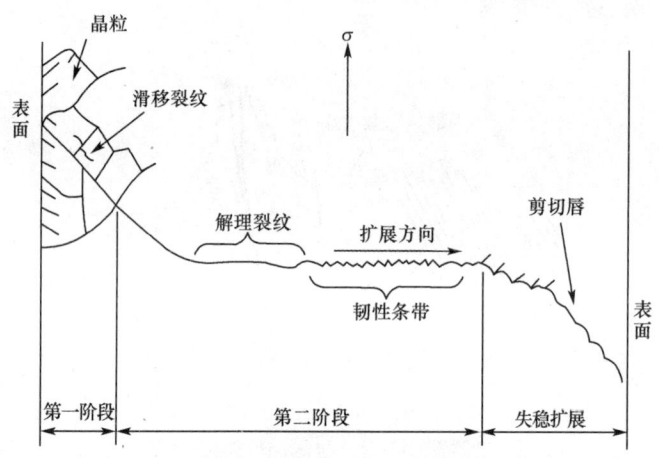

图 3-27　疲劳裂纹扩展的三个阶段

疲劳断口的宏观形貌可以分为疲劳源、疲劳区和瞬断区,如图 3-28 所示。

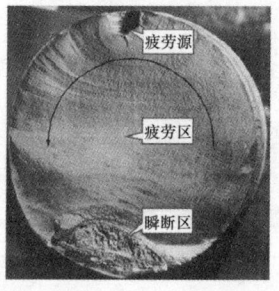

图 3-28　疲劳断口宏观特征

疲劳源一般在机件表面,常和缺口、裂纹、刀痕、蚀坑等缺陷相关联,但是如果机件内部存在严重的冶金缺陷或裂纹时,疲劳源也可能位于机件内部。一个疲劳断口中,疲劳源可能有多个,主要与机件的应力状态和应力大小有关。由于疲劳源在整个裂纹亚稳扩展过程中断面被不断摩擦挤压,所以疲劳源区光亮度最大,当断口中存在几个疲劳源时,可以根据源区的光亮程度初步判断疲劳源的产生顺序。

疲劳区是裂纹亚稳扩展形成的区域,疲劳区的宏观特征是断口比较光滑且分布有贝纹线,如图 3-29 所示。断口光滑是疲劳源区的延续,但光亮程度随裂纹向前扩展而逐渐减弱。贝纹线是疲劳区最典型的特征,一般认为它是由于载荷变动引起的,如机件运转时的开动和停歇、偶然过载引起的载荷变动等,其结果是裂纹前沿留下了弧状台阶痕迹,所以,这种贝纹线总是出现在实际机件的疲劳断口中,而在实验室的疲劳试验断口中,由于载荷比较平稳,一般很难看到明显的贝纹线。贝纹线好像一簇以疲劳源为圆心的平行弧线,贝纹线之间的间距不同,越靠近疲劳源贝纹线越密,远离疲劳源贝纹线稀疏。贝纹线凹侧指向疲劳源,凸侧指向裂纹的扩展方向或是相反的方向,这取决于裂纹扩展时裂纹前沿线各点的运动速度。

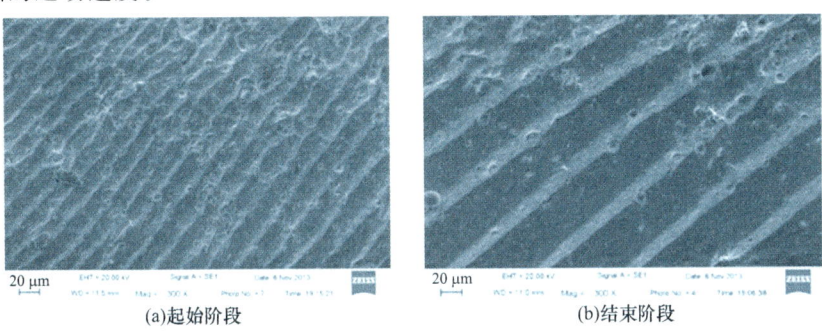

(a)起始阶段　　　　　　　　　　(b)结束阶段

图 3-29　疲劳裂纹扩展区贝纹线形貌

瞬断区是裂纹失稳扩展形成的区域,比较粗糙。脆性材料为结晶状,韧性材料中间为放射状,边缘部分为剪切唇。瞬断区大小与材料性质和应力有关,材料韧性差、应力高,则瞬断区大,反之则小。瞬断区位置一般应在疲劳源的对侧,但对于旋转弯曲的机件,应力较低时瞬断区位置逆旋转方向偏转一定角度,这是因为疲劳裂纹逆旋转方向扩展较快的结果,而应力较高时可能形成多个疲劳源,裂纹从表面同时向内扩展,瞬断区往往移向中心位置。

若机件受扭转循环载荷作用,因其最大正应力和轴向呈 45°分布,最大切应力垂直轴向或平行轴向分布,故正断型扭转疲劳断口和轴向呈 45°,而且容易出现锯齿状或星形状花样,如花键轴的断口。切应力引起的切断型扭转疲劳断口断面垂直或平行于轴线,在扭转断口中一般看不到贝纹线。

疲劳断口最典型的微观特征是疲劳辉纹(疲劳条带),呈略微弯曲并相互平行的沟槽花样,一般认为它是裂纹扩展时留下的微观痕迹,每一条辉纹可以视为一次应力循环下裂纹扩展的痕迹。疲劳辉纹具有以下特点:

(1)疲劳辉纹相互平行且垂直于裂纹扩展方向。

(2)疲劳辉纹间距随循环应力振幅变化而变化。

(3)疲劳辉纹的个数等于载荷循环的次数。

(4)一组疲劳辉纹是连续的,其长度大致相等。

疲劳辉纹又分为韧性疲劳辉纹和脆性疲劳辉纹,韧性疲劳辉纹只有互相平行的弧状辉纹,脆性疲劳辉纹除了有互相平行的弧状辉纹外,还有解理台阶和河流花样,而且其解理台阶线大致垂直于疲劳辉纹,如图 3-30 所示。

失效分析中常利用疲劳辉纹的间宽和应力场强度因子的关系分析疲劳破坏过程,但是在实际观察不同材料的疲劳断口时,并不一定都能看到清晰的疲劳辉纹。一般滑移系多的 fcc 金属疲劳辉纹比较明显,而滑移系少或组织状态比较复杂的钢铁材料疲劳辉纹

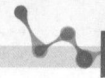

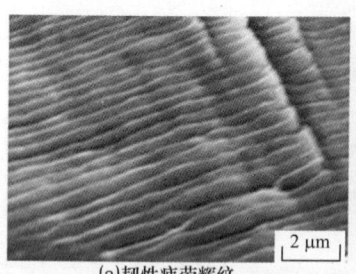

(a)韧性疲劳辉纹

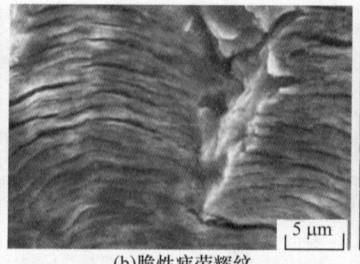

(b)脆性疲劳辉纹

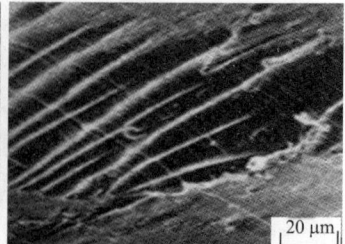

(c)脆性疲劳辉纹与河流花样垂直

图 3-30　疲劳辉纹

往往短、窄而紊乱,甚至看不到。因此,利用疲劳辉纹分析疲劳裂纹扩展速率和疲劳寿命往往不一定可靠。

　　疲劳断口上最小的特征花样类似于车胎的压痕,称为轮胎花样,如图 3-31 所示。它是在疲劳裂纹形成以后,由相匹配断口上的突起(如第二相质点)或刀边反复挤压或刻入而引起的压痕,此时在断口区域产生压应力或切应力作用,由于突起或刀边的形状不同,切应力方向也不一致,因此所形成的轮胎花样的形状和排列方向也不相同,轮胎花样间距随裂纹扩展速率增大而增大。

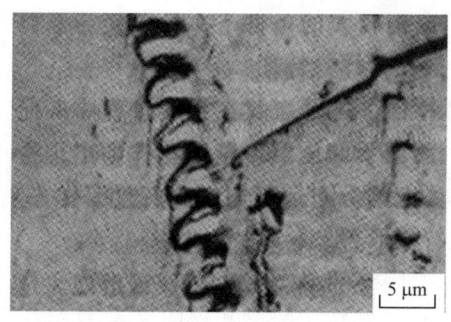

图 3-31　轮胎花样

　　金属机件发生疲劳断裂的原因主要有:

　　(1)机件的结构形状不合理。如机件的薄弱部位存在转角、孔、槽、螺纹等,在这些部位易产生"缺口效应",过大的应力集中使疲劳裂纹萌生。

　　(2)机件的表面质量差。疲劳对缺陷十分敏感,机件表面的微观几何形状如刀痕、擦伤或磨削裂纹等都像小缺口一样会产生应力集中使疲劳极限降低。表面粗糙度越低,疲劳极限越高;材料强度越高,粗糙度对疲劳极限的影响效果越显著。

　　(3)机件尺寸过大。机件尺寸对疲劳强度有较大影响,在弯曲、扭转载荷作用下影响更大。一般来说,随着机件尺寸的增大,疲劳强度下降,称为疲劳的尺寸效应,这是由于机件尺寸增大会增加机件表面和内部的各种缺陷,从而增大疲劳裂纹产生的概率,同时机件尺寸增大会降低弯曲、扭转机件截面的应力梯度,增大机件表层高应力区的范围,从而增加疲劳裂纹的萌生几率,降低疲劳强度。

　　(4)材料选用或热处理工艺不当。对于回火机件,回火温度不同,其弥散碳化物的大小、数量及形状也不相同。就回火组织而言,回火马氏体疲劳极限最高,而回火屈氏体的疲劳极限最低。因此,若从提高疲劳强度的角度出发,结构钢的热处理以淬火和低温回火最好,而不应追求高韧性的调质处理。细化晶粒既可以提高滑移形变抗力,又可以提高疲劳强度。

(5)机件装配与连接不当。这对机件的疲劳寿命有很大影响,如钢制法兰盘上螺纹连接件的扭紧力矩并不是越大越好,合适的扭紧力矩可以使机件的疲劳寿命提高 5 倍以上。

(6)服役环境恶劣。如镍铬钢(wt%C=0.28%,wt%Ni=11.5%,wt%Cr=0.73%)经淬火并回火后,在海水中的疲劳强度仅为大气中的 20%。

3.7　磨　损

机件接触并作相对运动时,表面逐渐有微小颗粒分离出来形成磨屑,使表面材料逐渐损失造成表面损伤的现象称为磨损。磨损主要是力学作用引起的,但磨损并非单一的力学过程,引起磨损的原因既有力学作用,也有物理和化学作用,摩擦副材料、润滑条件、加载方式、相对运动特性、服役环境等因素都会影响磨损量的大小。

机件的磨损过程可用磨损曲线来表示,如图 3-32 所示。典型的磨损曲线分为三个阶段:

(1)跑合(磨合)阶段:磨损的初期阶段,机件表面逐渐被磨平,实际接触面积增大,摩擦速率逐渐减小,同时表面可能产生应变硬化和形成氧化膜。

(2)稳定磨损阶段:磨损的中期阶段,磨损速率近乎常数,大多数机件均在此阶段内服役,通常根据这一阶段的时间、磨损速率和磨损量来评定不同材料或不同工艺的耐磨性能。

(3)剧烈磨损阶段:磨损的后期阶段,磨损速率增加:机件的表面质量下降,润滑膜被破坏,会引起剧烈振动,磨损加剧,机件很快失效。

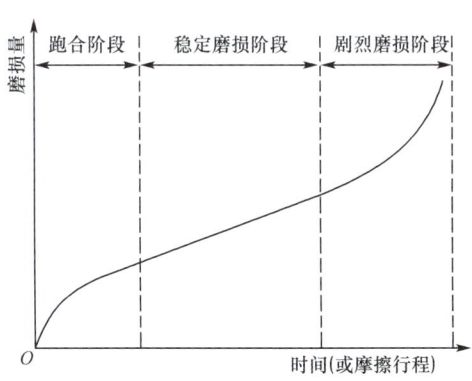

图 3-32　典型的磨损曲线

磨损的分类方法有多种,按磨损机理可以分为磨粒磨损、黏着磨损、疲劳磨损、腐蚀磨损等,其中磨粒磨损和黏着磨损是实际中主要的磨损形式。实际中通常是几种形式的磨损同时存在,并且一种磨损发生后往往会诱发其他形式的磨损。例如,疲劳磨损的磨屑会

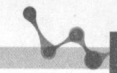

导致磨粒磨损,而磨粒磨损所形成的新洁净表面又将引起腐蚀或黏着磨损。

磨粒磨损也称磨料磨损,是当摩擦副一方表面存在坚硬的细微凸起,或者在接触面之间存在着硬质粒子时引起的磨损。磨粒磨损又分为两体磨粒磨损(如锉削过程)和三体磨粒磨损(如抛光),如图 3-33 所示。

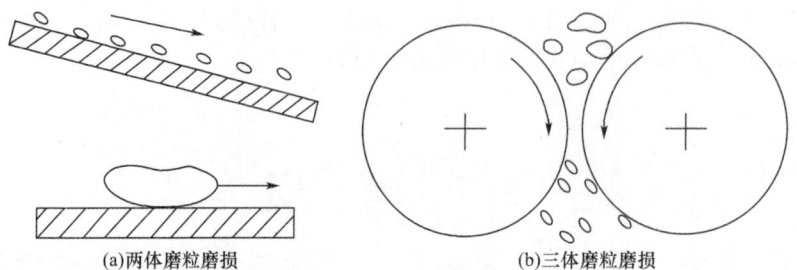

(a)两体磨粒磨损 　　　　　　　　(b)三体磨粒磨损

图 3-33　磨粒磨损形式

磨粒磨损的主要特征是摩擦面上有明显犁皱形成的沟槽,如图 3-34 所示。

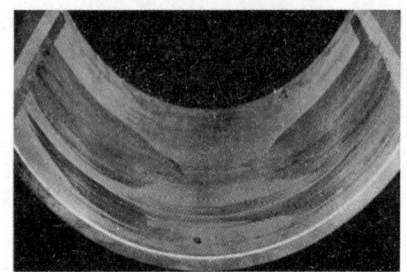

(a)滑动轴承轴瓦的磨粒磨损 　　　　　　(b)刹车制动盘的磨粒磨损

图 3-34　磨粒磨损表面形貌

理想化的磨粒磨损模型如图 3-35 所示,据此模型计算得到的磨损体积为:

$$V = \frac{Fl\tan\theta}{3\pi R_{\text{eLc}}} \tag{3-1}$$

式中:V—磨损量;F—法向作用力;l—滑动距离;θ—压入角;R_{eLc}—单向压缩屈服强度;

因为金属材料的屈服强度与硬度成正比,上式也可写成:

$$V = K\frac{Fl\tan\theta}{H} \tag{3-2}$$

式中:H—材料硬度,K—材料系数。可见,磨粒磨损量与法向作用力和滑动距离成正比,与材料硬度成反比。

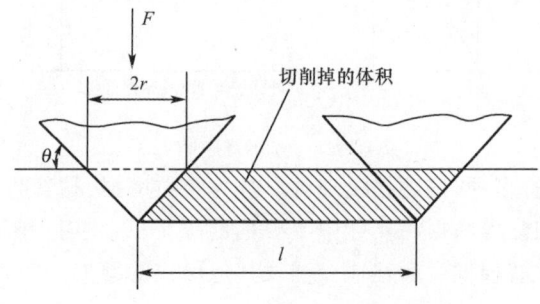

图 3-35　理想化的磨粒磨损模型

　　一般情况下,材料硬度越高,抗磨粒磨损的能力越好。纯金属与未经热处理的钢,其磨粒磨损的耐磨性与它们的自然硬度呈正比,且直线通过原点,如图3-36(a)所示。经过热处理的钢其耐磨性与硬度也呈线性关系,但直线的斜率比纯金属的小,如图3-36(b)所示,这表明在相同硬度下比较时,经过热处理的钢其抗磨粒磨损能力反而不及纯金属,据此看来,硬度并不是决定耐磨性的唯一因素,韧性的好坏、冶金缺陷也会影响材料耐磨性。

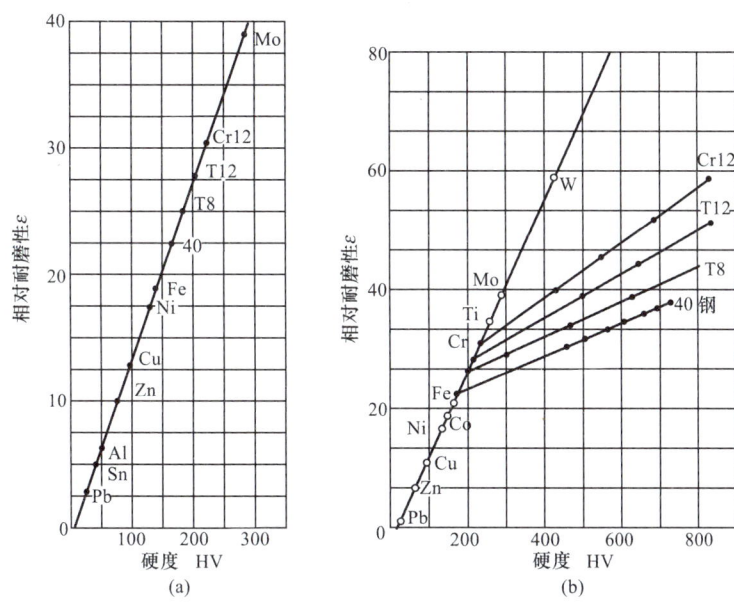

图 3-36　磨粒磨损相对耐磨性与材料硬度的关系

　　研究结果表明,钢的热处理组织中,下贝氏体耐磨性较好,马氏体耐磨性次之,铁素体由于硬度低,耐磨性最差。碳化物对耐磨性的影响与基体材料有关,在软基体中碳化物数量和弥散度增加可提高耐磨性,而在硬基体上的碳化物反而会损害材料的耐磨性。但不管何种情况,一般细化晶粒能提高材料的屈服强度、硬度和塑性,所以也能提高耐磨性。

　　改善磨粒磨损耐磨性的措施有:

　　(1)增加材料的硬度或提高韧性:磨损机理为切削时,提高材料硬度是最有效的措施,如用含碳量较高的钢淬火获得马氏体组织。磨损机理为塑性变形时,则应提高材料韧性,如采用等温淬火获得下贝氏体组织、使钢中的碳化物均匀弥散分布或保留一定量的残余奥氏体等。

　　(2)合理选择材料:在高应力冲击载荷下(如破碎机颚板)要选用高锰钢,若是滑动接触式连续性重载(如挖掘机)应选用硬质合金、高铬白口铸铁等,低应力磨损(如拖拉机履带)应选用中碳钢淬火加回火处理。

　　(3)表面强化:采用渗碳、碳氮共渗等化学热处理方法,也能有效提高磨粒磨损耐磨性。另外要注意机件的防尘和清洗,防止大于 1 μm 的磨粒进入接触面也是很有效的措施。

　　黏着磨损又称咬合磨损,是在滑动摩擦条件下,当摩擦副相对滑动速度较小时发生的。它是因缺乏润滑油,摩擦副表面无氧化膜且单位法向载荷很大,以至于接触应力超过

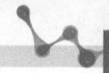

实际接触点的屈服强度而产生的一种磨损形式。图 3-37 为黏着磨损表面形貌,由于黏着磨损过程中有材料的转移,所以摩擦副一方金属表面常黏附一层很薄的转移膜并伴有化学成分的变化,这是黏着磨损的重要特征。

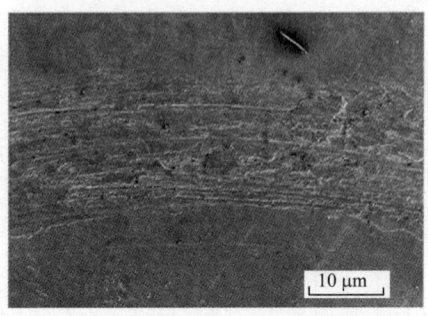

图 3-37　黏着磨损表面形貌

黏着磨损的产生是由于摩擦副的实际表面总存在着局部凸起,当摩擦副相互接触时,即使施加很小的载荷,在实际接触面上的局部应力就足以引起塑性变形而产生强烈黏着,在继续滑动时黏着点被剪断并转移到一方金属表面,随后脱落形成磨屑,这个过程的不断进行就形成了黏着磨损,如图 3-38 所示。

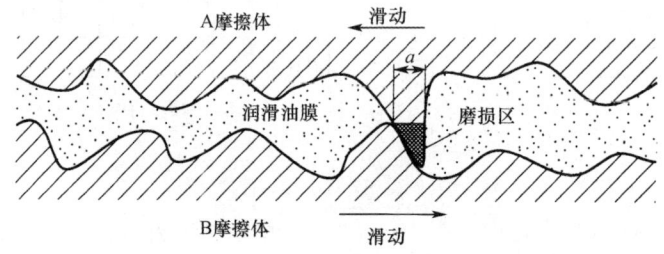

图 3-38　黏着磨损过程

研究表明,黏着磨损体积磨损量与法向力和滑动距离成正比,与软方材料的压缩屈服强度或硬度成反比,而与表观接触面积无关。但是在压缩屈服强度或硬度一定的情况下,如果材料的塑性较好,则在相同法向力条件下可以产生较大塑性变形使真实接触面积增加,从而降低了单位面积上的法向力,也可减小磨损量。这意味着材料的磨损量与其塑性成反比,从黏着磨损的机理来看,增加硬度固然能减小磨损,但在材料韧性增加时,由于延缓了断裂过程,所以也能使磨损量减小。摩擦副材料的选择也会强烈影响黏着磨损量,比如塑性材料比脆性材料黏着倾向大;互溶性大的材料(相同金属或晶格类型、点阵常数、电子密度、电化学性质相近的金属)黏着倾向大;单相金属比多相金属黏着倾向大;固溶体比化合物黏着倾向大;金属—金属摩擦副比金属—非金属摩擦副黏着倾向大。

改善黏着磨损耐磨性的措施有:

(1)注意摩擦副配对材料的选择:基本原则是配对材料的黏着倾向应比较小,如选用互溶性小的材料配对;选用表面易形成化合物的材料配对;选用金属与非金属材料配对;选用淬硬钢或淬硬钢与灰铸铁配对等都有明显效果。

(2)改变材料的表面状态:表面化学热处理在金属表面形成一层化合物或非金属层,既避免摩擦副直接接触,又减小摩擦系数,如渗硫、磷化、碳氮共渗或涂覆镍-磷合金等。

(3)控制滑动速度和接触应力:通过改善润滑条件,提高表面氧化膜与基体金属的结合能力来阻止金属之间直接接触,以及降低表面粗糙度等都可减轻黏着磨损。

3.8 氢 脆

由于氢和应力的共同作用而导致材料产生脆性断裂的现象称为氢脆。

金属中氢的来源可分为内含的和外来的两种,内含氢是指金属在冶炼过程或随后的加工过程中吸收的氢,外来氢是指金属机件在含氢环境服役过程中吸收的氢。氢进入金属中的途径主要有以下几种:

(1)金属内残留的氢:金属材料在冶炼、焊接、熔铸等过程中都会溶解一些氢,当温度降低或组织转变时,由于溶解度的降低,氢就从固溶体中析出。当凝固或冷却速度较快时,氢原子来不及析出,或者是析出的氢分子无法逸出金属,氢就会残留在金属内部。

(2)金属在加工处理过程中吸收的氢:常见的焊接、电镀、酸洗过程中很容易发生吸氢现象,在化学热处理过程中也会发生吸氢现象。大量的实践已经证明,金属渗碳处理过程如果操作不当,会发生渗氢并可能导致氢脆断裂。在碳氮共渗和盐浴氮化过程中,若材料组织工艺控制不当也会导致氢脆。

(3)金属机件在服役过程中吸氢:石油化工行业的很多机件都是在含氢气氛中服役,特别是很多高温设备,更加快了氢对金属的渗入,对于这类机件,要特别重视防止渗氢以防氢脆的产生。

氢在金属中的存在形式有以下三种:

(1)以间隙原子状态固溶在金属中,溶解度随温度降低而降低。

(2)聚集在较大的缺陷如空洞、气泡、裂纹等处,以氢分子状态存在。

(3)和一些过渡族金属、稀土或碱土金属元素作用生成氢化物,或与金属中的第二相作用生成气体产物,如钢中的氢可以和渗碳体中的碳形成甲烷等。

在任何情况下,氢对金属性能的影响都是有害的。氢可以通过不同的机制使金属产生脆化,常见的氢脆类型有以下几种:

1. 氢蚀

氢与金属中的第二相作用生成气体,会降低晶界结合力导致脆化。如碳钢在$300 \sim 500 \, ^{\circ}\text{C}$的高压氢气氛中服役时,氢与钢中的碳化物作用生成高压的甲烷气泡,当气泡在晶界聚集达到一定密度后,金属的塑性会大幅度降低,这种氢脆的断裂源产生在机件与高温、高压氢气氛相接触的部位,对碳钢而言,温度在$200 \, ^{\circ}\text{C}$以下不产生氢蚀。

氢蚀断口的宏观形貌呈氧化色和颗粒状,微观形貌是晶界宽化的沿晶断裂。

2. 白点

钢中含有过量的氢时,随温度降低,氢在钢中的溶解度减小。如果过饱和的氢不能扩散逸出,便聚集在某些缺陷处形成氢分子,此时氢的体积发生急剧膨胀,内压力大到足以将金属局部撕裂而形成微裂纹。这种微裂纹的断面呈圆形或椭圆形,颜色为银白色,故称

为白点,如图 3-39 所示。白点是一种严重缺陷,历史上曾造成很多重大事故,采用精炼除气、锻后缓冷、等温退火、加入稀土或其他微量合金元素可减弱或消除白点。

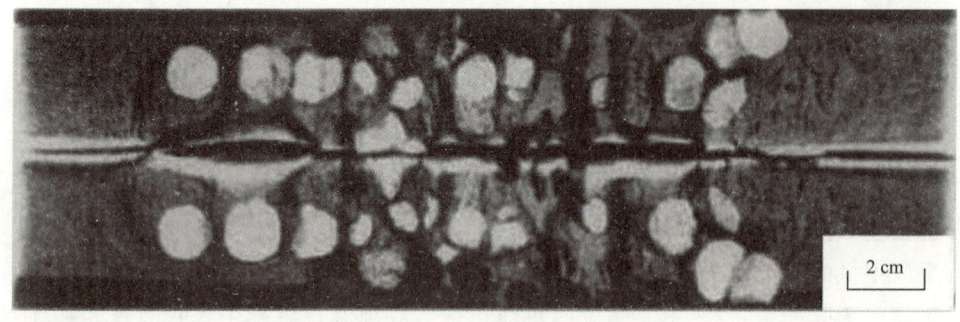

图 3-39　钢中的白点

3. 氢化物致脆

第 IVB 族或 VB 族金属如纯钛、α-钛合金、镍、钒、锆、铌及其合金等与氢有较大的亲和力,极易生成氢化物使金属脆化。如室温下氢在α-钛合金中的溶解度较小,而钛与氢又有较大的化学亲和力,极易形成氢化钛而使钢产生氢脆。氢化物的形状和分布对金属变脆有明显影响。若晶粒粗大,氢化物在晶界上呈薄片状分布,极易产生较大的应力集中使材料断裂。若晶粒细小,氢化物多呈块状不连续分布,对材料的危害较小。裂纹常沿氢化物与基体的界面形成并扩展,因此在这种氢脆的断口上会有氢化物存在。

4. 氢致延滞断裂

在高强度钢或α+β钛合金中,含有适量的处于固溶状态的氢,在低于屈服强度的应力持续作用下,经过一段孕育期后,在金属内部特别是三向拉应力区形成裂纹导致脆性断裂,这种由于氢的作用而产生的延滞断裂现象称为氢致延滞断裂,目前工程上所说的氢脆大多数指这类氢脆,这类氢脆的特点是:

(1)只在一定温度范围内出现,如高强度钢一般在 -100 ℃~150 ℃之间,室温下最敏感。

(2)提高应变速率,材料对氢脆的敏感性降低。

(3)显著降低材料的断后伸长率,但当氢含量超过一定数值后,断后伸长率不再变化,断面收缩率不断降低,材料强度越高下降越剧烈。

(4)高强度钢的氢致延滞断裂具有可逆性,即钢经低应力慢速应变后,氢脆使钢的塑性下降,如果卸除载荷停留一段时间后再进行快速加载,则钢的塑性可以得到恢复,氢脆现象消除。

高强度钢的氢致延滞断裂分为三个阶段:孕育阶段、裂纹亚稳扩展阶段和裂纹失稳扩展阶段。

(1)孕育阶段:钢的表面单纯吸附氢原子是不会产生氢脆的,氢必须进入α-Fe 的晶格中并经过迁移偏聚到一定浓度后才能形成裂纹,这几个步骤都需要时间,这就是氢的孕育阶段。

(2)裂纹亚稳扩展阶段:一定浓度的氢使晶格产生弹性畸变,当有刃型位错的应力场存在时,氢原子与位错产生交互作用,迁移到位错线附近的拉应力区形成氢气团。在外加应力的作用下,如果应变速率较低或温度较高时,氢气团的运动速率与位错运动速率相适应,气团对位错有钉扎作用,在材料内部产生局部硬化。当位错与气团遇到障碍时便产生塞积,若形成的应力集中不能松弛,就会形成微裂纹,此时氢不仅使裂纹易于形成,而且使裂纹容易扩展。

(3)裂纹失稳扩展阶段:裂纹的尖端是三向应力区,氢原子一般聚集在裂纹尖端弹塑性区的界面,当浓度再次达到临界值时又会形成新的裂纹,新裂纹与原裂纹尖端汇合,相当于裂纹扩展了一段距离,而后是再孕育、再扩展,最后达到临界尺寸便会产生失稳扩展导致断裂,因此,氢致裂纹的扩展方式是步进式的。

高强度钢氢致延滞断裂断口的宏观形貌与一般脆性断口相似,其微观形貌大多为沿原奥氏体晶界的沿晶断裂,且晶界上常有许多撕裂棱,但有时也出现混合断裂,甚至是单一的穿晶断裂形貌,这是因为氢脆的断裂方式除与裂纹尖端的应力场强度因子及氢浓度有关外,还与晶界上杂质元素的偏聚有关,对 40CrNiMo 钢的试验表明,当钢的纯度提高时,氢脆的断口形貌从沿晶转变为穿晶断裂,同时断裂的临界应力也大大提高,这表明除了力学因素外,还可能与杂质偏聚的晶界吸附了较多的氢,导致晶界强度下降有关。

3.9　其他失效模式

除了上述典型的断裂模式外,还有其他在实际中也经常发生的失效模式。

3.9.1　冲击断裂

图 3-40 所示为低碳钢在静拉伸和冲击拉伸时的应力应变曲线,可以看出,屈服强度和断裂强度都上升,尤其以屈服强度的增加最为明显。对于其他材料,屈服强度也明显上升,断裂抗力变化则比较复杂:一般塑性材料断裂抗力与应变速率关系不大,但塑性及韧性会下降。对高塑性材料,应变速率增大会显著提高断裂抗力,塑性变化不大。但是有缺口时,随应变速率增大,材料的韧性总是下降的。

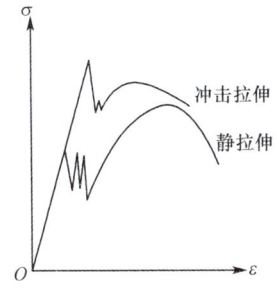

图 3-40　低碳钢静拉伸和冲击拉伸的应力应变曲线

产生这种现象的原因主要有：

（1）瞬时作用的高应力使位错运动速率增加，也将使位错运动的临界切应力增加，从而使金属产生附加强化。

（2）由于冲击载荷的应力水平比较高，将使许多位错源开动，抑制了易滑移阶段的产生与发展。

（3）冲击载荷增加了位错密度，减小了位错运动自由行程的平均长度，增加了点缺陷的浓度。

（4）冲击载荷下，塑性变形是极不均匀的，这种不均匀反过来又限制了塑性变形的发展。

韧性材料缺口冲击试样断口形貌如图3-41所示，也有纤维区、放射区（结晶区）和剪切唇几部分。裂纹首先在缺口处产生，在平面应力状态下向厚度-深度方向扩展形成纤维区。试样中部约束较强，为平面应变状态，裂纹在该区域扩展较快，从而形成放射区。到了压缩区之后，由于应力状态发生变化，裂纹扩展速率再次减小，又出现了纤维区。三个区的相对面积与温度和材料强度有关，温度下降到某一值时，可能导致纤维区面积突然减小，放射区面积突然增大，材料由韧性转变为脆性，这个温度称为韧脆转变温度。

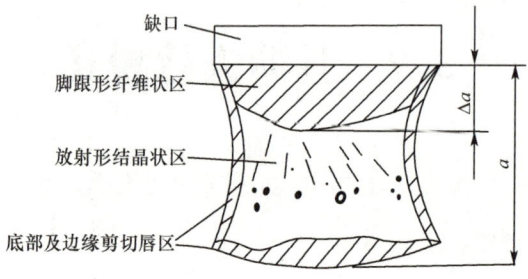

图 3-41　冲击断口形貌

3.9.2　接触疲劳

接触疲劳是两机件接触做滚动或滚动加滑动摩擦时，在交变接触压应力的长期作用下，材料表面因疲劳损伤，导致局部区域产生小片或小块状金属剥落而使物质损失的现象，又称表面疲劳磨损。接触疲劳宏观形态特征是在接触表面上出现许多小针状或痘状凹坑，有时凹坑很深，呈贝壳状，有疲劳裂纹扩展线的痕迹，如图3-42所示。

图 3-42　钢轨表面的接触疲劳

接触疲劳裂纹的形成是金属局部反复塑性变形的结果,因此,最大综合切应力的分布和大小具有决定性的意义。在最大应力出现的位置,如果金属强度不足,就会产生塑性变形,经多次循环就会产生裂纹。根据剥落裂纹起始位置及形态不同,接触疲劳破坏分为三类:

(1)麻点剥落(点蚀):深度在 0.1～0.2 mm 以下,小块剥落,呈针状或痘状凹坑,截面呈不对称的 V 型。两种情况下易产生麻点剥落,如图 3-43 所示。第一,接触压力或摩擦力较大,导致接触表面切应力较高;第二,材料表面质量差,抗剪强度低。

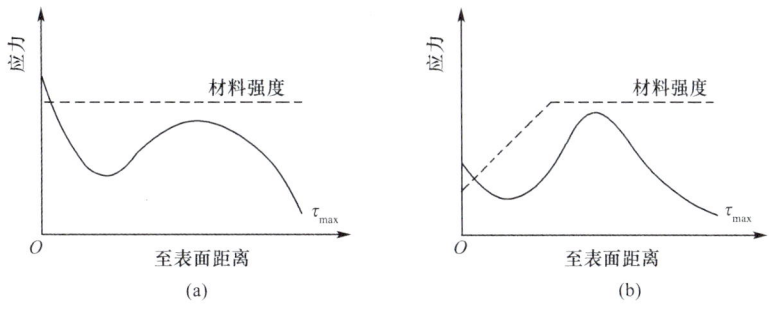

图 3-43　产生麻点剥落的两种情况

(2)浅层剥落:裂纹产生于接触面宽度 1/4 左右的亚表层,该区域切应力最大,塑性变形最强烈。裂纹常出现在非金属夹杂物附近,开始时沿非金属夹杂物平行于表面扩展,而后在滚动及摩擦力反复作用下又产生与表面成一倾角的二次裂纹,二次裂纹扩展到表面后发生弯断形成浅层剥落。剥落块底部大致和表面平行,裂纹走向与表面成锐角或垂直。浅层剥落多出现在机件表面粗糙、相对滑动小(摩擦力小)、接近纯滚动的场合。

(3)深层剥落(表面压碎):初始裂纹常在表面硬化机件的过渡区内产生,该区域切应力不是最大,但过渡区是薄弱区,裂纹易于在该区产生。裂纹形成后先平行于表面扩展,而后再垂直于表面扩展,最后形成较深的剥落坑。表面硬化机件心部强度太低、硬化层深不合理、梯度太陡或过渡区存在不利的应力分布都容易造成深层剥落。

3.9.3　热疲劳

热锻模具、热轧辊、涡轮机叶片等机件在服役过程中要经历温度的反复变化,在循环热应力和热应变作用下发生的疲劳称为热疲劳,若温度循环和机械应力循环叠加引起的疲劳称为热机械疲劳。产生热应力必须有两个条件,即温度变化和机械约束。约束可以来自外部如刚性支撑,也可以来自材料内部如机件截面存在温度差。机件中由于存在温度差产生的热应力可以由下式计算:

$$\Delta\sigma = -\alpha E \Delta T \qquad (3\text{-}3)$$

式中:α—材料的线膨胀系数,E—弹性模量,ΔT—温度差。

当热应力超过材料高温下的弹性极限时就会发生局部塑性变形,经过一定的循环次数后,热应变引起疲劳裂纹,所以,热疲劳和热机械疲劳也是塑性应变累积损伤的结果,基本上服从低周应变疲劳规律。

热疲劳裂纹一般是在机件表面热应变量最大的区域形成,也常在某些应力集中处萌生。裂纹源一般有几个,在热循环过程中,有些裂纹发展形成主裂纹,裂纹扩展方向垂直于表面向纵深扩展导致断裂,热疲劳断口宏观形貌如图3-44所示。

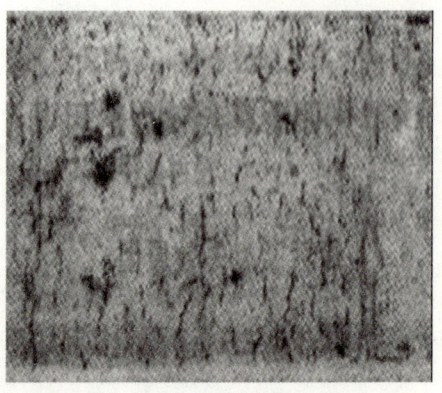

图 3-44　锅炉套管热疲劳断口宏观形貌

机件抗热疲劳性能与材料热导率、比热容、弹性模量、屈服强度、密度、几何因素等有关,脆性材料导热性差,热应力无法松弛,热疲劳寿命短,塑性好的材料热疲劳寿命高。提高机件热疲劳抗力的手段主要有减小材料的线膨胀系数、提高材料的高温强度、尽可能减少应力或应变集中等。

3.9.4　腐蚀疲劳

船舶的推进器、压缩机和燃气轮机的叶片等,它们的破坏是在疲劳和腐蚀联合作用下发生的,称为腐蚀疲劳。腐蚀疲劳过程也包括裂纹的萌生和扩展过程,只不过在腐蚀介质的参与下其裂纹萌生要比在惰性介质中容易得多,所以裂纹扩展特性在整个腐蚀疲劳过程中占有更重要的地位。腐蚀疲劳的主要特点有:

(1)腐蚀环境不是特定的,只要环境介质对材料有腐蚀作用,再加上交变应力的作用,都可产生腐蚀疲劳,因此,腐蚀疲劳更具有普遍性。

(2)腐蚀疲劳断口上可以见到多个裂纹源,并具有独特的多齿状特征,经常被一层腐蚀产物覆盖。

(3)腐蚀疲劳曲线无水平线段,不存在无限疲劳寿命,通常采用条件疲劳极限表示疲劳抗力。

(4)腐蚀疲劳强度与静强度之间不存在比例关系,不同抗拉强度的钢在海水介质中的疲劳强度几乎没有变化,所以,提高材料的静强度对提高腐蚀疲劳强度效果不大,如图3-45所示。

腐蚀疲劳断口宏观形貌如图3-46所示,图3-47是铝合金腐蚀疲劳断裂断口,断口表面被一层腐蚀产物覆盖。

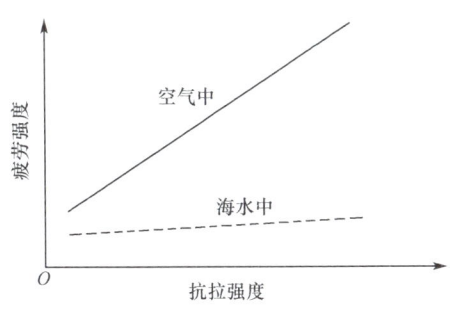

图 3-45 不同介质中钢的疲劳强度和抗拉强度的关系

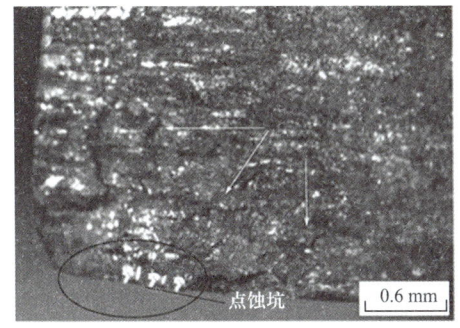

图 3-46 腐蚀疲劳断口宏观形貌

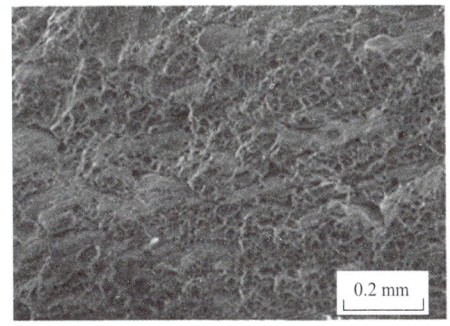

图 3-47 铝合金腐蚀疲劳断口(表面有腐蚀产物)

腐蚀疲劳的产生机理与应力腐蚀过程类似,是由于处于腐蚀介质中的机件表面钝化膜遭受破坏后,金属表面暴露在腐蚀介质中成为阳极,而其余具有钝化膜的表面便成为阴极,从而形成腐蚀微电池,如图 3-48 所示。在疲劳过程中,阳极金属变成正离子进入腐蚀介质,即产生所谓的阳极溶解,于是在金属表面形成蚀坑并在此处产生应力集中,同时使阳极电位降低,加速了阳极的溶解。如果裂纹尖端的应力集中始终存在,那么微电池反应便不断进行,钝化膜不能恢复,裂纹将逐步向纵深扩展导致断裂。

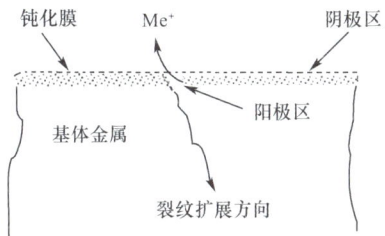

图 3-48 腐蚀疲劳产生机理

选择能在预定环境中抗腐蚀的材料或通过各种表面处理如喷丸、氮化等工艺使表面形成残留压应力层等均可提高机件抗腐蚀疲劳性能。

3.9.5 冲蚀磨损

流体或固体以松散的小颗粒按一定的速度和角度对材料表面进行冲击所造成的磨损称为冲蚀磨损。根据携带粒子的介质不同,冲蚀磨损有不同的类型,见表 3-3,其中气固冲蚀磨损又称喷砂型冲蚀磨损，是最常见的冲蚀磨损。

表 3-3　　　　　　　　　冲蚀磨损分类

冲蚀类型	介质	第二相	实例
喷砂型冲蚀	气体	固体粒子	燃气轮机；锅炉管道
流体冲蚀		液滴	高速飞行器；汽轮机叶片
液滴冲蚀	液体	固体粒子	水轮机叶片；泥浆泵轮
汽蚀		气泡	水轮机叶片；高压阀门密封面

冲蚀磨损的机件表面会出现短程沟槽和鱼鳞状凹坑，变形层有微小裂纹，如图 3-49 所示。

图 3-49　冲蚀磨损表面形貌

根据粒子形状和变形过程不同，形成的冲蚀坑又可以分为犁削型、切削Ⅰ型和切削Ⅱ型，如图 3-50 所示。冲击粒子为球形或类球形时，材料表面产生犁削变形形成犁削型冲蚀坑并伴有较小的唇片状隆起；冲击粒子为立方体形时，材料表面产生切削变形形成切削Ⅰ型和切削Ⅱ型冲蚀坑，切削Ⅰ型冲蚀坑有较大的唇片隆起，在随后的冲击时易脱落形成磨屑。

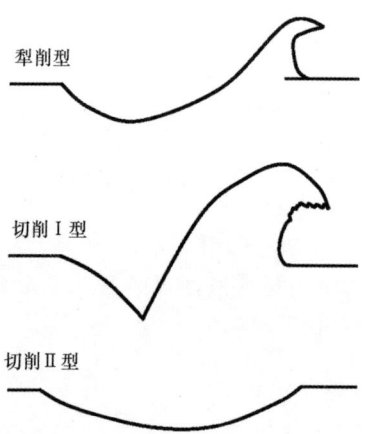

图 3-50　三种典型冲蚀坑侧面

冲击粒子的粒度、形状、冲击速度、冲击角度等均会影响冲蚀磨损量。

（1）粒子粒度在 $20\sim200~\mu m$ 范围内，材料冲蚀率随粒子粒度的增加而增加，但达到定值后,冲蚀率几乎不再发生变化。在相同条件下,尖角形粒子比圆形粒子造成的磨损高 4 倍以上,甚至低硬度的尖角形粒子比高硬度的圆形粒子造成的磨损还大。粒子在冲击材料表面时有时会发生破碎,产生的粒子碎片又会对表面产生第二次冲蚀,造成材料冲蚀率增加。

(2)粒子速度对冲蚀磨损的影响通常都是在高速(60～400 m/s)范围内,速度低于 60 m/s 时一般不会发生严重的冲蚀磨损。若粒子速度进一步降低,则可能出现冲蚀磨损的速度下限,即所谓的门槛速度值,低于此速度值的粒子与材料表面之间只有单纯的弹性碰撞而观察不到破坏。例如用直径 0.3 mm 的球形铸铁丸冲击玻璃,门槛速度为 9.9 m/s;而用同样直径的石英砂冲击 0.11% C 的某种钢时,门槛速度仅为 2.7 m/s。

(3)大量实验表明,陶瓷、玻璃等脆性材料最大冲蚀率出现在冲击角 90°附近,而铜、铝合金等塑性材料最大冲蚀率出现在冲击角 20°～30°之间,一般工程材料介于二者之间。

3.9.6　微动磨损

在机器的嵌合部位和过盈配合处,接触表面之间虽然没有宏观相对位移,但在外部变动载荷和振动的影响下会产生振幅约 10^{-2} μm 的微小切向振动,称为微动,由此造成的磨损称为微动磨损,如图 3-51 所示。对钢铁材料而言,微动磨损特征是摩擦副接触区有大量红色的 Fe_2O_3 粉末,如果是铝件,则磨损产生的是黑色的粉末,产生微动磨损时在摩擦面上还常常可以见到因接触疲劳破坏而形成的麻点或蚀坑,如图 3-52 所示。

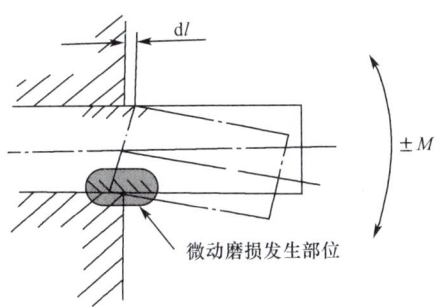

图 3-51　微动磨损的产生

图 3-52　轴承套的微动磨损

微动磨损是一种复合磨损,兼有黏着磨损、氧化磨损和磨粒磨损的部分过程。微动磨损的形成有三个阶段:第一阶段,产生凸起塑性变形,由此形成表面裂纹并扩展,或去除表面污物形成黏着以及随后的黏着点断裂;第二阶段,通过疲劳破坏或黏着点断裂形成磨

屑,随后磨屑被氧化;第三阶段是磨粒磨损阶段,反过来又促进第一阶段的加速进行,如此循环就构成了微动磨损。由于微动磨损集中在局部区域,又因两摩擦表面为不脱落接触,故磨损产物不易排出。在连续振动时,由于磨屑对于摩擦副表面产生交变接触压应力,导致表面疲劳破坏形成麻点或蚀坑。蚀坑有可能是应力集中源,并随后因疲劳裂纹发展引起机件完全破坏。在实际中,机械系统或机械部件如搭接接头、键、推入配合的传动轮、金属静密封、发动机固定件、离合器等常产生微动磨损。通过加强机件的紧配,保证足够的过盈量,可避免产生微小振动,或者采用化学热处理方法提高摩擦副表面抗粘着能力都可以减轻微动磨损。

3.9.7 腐蚀磨损

机件摩擦过程中,摩擦副之间或摩擦副表面与环境介质发生化学或电化学反应生成腐蚀产物,腐蚀产物的脱落造成的磨损称为腐蚀磨损,腐蚀磨损常与摩擦面之间的机械磨损(黏着磨损或磨粒磨损)共存,故又称腐蚀机械磨损,典型的腐蚀磨损是各类机械中普遍存在的氧化磨损。

机件表面总会有一层氧的吸附层,当机件做相对运动时,由于表面凹凸不平,在凸起部位单位应力很大导致机件产生塑性变形,加速了氧向金属内部扩散的速率并形成氧化膜,机件继续做相对运动时氧化膜被损坏剥落,裸露出新的表面,随后又被氧化形成氧化膜,这一过程的不断进行就形成了机件的氧化磨损。

氧化磨损的速率很小,一般不超过 $0.1 \sim 0.5\ \mu m/h$,氧化磨损的宏观特征是摩擦面上沿滑动方向存在均匀细小的磨痕,磨损产物为红褐色的 Fe_2O_3 或灰黑色的 Fe_3O_4。氧化磨损速率除了取决于摩擦副表面层对塑性变形的抗力、氧在金属中的扩散速率、氧化膜性质、厚度以及与基体的结合力等,还与接触压力、滑动速度、滑动距离、环境温度等因素有关。研究表明,氧化磨损量与接触压力、滑动距离、摩擦表面凸起相遇的距离成正比,而与氧化膜的临界厚度、氧化膜的密度、滑动速度、摩擦副材料的屈服强度(或硬度)以及滑动界面上的热力学温度成反比。

氧化磨损不一定是有害的,如果氧化磨损先于其他类型如黏着磨损的发生和发展,此时的氧化磨损反而是有利的。

第4章
失效分析的基本技能

失效分析的基本技能包括断口分析、裂纹分析和痕迹分析。

机件的各种失效类型中以断裂危害最大,断口是断裂过程信息的载体,材料不同、服役环境不同、承受的应力不同导致失效机件断口的特征也不同,因此对断口进行全面分析能够得到失效机件经受的应力、服役环境、可能的失效过程等综合信息,进而确定失效原因。

裂纹是机件表面或内部的完整性和连续性被破坏的结果,裂纹是在一定条件下形成的,裂纹的持续扩展必然导致断裂失效。机件在加工和服役过程中都可能产生裂纹,因此对裂纹进行系统分析,可以确定裂纹性质和产生原因,为失效事件的诊断提供支撑。

痕迹分析是失效分析过程有效和实用的技术手段,痕迹分析对判断失效性质、失效顺序、找出最早失效件、提供分析线索等方面有着极为重要的意义。

4.1 断口分析

机械部件的设计、工艺、装配、使用及维护都影响着机件的使用寿命。机件的断裂都是由于裂纹的形成和扩展引起的,在失效机件的断口上记录了内部和外部因素对失效过程的影响,同时也记录着裂纹形成和演化过程等信息,因此,断口分析在断裂失效分析中占据着特殊重要的位置。

断口分析包括宏观分析和微观分析两个方面,宏观分析主要用于分析断口的宏观形貌,微观分析既包括断口的微观形貌分析,又包括断口产物分析,比如产物的化学成分、相结构及其分布等。

4.1.1 断口分析要点

断口保留了断裂过程的大量信息,对断口进行分析要细致认真、系统全面,根据断口的具体形貌特征,寻找能够表征断裂过程和断裂原因的各种信息。

1. 依据断口的颜色

观察断口表面光泽与颜色时,主要观察有无氧化色彩、有无腐蚀产物的色彩、有无夹杂物的特殊色彩或其他颜色等,这些色彩都可能直接或间接蕴含着某些信息,比如根据氧化色彩可以判断断裂机件工作温度的高低;根据腐蚀产物的特殊色彩可以判断腐蚀的情况和程度;根据冶金夹杂的特殊色彩可以判断冶金因素的作用;根据疲劳断口的各区光亮程度,可以判断疲劳源的位置等。高温下服役的断裂机件,从断口的颜色可以判断裂纹形成的过程和发展速度,深黄色是先裂的,蓝色是后裂的,若两种颜色的距离很靠近,可判断裂纹扩展的速度很快。对于钢制机件,若断口是深灰色的金属色泽,这是钢材的原色,可以判断为纯机械断口;若断口有红锈,可以判断为是富氧条件下的腐蚀产物 Fe_2O_3;断口有黑锈则是缺氧条件下的腐蚀产物 Fe_3O_4。

2. 依据断口的花纹

不同的断裂类型,在断口上会留下不同形貌的花纹。比如在宏观上可见疲劳线或在微观上有疲劳辉纹,可以判定为疲劳断口;在疲劳断口上有无台阶,可以判断交变应力的大小;如有放射状的撕裂棱线和人字纹花样,则是脆性材料或快速加载的断裂特征;如有弹性干涉条纹,则是极脆材料,类似玻璃断裂的特征;宏观断口上呈纤维状或长毛绒状,则是韧性断裂的特征。

3. 依据断口的粗糙程度

断口的表面实际上由许多微小的小断面构成,其大小、高度差决定着断口的粗糙度。不同材料、不同断裂方式,其断口粗糙度也不同。根据断口的粗糙程度可以判断断裂机件的受力情况,定性地估计材料的晶粒大小及裂纹的扩展速率。断口呈颗粒状时,依据颗粒的大小形状和分布可以判断机件的服役历史或工艺参数正确与否。根据断口上的反光"小刻面"存在与否和数量多少,可以判断金属材料的冶金质量和杂质相的多少。

4. 依据断口的边缘情况

从断口和机件形状可以分析应力集中程度,从断口与机件变形方向的关系可以判断材质对断裂所起到的作用,从断口和主应力状态的关系可以分析应力状态,进而分析断裂的性质和原因。

4.1.2 断口试样的截取、清洗和保存

为了尽量保存断裂机件断口携带的信息,要特别注意断口试样的截取、清洗和保存,避免对断口造成后续损伤和破坏。

1. 断口试样的截取

为了进行失效分析,除断口分析所需要的试样之外,其他分析检验项目还需要各种试样,如机械性能试样、常规化学分析试样、电子探针试样、金相试样、低倍检验试样、断裂韧性试样等,这些试样都要从失效机件有代表性的部位上取样。为了不引起试样混乱,截取之前要全面安排,在机件上画好截取的部位,用草图或照相标明各种试样在机件上的部位,以免弄混位置造成分析困难。

在截取前或截取时应小心保护断口,务必使截取的断口不受损伤,不改变形貌和组

织,避免高温氧化、污染并保持干燥。大的机件需要用火焰切割试样时应远离断口,要避免熔滴飞溅到断口上,有条件采用线切割截取时就不要使用火焰切割。

用锯或砂轮片截取试样时最好干切割,因为冷却剂可能会腐蚀断裂部位,也可能把非基体物质从断口上冲走,或者带来新的外来物质附着在断口上造成假象。但如果没有足够的距离来避免摩擦生热对断口的氧化,就必须施加冷却剂,此时应设法保护断口,如用醋酸纤维素纸(AC 纸)预先封住裂纹或断口部位。

截取的断口试样应依次编号并记录在案,方便后续的查找和分析。

用于扫描电镜观察的断口试样,一般都要进行切割,切割之前应将断口保护起来,有两种常用的办法可供选择:

(1)用 5%的火棉胶醋酸异戊酯溶液均匀地涂在断口表面上,然后切割,切割后再泡在醋酸异戊酯溶液里面,使断口上的火棉胶完全洗净,再用丙酮进行清洗、热风吹干。

(2)在断口上覆盖一层干净的纸,再用胶纸将纸和断口周围表面牢牢粘住,以免切割过程中脏物落在断口表面。

2. 断口的清洗

要注意保护断口表面,使断口表面保持断裂瞬时的真实状态,防止重要的证据遭损坏或变得模糊不清。如果断口由于各种原因被污染、损伤和腐蚀,会给后续的分析带来困难,因此必须对断口进行清洗,不同污染情况的断口应用不同的方法清洗。

(1)对油污染的断口应先用汽油洗去油污,再把断口放入盛有丙酮、石油醚或三氯甲烷等有机溶液的玻璃皿中,将玻璃皿放入超声波振荡器中进行超声清洗。如果没有超声波清洗机,可用软毛刷蘸取有机溶剂清洗。

(2)对在潮湿空气中暴露时间比较长、锈蚀比较严重的断口,需要去除氧化膜后才能观察,可先用有机溶液、超声波或复型法清洗。如果效果不理想的话就要用化学方法清洗,常用的断口表面化学清洗液配方及使用方法见表 4-1。如果断口表面锈层很厚用化学溶液不能去除时,可采用电解方法除锈,常用的断口表面电解清洗液配方及使用方法见表 4-2。

表 4-1　　　　　　　　常用的断口表面化学清洗液配方及使用方法

配方	使用温度	清洗时间	适用范围	备注
铬干 1.5% 磷酸 8.5% 水>65%	55～95 ℃	2 min 以上	碳钢及合金钢; 断口上的铁锈	不腐蚀金属基体
氢氧化钠 20% 高锰酸钾 10%～15% 水 65%～75%	煮沸	每 3 min 拿出, 清洗后观察, 除尽为止	耐热钢;不锈钢	不腐蚀金属基体
氢氧化钠 20% 锌 200 g/L 水 80%	沸腾	5 min	碳钢;合金钢; 耐热钢;不锈钢	—

（续表）

配方	使用温度	清洗时间	适用范围	备注
浓磷酸 15% 水 70~80% 有机缓蚀剂 15%	室温~50 ℃	清除为止	去除钢表面氧化 铁皮;水质沉 淀物;垢皮	不腐蚀金属基体
铬干 80 g 磷酸 200 g 水 1 000 g	室温	2~10 min	铝合金断口	对金属基体腐蚀小
硝酸 70% 三氧化铬 2% 磷酸 5% 水 23%	25~50 ℃	2~10 min	铝;铝合金	用毛笔轻轻擦洗
盐酸 10~20% 水 80~90%	25℃	清洗净止	镍;镍合金; 铜;铜合金	
硫酸 10% 水 90%	25℃	清洗净止	镍;镍合金; 铜;铜合金	用毛笔轻轻擦洗
三氧化铬 15% 铬酸银 1% 水 84%	沸腾	15 min	镁及镁合金	

表 4-2　　　　　　　　常用的断口表面电解清洗液配方及使用方法

配方	电流/A	电压/V	阳极	阴极	温度/℃	时间/min
NaCl 500 g NaOH 500 g H₂O 4 000 g	0.5~1.0	15	石墨或铝	试样	25	5
H₂SO₄ 50% 有机缓蚀剂	0.1~0.2	10~20	石墨或铝	试样	75	5~10

经化学清洗后的断口应立即放入稀 Na_2CO_3 或 $NaHCO_3$ 溶液中清洗,然后再用蒸馏水和酒精清洗后吹干保存。

（3）在腐蚀环境下发生断裂的断口,一般先用 X 射线、电子探针或能谱仪分析腐蚀产物成分、结构后再对断口进行观察分析,因为这些腐蚀产物可能携带断裂原因的有用信息。

需要注意的是,无论化学或电化学清洗断口都会或多或少损坏断口形貌,一般只能在其他办法解决不了的情况下最后使用,而且必须认真分析,确认覆盖物对分析无价值后再清洗。

3.断口的保存

截取断口试样后最好立即观察,如果因为时间和其他条件的限制来不及观察,为保持断口的原貌要妥善保存断口,不同情况可采取不同方法。

（1）暴露在大气中的断口应立即放入干燥器内或置于其他干燥无尘的场所保存,以避免断口受潮氧化。

（2）不要用手触摸断口表面或匹配对接断面，以免产生人为的损伤。

（3）为防止断口生锈或腐蚀，可在其表面涂抹一层保护材料如醋酸纤维素丙酮溶液、环氧树脂或防锈漆，但涂抹材料不能腐蚀断口。

（4）清洗后的断口要浸泡在无水酒精溶液中或存放在干燥器中。

（5）从大块断口上取试样要采取保护措施，如用醋酸纤维素丙酮溶液涂在断口上，待干后切割，用钢锯切割时要避免锯屑或其他脏物落在断口表面。

（6）如果发现断口上有细小外来物，为防止丢失可用 AC 纸将其固定。

4.1.3　断口的宏观分析技术

断口的宏观分析是指在各种不同照明条件下用肉眼、放大镜和体视显微镜等对断口进行直接观察与分析。

断口的宏观分析是断裂件失效分析的基础，对断口进行宏观分析能够了解断裂的基本过程，有助于确定断裂过程和构建几何结构间的关系以及确定断裂过程和断裂应力间的关系，进而可以直接确定断裂的宏观表现及其性质，并且可以确定断裂源区的位置、数量及裂纹扩展方向等。

断口宏观分析的目的：

（1）对最初破坏件进行全面的了解，包括破坏的部位、外表有无划痕、污物、颜色、尺寸、形状等异常。

（2）初步确定首先破坏件断裂的性质，包括韧性断裂、脆性断裂、应力腐蚀断裂、氢脆断裂、疲劳断裂等。

（3）初步确定断裂的起始点及断裂源的位置。

（4）初步估计加载方式、应力大小、应力分布、应力方向等。

（5）制定合理的失效分析方案。

断口宏观分析的基本过程：

1. 最初断裂件的判断

（1）整机残骸的失效分析

整机残骸的分析通常称为残骸的顺序分析，即根据残骸上的碰伤、划痕及其破坏特征分析整机破坏的先后顺序，由大部件到小部件，再到单个零件，进而对最初断裂件的断口做具体分析。

（2）多个同类机件损坏的失效分析

一组同类机件的几个或全部发生损坏时，判断事故原因需要确定哪一个件首先发生破坏，这类分析也应采用顺序分析法。在有多个同类机件损坏的情况下，要根据损坏件的变形及损伤的严重程度来确定最初断裂件。

（3）同一个机件上相同部位的多处发生破断

同一个机件上，在其几何结构及受力情况完全相同的几个部位均出现损坏的情况，必须首先搞清楚是哪个部位首先损坏。

2. 主断面(主裂纹)的宏观判断

确定最初断裂件后,要进一步确定该断裂件的主断面或主裂纹。所谓主断面就是最先开裂的平面,对主断面上的变形程度、形貌特点,特别是断裂源区的分析,是整个断裂失效分析中最重要的环节。

在同一机件上出现多条裂纹或存在多个断口时,形成断裂的时间是有先后的。从众多的碎片中确定最先开裂部位的常用方法有五种:

(1)T形法

若一个机件上出现两块或两块以上碎片时,在注意不要将其断面相互碰撞的情况下将其合拢起来,其断裂面构成 T 形,如图 4-1 所示。通常情况横贯裂纹 A 为主纹,因为 A 裂纹最先形成,阻止了 B 裂纹向前扩展,故 B 裂纹为二次裂纹。

(2)分叉法

机件在断裂过程中,往往在出现一条裂纹后要产生多条分叉或分支裂纹,如图 4-2 所示。一般裂纹的分叉或分支的方向为裂纹的扩展方向,其反方向为断裂的起始方向。

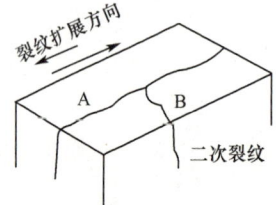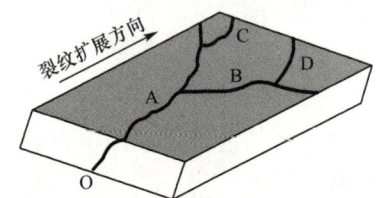

图 4-1　T 形法确定主断面和主裂纹　　　　图 4-2　分叉法确定主裂纹和分支裂纹
　　　　　　　　　　　　　　　　　　　　　　　　　O—裂纹源;A—主裂纹;
　　　　　　　　　　　　　　　　　　　　　　　　　B、C、D—分支裂纹

(3)变形法

当机件在断裂过程中产生变形并断成几块时,可测定各碎块不同方向上的变形量大小,变形量大的部位为主裂纹断面,其他部位为二次裂纹断面,如图 4-3 所示。

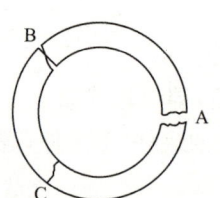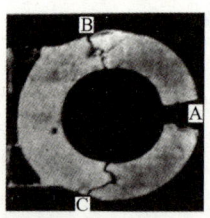

图 4-3　变形法确定主裂纹和二次裂纹
A—主裂纹断面;B、C—二次裂纹断面

(4)氧化颜色法

机件产生裂纹后在环境介质与温度作用下发生腐蚀与氧化,并随时间的增长而渐趋严重。氧化腐蚀比较严重、颜色较深的部位是主裂纹断面,而氧化腐蚀较轻、颜色较浅的部位是二次裂纹断面,如图 4-4 所示。

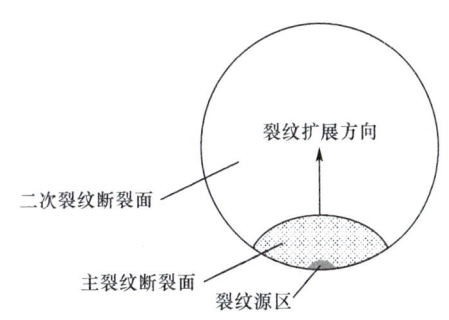

图 4-4 氧化颜色法确定主裂纹断面和二次裂纹断面

（5）疲劳裂纹长度法

一般可根据疲劳裂纹扩展区的长度或深度与贝纹线的间距和疏密程度来判断主断口或主裂纹。疲劳裂纹长、贝纹线间距小者为主裂纹或主断口；反之，为二次裂纹或二次断口，如图 4-5 所示。

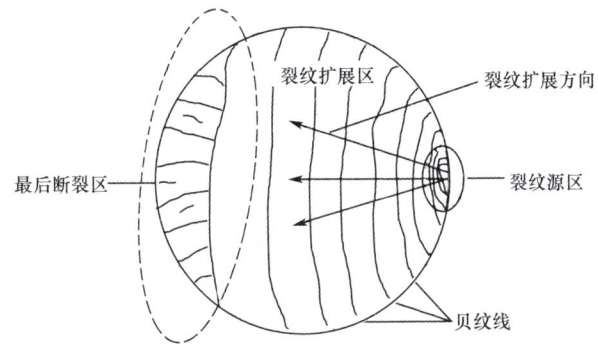

图 4-5 疲劳裂纹长度法确定主裂纹和二次裂纹

3. 裂纹源区的宏观判断

主裂纹确定后，断裂分析的进一步工作是寻找裂纹源区。裂纹源区是断裂破坏的宏观开始部位，寻找裂纹源区是断口宏观分析中最核心的任务。确定裂纹源区的基本方法有：

（1）利用断口"三区域"特征确定裂纹源区

典型韧性断裂的断口可以分为纤维区、放射区和剪切唇，服役条件会影响各个区域的大小，但裂纹均在纤维区萌生并扩展，剪切唇区是最后断裂区，如图 4-6 所示。

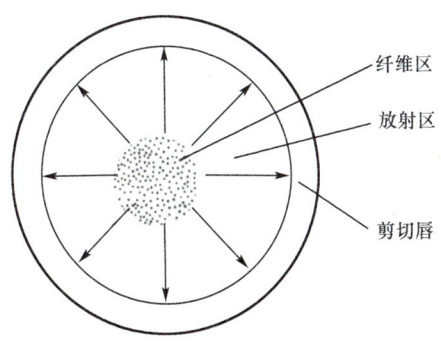

图 4-6 典型韧性断裂断口的三个区域

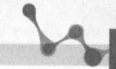

(2)利用断口上的放射花样或"人"字形花样特征确定裂纹源区

断口上存在的放射花样及"人"字形花样表示裂纹在该区的扩展是快速和不稳定的，沿着放射方向的逆向或"人"字形花样尖顶，可追溯到裂纹源所在位置，如图4-7和4-8所示。

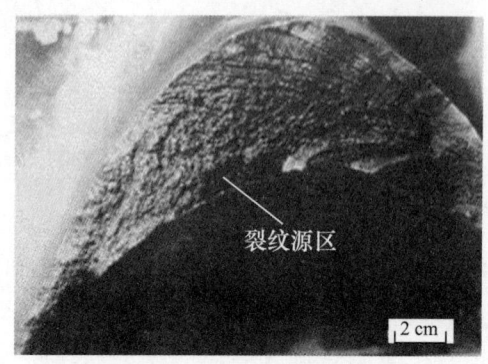

图 4-7　根据放射花样确定裂纹源区

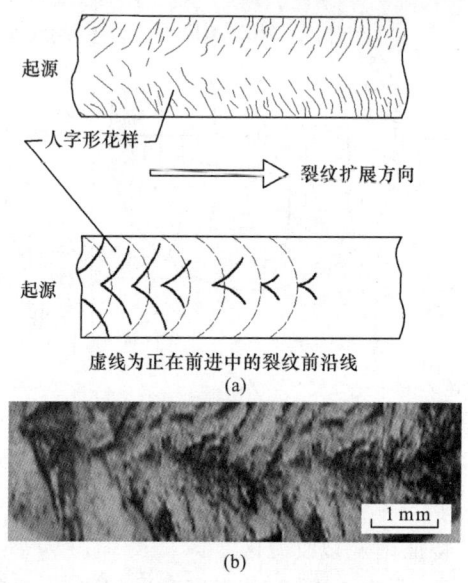

图 4-8　根据"人"字形花样确定裂纹源区

(3)根据疲劳断口的贝纹线确定裂纹源区

疲劳过程的载荷变动会在疲劳断口的疲劳区出现贝纹线，贝纹线是一簇几乎平行的弧线，其凹侧指向裂纹源区，凸侧指向裂纹扩展方向。贝纹线之间的间距不同，越靠近裂纹源区贝纹线越密，远离裂纹源区贝纹线稀疏，如图4-9所示。

(4)将断裂机件的两部分相匹配，则裂缝的最宽处为裂纹源区。

(5)根据断口上的色彩程度如氧化色、锈蚀情况等确定裂纹源区。

(6)根据断口表面的损伤情况如碰撞、摩擦状态等确定裂纹源区。

(7)根据断口的边缘情况如剪切唇、毛刺等确定裂纹源区。

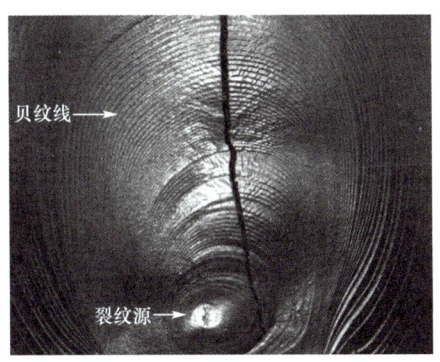

贝纹线 →

裂纹源 →

图 4-9　疲劳断口的贝纹线和裂纹源区

4. 宏观断口的表观现象与致断原因初判

可以根据以下信息对断裂原因进行初步判断：

(1)断裂源区和机件几何结构间的关系

断裂源区可能发生在机件的表面、次表面或内部。对于塑性材料的光滑机件，在单向拉伸状态下，断裂源在截面的中心部位属于正常情况。为防止机件出现此种断裂，应提高材料的强度或加大机件的几何尺寸。

表面硬化机件发生断裂时，断裂源可能发生在次表层，为防止此类机件的断裂，应加大硬化层的深度或提高机件的心部硬度。

除上述两种情况外，断裂源区一般发生在机件的表面，特别是机件的尖角、凸台、缺口、刮伤及较深的加工刀痕等应力集中处，为防止此类破坏显然应从减小应力集中方面入手，对表面进行必要的处理。

(2)断裂源区与机件最大应力截面位置的关系

断裂源区的位置一般与最大应力所在平面相对应，如果不一致则表明机件的几何结构存在某种缺陷或工作载荷发生了变化，但更为常见的情况是材料的组织状态不正常，比如材料的各向异性现象严重或存在着较严重的缺陷。

(3)断裂源区的部位和范围

对于断裂源区的部位，通常的情况是，应力较小或应力状态较柔时易从一处产生，应力较大或应力状态较硬时易从多处产生。由材料中的缺陷及局部应力集中引起的断裂，裂纹多从局部产生，存在大尺寸的几何结构缺陷引起的应力集中时，裂纹易从大范围内产生。

机件承受的载荷不同，所引起的断裂性质也不同。比如，单向拉伸载荷下材料中最大切应力方向与轴向呈 45°，则平齐的断口是由正应力引起的正断，一般为脆性断裂，而与轴向呈 45°的断口是由切应力引起的切断，一般为韧性断裂，如图 4-10 所示。

对于承受单向扭转载荷的轴类机件，其最大正应力方向与轴向呈 45°，而最大切应力方向与轴向垂直，塑性材料的断裂面与试样轴线垂直，有回旋状塑性变形痕迹，这是由切应力造成的，而脆性材料的断裂面与试样轴线呈 45°，呈螺旋状，这是在正应力作用下产生的，如图 4-11 所示。

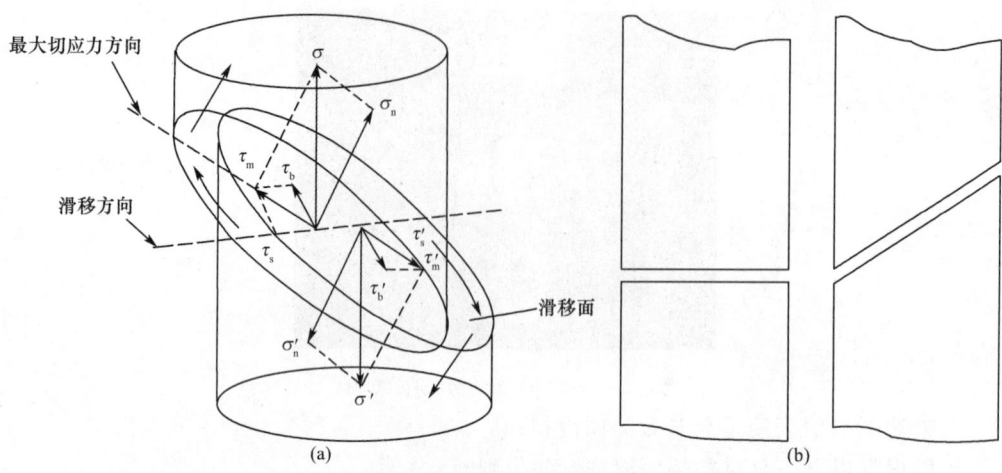

图 4-10 单向拉伸载荷下材料中的应力分布和断裂形式

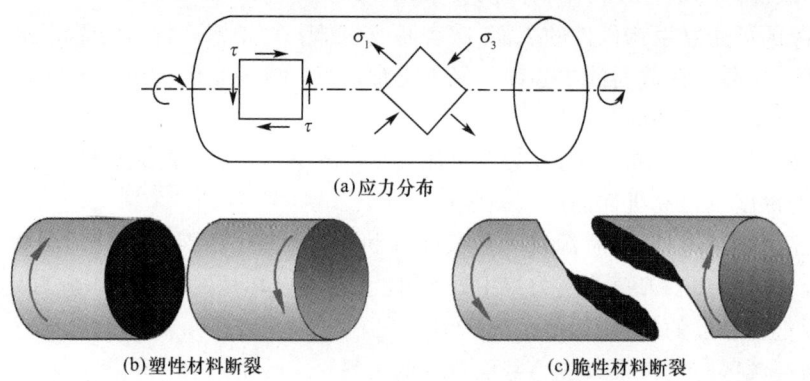

图 4-11 单向扭转载荷下材料中的应力分布和断裂形式

对于承受弯曲载荷的机件,其内部主要为正应力,最大应力在表面且方向相反,中心部位的中性层应力为零,如图 4-12 所示。

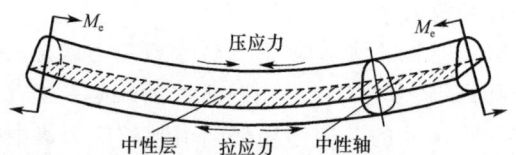

图 4-12 扭转载荷下材料中的应力分布

对于既承受扭转又承受弯曲载荷的轴件可能产生以下几种类型的断裂:

①裂纹源于表面一处或两处,基本对称,但稍有偏转,这是最为常见的断裂形式,其产生原因是表面拉应力最大及表面存在缺陷。在无明显缺陷存在的情况下,断裂取决于材料性质、轴件的几何尺寸和载荷大小,正常情况下的断裂也呈此种断裂形式。

②裂纹源于次表面某处。由于次表面的拉应力小于表面,之所以成为起裂点,必然存在有较大的缺陷。

③裂纹源于整个表面向内扩展导致的断裂,其断裂原因一般是由于轴件存在变截面且其应力集中严重所致,比如该处为直角过渡的情况。

(4)断口表面的粗糙度

断口表面的粗糙度在很大程度上可以反映断裂的微观机制并有助于断裂性质及致断原因的判断。比如粗糙的纤维状断口多为微孔聚集型的断裂机制,且孔坑粗大,塑变现象严重;瓷状断口多为准解理或脆性的微孔断裂,塑变现象极小,孔坑小而浅、数量极多;粗晶或细晶粒状断口为沿晶断裂;镜面反光现象明显的结晶状断口为解理断裂;表面较平整的断口多为穿晶断裂;凹凸不平的断口多为沿晶断裂等。

(5)断口的边缘情况

随着裂纹的扩展,机件的有效面积不断减小,致使实际载荷不断增加,因此观察断口的边缘有无台阶、毛刺、剪切唇和宏观塑性变形等,将有助于分析裂纹源区的位置、裂纹扩展方向及断裂的性质。对于塑性材料来说,随着裂纹的扩展,裂纹两侧的塑性变形不断加大,依此可确定裂纹的扩展方向。在断口的表面没有其他特殊花样存在的情况下,利用断口边缘的情况往往是判断裂纹源区及裂纹扩展方向唯一的和可靠的方法。

(6)断口上的冶金缺陷

注意观察断口上有无夹杂、分层、粗大晶粒、疏松、缩孔等缺陷,有时依此可以直接确定断裂原因。

4.1.4　断口的微观分析技术

断裂件的断口经宏观分析之后,虽然对断裂性质、断裂类型及断裂原因等已有初步了解,但对于许多断裂问题,特别是在特殊环境条件下发生的断裂,仅限于宏观分析是不够的,一方面是需要对断口的某些产物进行深入分析才能确定断裂原因,另一方面宏观断口形貌尚不能完全揭示出断裂的微观机制及其他细节,因此,为了进一步搞清楚这些问题,尚需对断口进行微观分析,其内容主要包括断口产物分析及形貌分析两个方面。断口产物分析包括成分分析和相结构分析,成分分析可采用化学分析、光谱分析、带有能谱的扫描电镜、电子探针及俄歇能谱仪等手段;相结构分析常用 X 射线衍射仪、德拜粉末相机 X 射线衍射、透射电子显微镜选区衍射及高分辨率衍射等手段。

实际机件的断裂过程与材质和服役条件密切相关,对断口进行微观分析首先要从理论上了解各种断裂类型断口的微观特征和发生条件,再对实际断口进行仔细观察和分析,判断断裂类型,进而结合机件材质和服役条件,找出断裂原因。常见的断裂类型主要有:

1. 微孔聚集型断裂

微孔聚集型断裂是指塑性变形起主导作用的一种韧性断裂,断裂过程包括微孔成核、长大、聚合、断裂。微孔是通过第二相或夹杂物质点本身碎裂或与基体界面脱离而形成的,它们是材料在断裂前塑性变形进行到一定程度时产生的,其原因是位错引起的应力集中,或是在高应变条件下因第二相与基体塑性变形不协调而产生分离。微孔长大的同时,几个相邻微孔之间的基体横截面积不断减小,因此,基体被微孔分割成无数个小单元,每一个小单元可以看作是一个小拉伸试样,在外力作用下,可能借助塑性流变方式产生内缩颈而导致断裂,从而使微孔连接形成微裂纹,随后在裂纹尖端附近的三向拉应力区和集中塑性变形区又形成新的微孔,新的微孔借内缩颈与裂纹连通使裂纹向前扩展一定距离,如此不断进行下去直至断裂。

微孔聚集型断裂断口最典型的微观特征是韧窝,如图 4-13 所示。视应力状态的不同,韧窝有等轴韧窝、拉长韧窝和撕裂韧窝,但必须指出,韧性断裂微观上一定有韧窝存在,但在微观上存在韧窝,其宏观上不一定是韧性断裂。

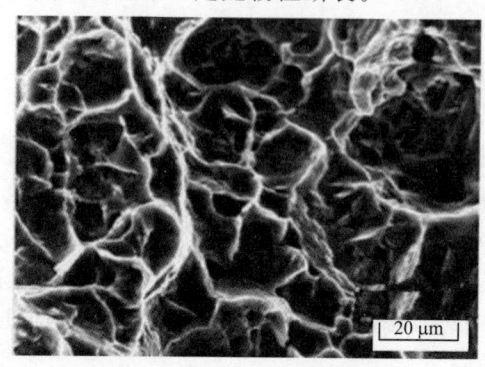

图 4-13　微孔聚集型断裂断口微观形貌

不同载荷类型所形成的韧性断裂断口特征有所不同,因此,观察断口的基本特征可以初步判断造成断裂的载荷类型。载荷类型一般是通过宏观断口的外形、宏观塑性变形的方式和宏观纤维状断口的形态特征及微观上滑移带形式和微观上韧窝的形状和尺寸来判断。

(1)拉伸:韧性材料的拉伸断口往往呈杯锥状或与轴向呈 45°切断的外形,它的塑性变形方式是缩颈,缩颈量的大小反映了材料塑性的好坏,断口上的微观特征是具有大面积的韧窝。

(2)扭转:韧性材料的扭转断口呈剪切型,其断口垂直或平行于扭转轴。圆柱形试样扭转时,整个长度上塑性变形是均匀的,没有缩颈现象,试样能承受的扭角大小反映了材料塑性的好坏。断口上的纤维区沿剪切应力方向分布,且以扭转轴为中心,近似为圆形。断口微观形态特征是拉长了的韧窝,与扭转断口表面上相匹配的韧窝方向相反。

(3)冲击:冲击断裂试件断口的宏观形貌往往也有 45°剪切唇,但在整个试件周围是不完整的,在冲击点受压应力的一侧往往没有 45°剪切唇。在冲击断口上的纤维区都代表着断裂过程中某瞬间裂纹前沿的位置,各排纤维的法线方向代表着裂纹扩展方向,沿此方向可找到冲击力作用点的位置。冲击弯曲的微观特征是撕裂韧窝,冲击匹配断口的韧窝被拉长的程度可能有些区别,但它们被拉长的方向相同。

(4)压缩:在压应力作用下产生的韧性断裂为剪切断裂,裂纹的走向与正应力呈 45°,断口的微观特征是剪切断口相同。

2. 解理断裂

解理断裂是沿解理面发生的脆性穿晶断裂,但实际上,解理断口并不是平坦的镜面,而是由许多相当于晶粒大小的解理面集合而成的,称为解理刻面。进一步研究表明,这些解理刻面也并不是一个单一的平面,而是由一组平行的解理面所组成。在解理刻面内部只从一个解理面发生解理破坏的情况是很少的,多数情况下裂纹要跨越若干相互平行的而且位于不同高度的解理面,从而形成解理台阶。解理台阶沿裂纹前端滑动而相互汇合,同号台阶汇合长大,异号台阶汇合消毁。当汇合台阶高度足够大时,便成为解理断口最基本的微观特征-河流花样,如图 4-14 所示。

图 4-14　解理断口的河流花样

晶界使解理断口呈现更复杂的形态。小角度倾斜晶界两侧的晶体仅相互倾斜较小的角度,且有公共交截线,所以当解理裂纹与倾斜晶界交割时,裂纹能越过晶界,只改变了走向,河流花样能够延续到相邻晶粒内,如图 4-15 所示。

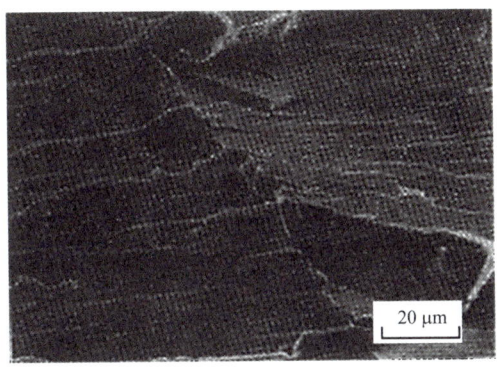

图 4-15　河流花样通过小角度晶界

大角度晶界原子排列混乱,解理裂纹无法直接越过晶界,而是在晶界或下一个晶粒中邻近晶界处激发新的解理裂纹并以扇形方式向外传播到整个晶粒,所以,多晶体产生解理时,可能在每一个晶粒内有一裂纹源,河流花样以扇形向四周扩展,如图 4-16 所示。

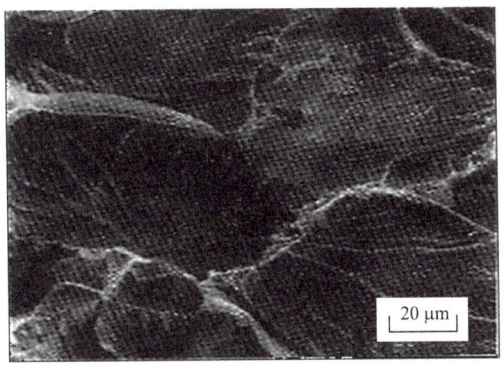

图 4-16　河流花样通过大角度晶界

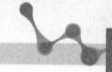

解理裂纹通过扭转晶界时,因晶界两侧晶体以边界为公共面转动一个角度,使两侧解理裂纹存在位向差,裂纹不能直接越过晶界而必须重新成核,裂纹将沿若干组新的相互平行的解理面扩展使台阶激增,形成为数众多的"河流",如图 4-17 所示。

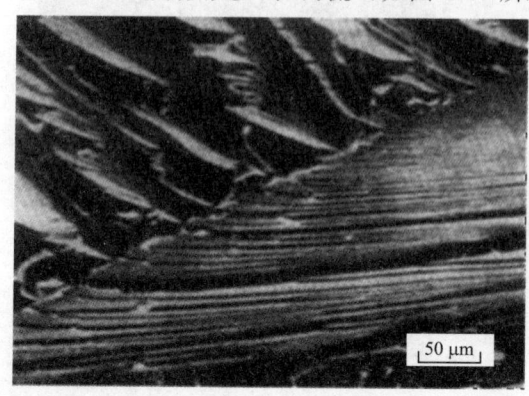

图 4-17　河流花样通过扭转晶界

3. 疲劳断裂

疲劳断裂是机件在长期承受交变载荷的情况下,由于损伤累积造成的低应力脆性断裂。

疲劳对材料中的各种缺陷十分敏感,这些缺陷可能是冶金过程中造成的,也可能是加工或服役过程中产生的,这些缺陷处往往成为疲劳裂纹的发源地,比如在纯金属及单相合金中,滑移带侵入沟处应力集中形成的微裂纹或驻留滑移带内大量点缺陷形成的微裂纹是常见的疲劳裂纹萌生地;多相合金中的第二相质点或夹杂物由于与基体的变形不协调导致界面开裂也会成为疲劳裂纹发源地;机件表面的各种加工缺陷也会导致疲劳裂纹的产生。此外,机件的服役环境对疲劳过程也有较大影响,不良的服役环境对材料疲劳极限的影响要远远大于对材料静强度的影响,实验数据表明,在腐蚀环境下服役的机件其疲劳极限比正常环境下的疲劳极限低得多,甚至没有疲劳极限。

疲劳断口最典型的微观特征是具有一定间距、垂直于裂纹扩展方向、明暗交替且相互平行的条状花样,称为疲劳辉纹,疲劳辉纹的形貌随材料的组织、晶粒取向和载荷性质的不同而变化,但并非所有的疲劳断口上都能观察到疲劳辉纹。疲劳辉纹通常具有以下特征:

(1)疲劳辉纹的间距在裂纹扩展初期较小,而后逐渐变大,每条辉纹的间距与一个应力循环过程中裂纹的扩展量相对应。

(2)疲劳辉纹的形状多为向前凸出的弧形条状。裂纹扩展过程中,随着裂纹扩展速度增加,弧线的曲率加大。如遇到第二相质点的阻碍,也可能出现反弧形或 S 形的疲劳辉纹。

(3)疲劳辉纹的排列方向取决于各阶段疲劳裂纹的扩展方向,不同晶粒或同一晶粒的不同区域产生的疲劳辉纹方向也不一样。

(4)fcc 结构材料比 bcc 结构材料易于形成疲劳辉纹;平面应变状态比平面应力状态易于形成疲劳辉纹;一般情况下,交变应力太小时不易观察到疲劳辉纹。

(5)常温下的疲劳辉纹一般是穿晶的,但在高温时也可能出现沿晶的疲劳辉纹。

在一些包括 fcc 结构的奥氏体不锈钢、bcc 结构的马氏体不锈钢等材料的疲劳断口上,有时还可以看到类似解理断裂河流花样的疲劳线及硬质点滚压形成的轮胎花样,图 4-18 所示为 TC2 钛合金疲劳断口的疲劳辉纹,图 4-19 所示为 LD7 铝合金疲劳断口的轮胎花样。

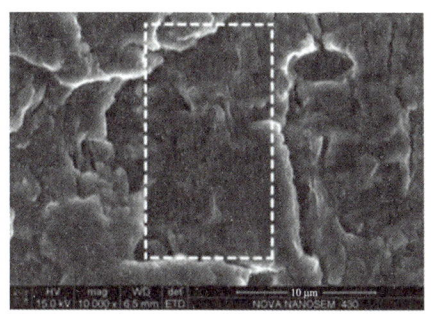

图 4-18　TC2 钛合金疲劳断口的疲劳辉纹

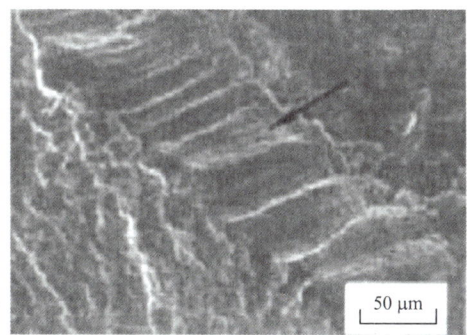

图 4-19　N18 合金疲劳断口的轮胎花样

判断机件的断裂是否为疲劳断裂,利用断口的宏观分析方法,结合机件的受力情况一般不难判定。结合断口情况进一步分析载荷性质及环境因素的影响,利用疲劳断口的微观特征,可以对机件的疲劳断裂类型做进一步判定。

(1)机械疲劳断裂

高周疲劳断裂断口基本的微观特征是细小的疲劳辉纹,有时可观察到轮胎花样。低周疲劳断裂断口基本的微观特征是粗大的疲劳辉纹或微孔花样,往往存在多个疲劳源,断口比较粗糙。对于某些超高强度钢,在加载频率较低和应力幅较大的情况下,低周疲劳断口上可能不出现疲劳辉纹,而是以沿晶断裂和微孔花样为主。振动疲劳(微振疲劳)断口基本的微观特征是细密的疲劳辉纹,与低周疲劳断口相似,但在疲劳裂纹的起始部位通常可以看到磨损、压伤、掉块及带色粉末的痕迹。通常易于发生振动疲劳的机件包括铆接螺栓、紧固件、过渡配件、夹紧件、花键及键槽、万向节头、轴-轴套配合件、齿轮-轴配合件、回摆轴承、板簧及钢丝绳等。接触疲劳有小片或小块金属剥落形成麻点或凹坑,疲劳辉纹因摩擦而呈现断续特征。

(2)腐蚀疲劳断裂

金属机件在交变载荷和腐蚀介质的共同作用下导致的断裂称为腐蚀疲劳断裂,严格意义上讲,实际条件下的绝大多数疲劳破坏都可以认为是腐蚀疲劳,但从疲劳机理而言,腐蚀疲劳既不同于腐蚀破坏,也不同于机械疲劳,更不是两种破坏形式的简单叠加。腐蚀疲劳断裂的主要特点有:

①与应力腐蚀不同,腐蚀疲劳不需要特定的腐蚀环境,它在不含任何特定腐蚀离子的蒸馏水中也能产生。

②包括纯金属在内,任何金属材料均可能发生腐蚀疲劳。

③腐蚀疲劳过程中,材料不存在疲劳极限,即在任何应力下,材料经有限次的循环后均会发生断裂。

④温度升高,腐蚀疲劳过程加快,腐蚀介质浓度越高,裂纹扩展速率越快。

腐蚀疲劳断口兼有机械疲劳断口和腐蚀断口的双重特征:

①断口附近无明显的塑性变形,断裂源区一般不明显,一般多源于表面缺陷或腐蚀坑底部。

②微观断口可以观察到疲劳辉纹,但由于腐蚀介质的作用而模糊不清,二次裂纹较多并有泥状花样。通常情况下,随着加载频率的降低,腐蚀疲劳断口上的疲劳特征花样逐渐减少,而应力腐蚀断口的特征花样逐渐增多。

③腐蚀疲劳属于多源疲劳,裂纹的扩展可能是穿晶的,也可能是沿晶的。腐蚀疲劳裂纹一般是成群的,主裂纹附近会出现多条次裂纹,这是腐蚀疲劳的特征之一。

④断口上的腐蚀产物与服役环境的腐蚀介质相匹配,不过,当断口上没有宏观腐蚀迹象和腐蚀产物时,也不能认为就一定是机械疲劳,比如钝化态的不锈钢腐蚀疲劳。

腐蚀疲劳微观断口如图 4-20 所示。

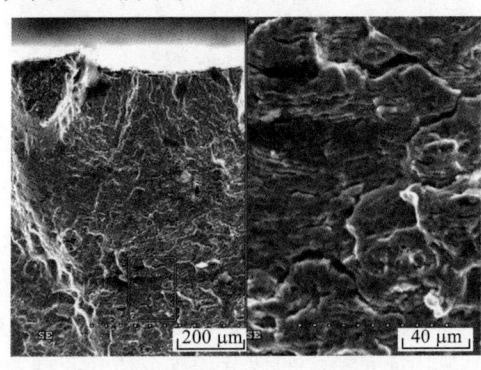

图 4-20　腐蚀疲劳断口微观形貌

(3)热疲劳断裂

金属机件在高温环境下服役时,其环境温度并非是恒定的,有时甚至变化剧烈,就会造成机件的膨胀和收缩,若这种应变受到约束,就会在机件内部产生热应力,导致机件产生热疲劳损伤。一般韧性材料抗热疲劳性能较好,而脆性材料抗热疲劳性能较差,但若长期在高温下服役,韧性材料也会由于脆性的增加导致热疲劳断裂。

宏观上,热疲劳裂纹一般呈龟裂状,如图 4-21 所示,也可能形成近似相互平行的多裂纹形态,如图 4-22 所示。微观上,热疲劳裂纹可能是穿晶的,也可能是沿晶的,裂纹端部较为尖锐,裂纹内部可能充满氧化物,如图 4-23 所示。

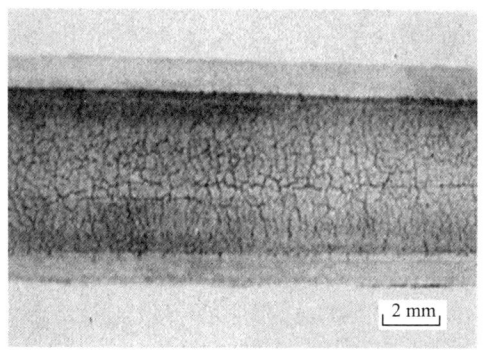

图 4-21 龟裂状热疲劳裂纹

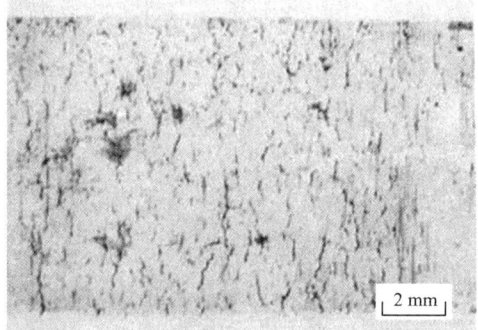

图 4-22 交变温差应力下的热疲劳裂纹

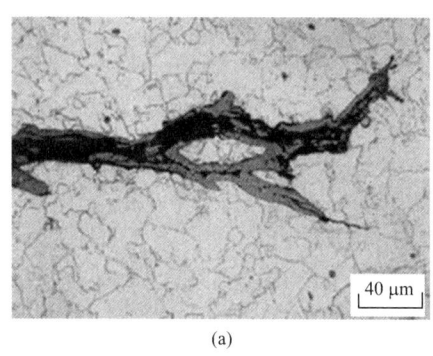

(a)

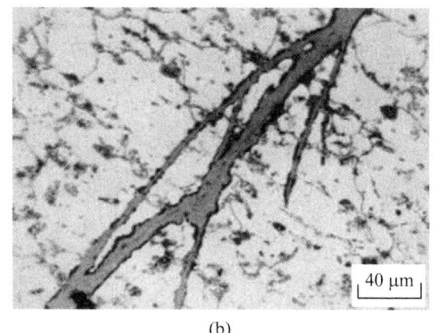

(b)

图 4-23 热疲劳裂纹的微观形貌

热疲劳的产生与环境温度、材料性能、机件的结构都有关系：

①环境的温度梯度及变化频率越大越容易产生热疲劳。

②热膨胀系数不同的材料的组合结构容易产生热疲劳。

③材料晶粒粗大且不均匀容易产生热疲劳。

④晶界上分布有第二相质点会促进热疲劳的产生。

⑤材料的塑性差容易产生热疲劳。

⑥机件的几何结构对金属的膨胀和收缩约束大时容易产生热疲劳。

4.2 裂纹分析

裂纹是一种不完全断裂缺陷,裂纹分析作为断口分析的重要补充,可以起到其他方法不可代替的独特作用。裂纹分析的最终目的是确定裂纹形成的原因,裂纹形成的原因往往是复杂的,如机件设计不合理、选材不当、材质不良、制造工艺不当以及维护和使用不当等均有可能导致裂纹的产生,因此,裂纹分析是一项十分复杂而细致的工作,它往往需要从原材料的冶金质量、材料的力学性能、机件制造或加工的工艺流程和每道工序的工艺参数、机件的形状、服役条件以及裂纹宏观和微观的特征等方面做综合的分析,涉及多种技术方法和专门知识,例如无损探伤、化学分析、机械性能试验、金相分析、X射线微区分析等。

4.2.1 裂纹扩展的基本形式

含有裂纹的金属机件,根据外加应力和裂纹扩展面的取向关系,可以把裂纹扩展过程分为三种基本形式:

(1)张开型:拉应力垂直于裂纹扩展面,裂纹沿作用力方向张开,沿裂纹面扩展,如图4-24(a)所示。实际中轴的横向裂纹在轴向拉应力或弯曲应力作用下的扩展、容器纵向裂纹在内压力下的扩展都属这种类型。

(2)滑开型:切应力平行作用于裂纹面且与裂纹线垂直,裂纹沿裂纹面平行滑开扩展,如图4-24(b)所示,实际中花键根部裂纹沿切向力的扩展就属这种类型。

(3)撕开型:切应力平行作用于裂纹面且与裂纹线平行,裂纹沿裂纹面撕开扩展,如图4-24(c)所示,实际中轴的纵向和横向裂纹在扭矩作用下的扩展就属这种类型。

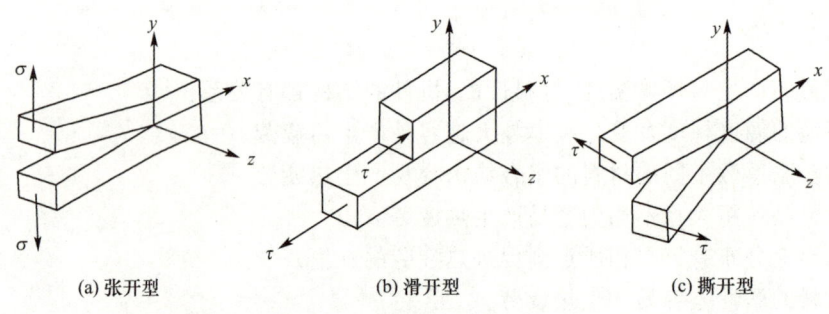

(a) 张开型　　　　　　　(b) 滑开型　　　　　　　(c) 撕开型

图 4-24　裂纹扩展的基本形式

4.2.2 裂纹的基本形貌特征

实际机件中的裂纹并不局限于上述的三种形式,往往是它们的组合,其基本形貌特征包括:

(1)裂纹两侧凹凸不平,耦合自然。即使裂纹经变形后局部变钝或某些脆性合金致使耦合特征不明显,但一般不会完全失去耦合特征。这种耦合特征与主应力性质有关,若主应力属于切应力,则裂纹一般呈平滑的大耦合;若主应力属于拉应力,则裂纹一般呈锯齿状的小耦合。

(2)除某些沿晶裂纹外,绝大多数裂纹的尾端是尖锐的。

(3)裂纹具有一定的深度,一般深度与宽度不等,深度大于宽度,是连续性的缺陷。

(4)裂纹有各种形状,如直线状、分枝状、龟裂状、辐射状、环形状、弧形状等,各种形状与形成的原因密切相关。

4.2.3 金属机件中常见裂纹及形成原因

实际中的金属机件在制造过程和服役过程中都可能产生裂纹,由于成型方式和加工工艺不当产生的裂纹主要有:

(1)铸造裂纹:包括冷裂纹和热裂纹。冷裂纹产生于应力集中区,呈细直线状,主要是由于热应力和组织应力造成的。热裂纹一般在铸件最后凝固区或应力集中区产生,呈龟裂状,其形成原因包括铸件设计不合理、冷却过程不均匀导致某温度区间收缩应力过大,或者杂质元素过多且在晶界聚集等。

(2)锻造裂纹:包括冷裂纹、热裂纹、过热裂纹等。冷裂纹一般在应力集中处或晶界处产生,呈对角线或扇形,其形成原因可能是终锻温度过低,或某温度区间铁素体沿晶界析出,锻造时沿铁素体界面开裂。热裂纹一般在表面或应力集中处产生,呈龟裂状,其形成原因可能是材料含硫量过高,在锻造加热时晶界处的硫共晶体熔化,导致锻造时开裂。过热裂纹一般在表面或形状突变处产生,呈龟裂状,其形成原因可能是锻造和轧制前的加热温度过高造成的。但如果加热不足或中心碳化物偏析严重,也有可能在锻件心部形成放射状的裂纹。

(3)焊接裂纹:包括冷裂纹、热裂纹和熔合线裂纹。冷裂纹一般在热影响区的应力集中处或组织过渡处产生,呈细直线状,其形成原因主要是由于焊接工艺不当、焊接残余应力过大或较多氢等元素进入造成的。热裂纹一般在焊缝区域,呈网格或曲线状,其形成原因可能与基体金属和焊条金属的成分不匹配有关。熔合线裂纹在熔合线处产生,沿熔合线呈线状分布,形成原因可能是热应力过大,或表面有残留氧化物造成的。

(4)热处理裂纹:包括淬火裂纹、回火裂纹、过热裂纹等。淬火裂纹一般在应力集中处、夹杂物处或脱碳层表面,呈直线状或龟裂状,主要是由于组织应力造成的。回火裂纹一般在应力集中处,其形成原因可能是在回火脆性温度范围内回火,或者冷却速度过小、机件尺寸太大导致回火脆性,随后在校直或使用中开裂。过热裂纹产生于应力集中处,呈

网状或弧形,可能是由于淬火加热温度过高导致晶界强度降低,在热应力和组织应力作用下产生裂纹。

4.2.4 裂纹分析的基本思路

为了逐步深入分析裂纹产生的原因,其分析思路大致可分为四个步骤:裂纹的宏观检查、裂纹产生部位分析,材质检验和裂纹的微观分析。

1. 裂纹的宏观检查

在钢材生产、机件制造和维护检修过程中的一项重要内容就是进行裂纹的宏观检查,裂纹宏观检查的主要目的是确定检查对象是否存在微裂纹。裂纹的宏观检查,除通过肉眼进行直接外观检查和采取简易的敲击测音法外,通常采用无损检测方法,如采用射线检测、超声检测、涡流检测、磁粉检测、渗透检测、声发射检测等。

2. 裂纹产生部位分析

裂纹产生的部位总是与机件结构形状引起的应力集中和材料缺陷引起的内应力集中等因素有关。在材质符合要求的情况下,裂纹往往出现在机件结构形状引起的应力集中处,此时裂纹的起因主要归结于应力因素。

若裂纹产生在机件的应力集中处,则裂纹存在的部位必然与材料的缺陷和内应力的作用有关,这时除进行应力分析外,还必须进行材质分析、工艺分析和使用环境分析,以寻找产生裂纹的主要原因。

3. 材质检验

材质检验通常包括材料的化学成分、显微组织、力学性能及其他有特殊要求的性能指标。材料的化学成分不仅是决定组织与性能的最本质的因素,而且也与机件的热加工工艺合理与否密切相关。

材料化学成分分析的目的是确定设计时材料是否选择得当,加工投料时是否混料以及钢材的化学成分是否存在着超标的杂质元素等问题。显微组织分析的目的主要是判断工艺合理性、工艺缺陷及使用过程中的变化情况。

对产生裂纹机件进行全面的常规力学性能检验有助于确定产生裂纹的原因是否是由于机件的力学性能不符合要求引起的,因为带裂纹机件的尺寸有限,往往不可能选取足够的、有代表性的试样,因此对其进行全面的力学性能检查往往是不可能的,为此裂纹分析过程与断口分析过程一样,常采用硬度试验来初步判断材质与工艺是否正常,并为进一步做其他检验提供参考。不过硬度检验虽有测试方法简便、不破坏零件的完整性、其硬度数值又与其他机械性能指标之间有一定的对应关系等优点,但仅以硬度检验并不能全面地判断机件的热处理质量。

4. 裂纹的微观分析

为了进一步确定裂纹的性质和产生的确切原因,对裂纹进行微观分析是十分必要的,微观分析的手段主要包括光学金相分析和电子金相分析。

裂纹微观分析的项目和内容主要包括:

(1)裂纹形态特征,如其分布是穿晶的还是沿晶的,主裂纹附近有无微裂纹和分枝等。

（2）裂纹处及附近的晶粒度有无显著粗大、细化或大小极不均匀的现象，晶粒是否变形，裂纹与晶粒变形方向的相互关系等。

（3）裂纹附近是否存在碳化物或非金属夹杂物，它们的形态、大小、数量及分布情况如何；裂纹源是否产生于碳化物或非金属夹杂周围，裂纹扩展与夹杂物之间有无联系等。

（4）裂纹两侧是否存在氧化和脱碳现象，有无氧化物和脱碳组织等。

（5）产生裂纹的表面是否存在加工硬化层或回火层等。

（6）裂纹萌生及扩展路径周围是否有过热组织、魏氏组织、带状组织以及其他形式的组织缺陷等。

4.2.5 裂纹起始位置分析

寻找裂纹源是裂纹分析的首要问题，也是核心问题，因为裂纹源是引起材料失效的关键部位，一旦弄清楚了裂纹源的情况，就能确定出裂纹的形成原因。

裂纹的起源位置取决于两方面因素的综合作用，即应力大小及材料强度的高低。当材料局部区域存在着缺陷时，会使缺陷处的强度大幅度降低，此处最易成为裂纹的起源位置。机件承受应力的大小受材料和机件结构内、外应力集中因素的影响，材料强度与材料类型、状态和缺陷等因素有关，因此裂纹的起始位置一般应从材质状态及机件形状等方面分析。机件中裂纹形成原因大致包括：

1. 材料缺陷原因引起裂纹

材料中的缺陷特别是表面缺陷，例如夹杂、斑疤、划痕、折叠、氧化、脱碳、粗晶环以及气泡、疏松、偏析、白点、过热、过烧、发纹等。这些缺陷不仅本身直接破坏了材料的连续性，降低了材料的强度和塑性，而且往往在这些缺陷尖锐的前沿造成很大的应力集中，使得材料在很低的平均应力下就产生裂纹并得以扩展，最后导致断裂。

由材料中缺陷引起的裂纹源一般就在其附近，通常可以容易找到作为裂纹源的缺陷。例如由于砂眼引起的疲劳断裂，在零件表面或在断口附近的截面上可以找到砂眼；由于切削刀痕所引起的疲劳断裂，疲劳裂纹源是沿着刀痕分布的；由于残余缩孔引起的锻造裂纹，是从缩孔开始向外扩展，并沿纵向开裂；由于白点所引起的淬火裂纹的机件上，不仅可以看到由白点发展成的淬火裂纹，而且还能看到许多白点，因此，可以通过对裂纹源及其附近区域的缺陷分析，确定裂纹形成的原因。

2. 机件的形状因素引起裂纹

由于机件结构上的需要或由于设计不合理，在机件上往往有尖锐的凹角、凸边、缺口、截面尺寸突变或台阶等，这些结构上的缺陷在机件的制造和使用过程中将产生很大的应力集中并可能导致裂纹。因此，由于机件的形状因素引起的裂纹所在位置总是与这些结构上的缺陷有关，所以要注意裂纹所在部位与机件结构形状之间关系的分析。

3. 受力状况引起的裂纹

除了金属材料的质量和机件的结构形状影响裂纹的形核位置外，机件的受力状况也对裂纹的起源位置产生影响。在金属材料质量合格、机件形状设计合理的情况下，裂纹将在应力最大处形核，或有随机分布的特点，在这种情况下，为判定裂纹起裂的真实原因要特别侧重对应力状态进行分析。

4.2.6 裂纹宏观形貌分析

不同的断裂形式中裂纹的宏观形貌也各不相同，最常见的有龟裂纹和直线裂纹。

1.龟裂纹

龟裂纹的外观形貌是类似于乌龟壳样的网络状分布。一般情况下，龟裂纹的深度都不大，属于一种表面裂纹，如图 4-25 所示。龟裂纹产生的原因是机件表面或晶界的成分、组织、性能及应力状态与中心或晶内不一致，在制造过程或其后的服役过程中使晶界成为薄弱环节。由于制造过程或其后的服役过程中会产生组织应力、热应力等内应力，致使薄弱的晶界开裂形成龟裂纹。确定产生龟裂纹的具体原因应根据机件的材料、工艺历史、工艺参数、使用条件及龟裂部位的高、低倍组织等方面进行仔细的分析。

图 4-25　模具表面的龟裂纹

根据龟裂纹的形成条件，可以将其分为以下几类：

（1）铸造表面龟裂纹：浇注时金属液与模壳材料反应生成的硅酸盐夹杂物在铸件表面析出易造成铸件表面形成龟裂纹，如图 4-26 所示，但在实际中，铸造表面龟裂纹并不常见。

图 4-26　铸件表面龟裂纹

（2）锻造表面龟裂纹：在锻件加热过程中，由于加热温度过高或停留时间过长，致使锻件晶粒严重粗化，脆性增加，严重时出现晶界氧化，以至于在后续的锻造加工过程中沿晶界出现表面龟裂的现象。如果材料中硫质量分数较高，在晶界上会形成低熔点的硫化物，在高温锻造时这些硫化物处于熔融状态,不能与基体协同变形,也会形成表面龟裂纹。

(3)热处理表面龟裂纹:高碳钢的机件当淬火温度过高或时间过长时表面会产生脱碳层,不仅会使表面强度大大降低,而且在随后的组织转变过程中的组织应力显著增加,在表面就会形成由于多向拉应力造成的龟裂纹。

(4)焊接龟裂纹:如果电弧焊时起弧电流过大引起局部过热,在热应力作用下易产生焊接热裂纹,常常产生在焊缝区或热影响区,是一种沿晶界分布的网状裂纹。如果焊接工艺不当也容易产生焊接冷裂纹,其本质为氢致延滞断裂,严重时裂纹会扩展到母材。

(5)磨削龟裂纹:机件进行磨削加工时会产生大量的热,如果冷却不充分可能使机件表面温度升高并产生很大的热应力,甚至使机件表层金属重新奥氏体化,随后又再次淬火形成马氏体,从而在表层产生很大的组织应力,两种应力的叠加易产生龟裂纹。

另外机件在服役过程也会产生龟裂纹,如热疲劳龟裂纹、应力腐蚀龟裂纹、蠕变裂纹等。

2. 直线裂纹

实际中完全的直线状裂纹是不存在的,这里所指的直线裂纹是指近似直线状的裂纹。最典型的直线裂纹是由于发纹或其他非金属夹杂物在后续工序中扩展而形成的裂纹,这种裂纹沿材料的纵向分布,裂纹较长,在裂纹的两侧和金属的基体上,一般有氧化物夹杂或其他非金属夹杂物,如图 4-27 所示。

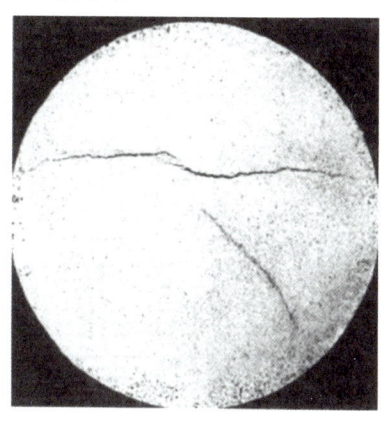

图 4-27　非金属夹杂物形成的裂纹

在生产实际中,虽然原材料的氧化物、硫化物、发纹等都符合技术条件的要求,在淬火中仍然可能产生纵向直线裂纹。这种裂纹多半产生在一些表面冷却情况比较均匀一致,且心部淬透的细长工件上,产生的原因是心部淬透的细长工件的组织应力和热应力等淬火应力共同作用的结果。由于心部淬透的细长工件表层切应力总是大于轴向应力,故淬火裂纹是纵向的直线状裂纹。

对于冷拔、热拔、深冲、挤压的制品,在表面还可能产生纵向裂纹。这种裂纹是由于金属在冷拔和挤压等变形过程中,表面金属的流动受到模具内壁的机械阻碍而产生的。裂纹具有一定的宽度和深度,整体宽度基本一致,两侧较为平整,裂纹一般与表面垂直,裂纹附近的组织与基体组织没有什么差别,如图 4-28 所示。

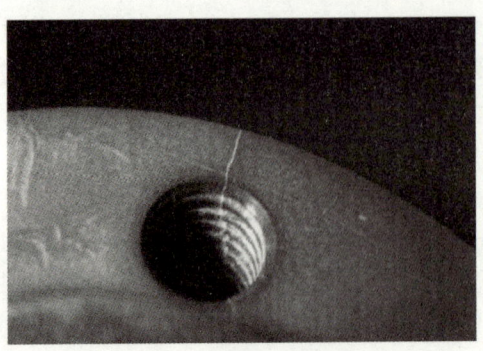

图 4-28　冲压模具表面裂纹

3. 其他形状裂纹

除了龟裂纹和直线裂纹外,还有其他形状的裂纹如环形裂纹、周向裂纹、辐射状裂纹、弧线裂纹等。

在经过化学热处理的机件上,往往在渗层内或渗层与中心组织的过渡层内发现有环形裂纹,这种裂纹一般是由于渗层的组织和成分突然过渡而引起热应力和组织应力,在渗层过渡层的薄弱环节中形成的。大型的复杂机件淬火时,由于某些部位的冷却速度较慢而未能淬透,使在淬硬层与末淬硬区或软点之间的过渡区内存在很大的拉应力而产生弧线淬火裂纹,其位于淬硬过渡层内或附近,裂纹两边或附近的组织有时有很大的差别。

4.2.7　裂纹走向分析

宏观上看,金属裂纹的走向是按应力和强度这样两个原则进行的。

1. 应力原则

在金属脆性断裂、疲劳断裂、应力腐蚀断裂时,裂纹的扩展方向一般都垂直于主应力的方向,例如,塔形轴疲劳时,在凹角处起源的疲劳裂纹,在与主应力线垂直的方向上扩展,最后形成碟形断口。而当韧性金属承受扭转载荷或金属机件尺寸较大处于平面应变的情况下,其裂纹的扩展方向一般平行于剪切应力的方向,例如韧性材料切断断口。

2. 强度原则

所谓强度原则是指裂纹总是沿着阻力最小的方向扩展,比如机件中的薄弱环节或缺陷部位,有时按应力原则扩展的裂纹,途中突然发生转折,其原因可能是因为在裂纹扩展路径上存在着强度较高的粒子、第二相或夹杂物,阻碍了裂纹的扩展,在这种情况下,在转折处常常能够找到缺陷的痕迹或者证据。

在一般情况下,当材质比较均匀时,应力原则起主导作用,裂纹按应力原则进行扩展,而当材质明显不均匀时,强度原则将起主导作用,裂纹将按强度原则进行扩展。当然,应力原则和强度原则对裂纹扩展的影响也可能是一致的,这时裂纹将无疑地沿着一致的方向扩展。例如,表面硬化的齿轮或滚动轴承的滚柱等机件,按强度原则裂纹可能沿硬化层和心部材料的过渡层(分界面)上扩展,因为在分界面上的强度急剧地降低,按应力原则,齿轮在工作时沿分界面处应力主要是平行于分界面的交变切应力和交变张应力,因此往往发生沿分界面的剪裂和垂直于分界面的撕裂。

4.2.8　裂纹周围及末端情况分析

对裂纹周围情况的分析,可以判断裂纹经历的温度范围和机件的工艺历史,从而找到产生裂纹的具体原因,因此对裂纹周围情况的分析是十分重要的。由于金属表面和内部缺陷往往是裂纹的萌生位置,所以在裂纹源处或附近一般能找到缺陷痕迹,裂纹扩展时的转折处往往也可以找到某种缺陷。在高温下产生的裂纹,在其裂纹的周围常常有氧化和脱碳的痕迹。对裂纹周围情况的分析,还应包括对裂纹两侧的形状耦合性对比。在金相显微镜下观察淬火和疲劳裂纹时,虽然裂纹走向弯曲,但是在一般情况下,裂纹两侧形状是耦合的,而发裂、拉痕、磨削裂纹、折叠裂纹以及经过变形后的裂纹等,其耦合特征不明显,因此,裂纹两侧的耦合性可以作为判断裂纹性质的参考依据。不同的裂纹其末端情况是不一样的,一般情况下,疲劳裂纹、淬火裂纹的末端是尖锐的,而铸造热裂纹、磨削裂纹、折叠裂纹和发纹等末端呈圆秃状,因此裂纹末端情况也是综合分析判断裂纹性质和原因的一个重要参考。

4.3　痕迹分析

机件服役过程中首先受到环境的作用,因此,机件的失效往往是从表面损伤开始并存留某些特征痕迹,包括表面形貌、材料迁移、颜色变化、表面污染等直观痕迹和成分变化、组织变化、性能变化、残余应力等非直观痕迹,对这些痕迹进行系统分析,有助于人们确定失效过程和失效原因。

痕迹分析是失效分析的重要组成部分,它是研究痕迹的形成机制、演化过程和检验方法,为事故和失效分析提供线索和证据的一门学科。其意义在于:

(1)痕迹分析是失效分析中最重要的分析方法之一,对判断事故性质、失效源头、失效顺序、提供分析线索等方面有着极为重要的意义。

(2)在进行受力分析、状态分析、确定温度和介质环境的影响、判断影响因素等一系列分析中,可以提供直接或间接的证据,对确定失效原因有积极作用。

(3)在生产制造、安装、调试、维修、使用等过程中,痕迹分析不仅可以作为检验加工质量的重要手段,也是发现和故障诊断的重要方法。

(4)痕迹分析也是表面科学的重要组成部分,对研究和改善材料的表面性能、预防机件失效、推动表面科学的发展有重要价值。

4.3.1　痕迹分析的主要内容

痕迹分析的主要内容包括:

(1)痕迹的形貌(或称花样),特别是塑性变形、反应产物、变色区、分离物和污染物的

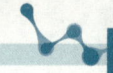

具体形状、尺寸、数量及分布。

(2)痕迹区以及污染物、反应产物的化学成分。

(3)痕迹颜色的种类、色度、分布和反光特性等。

(4)痕迹区材料的组织和结构。

(5)痕迹区的表面性能如耐磨性、耐蚀性、显微硬度、表面电阻、涂镀层的结合力等。

(6)痕迹区的残余应力分布。

(7)从痕迹区散发出来的各种气味。

(8)痕迹区的电荷分布和磁性能等。

4.3.2　痕迹分析的程序

一般情况下,痕迹分析应遵循以下程序进行:

(1)寻找、发现和显现痕迹。这是痕迹分析工作的基础,一般以现场为起点,全面收集证据,不放过细微的有用痕迹。很多痕迹不那么显眼,搜集需要一定的耐心和经验。一般应首先搜集能显示机件失效顺序的痕迹,其次搜集机件外部痕迹,再搜集机件之间痕迹,最后搜集污染物和分离物,如油滤器、收油池、磁性塞等中的各种多余物、磨屑等。在分解失效机件时,要确保痕迹的原始状况,并且不要造成新的附加损伤,以免引起混淆。

(2)痕迹的提取、固定、显现、清洗、记录和保存。痕迹分析过程中,正确摄取痕迹照片是一项重要工作,摄影、复印、制模法、静电法、AC法等都可提取和固定痕迹,各种干法和湿法还可提取残留物。

(3)痕迹鉴定。这是痕迹分析的重点工作,一般原则是由表及里、由简而繁、先宏观后微观、先定性后定量,遵循形貌→成分→组织结构→性能的分析顺序。痕迹鉴定时要充分利用过去曾经发生过的同类失效机件的痕迹分析资料,若需要破坏痕迹区做检验,则应慎重确定取样部位,并事先做好原始记录。

(4)痕迹的模拟与再现。有时需要对痕迹进行模拟与再现,应该在上述工作完成后进行。简单的模拟与再现可以在模塑制品上进行,必要时可在相同机件产品上进行。

(5)综合分析。痕迹处于机件表面,易于受外部因素的直接影响,对痕迹进行综合分析要考虑痕迹的形成过程、形成条件、影响因素、痕迹的演化、痕迹与机件服役环境之间的耦合与反馈关系等。

4.3.3　痕迹的提取与保存

痕迹分析首先要对痕迹进行清洗或清理,去除保护涂层、腐蚀产物和灰尘、油泥等沉积物,常采用的清理技术包括:

（1）机械刷洗法：用干燥空气或软毛刷清理。

（2）有机溶剂清洗法：用于去除痕迹表面的油污和有机污染物，常用溶剂有汽油、乙醇、丙酮、三氯甲烷、甲苯、乙醚等。

（3）弱酸或碱性溶液处理：用于去除高温氧化产物。

（4）超声波清洗：采用超声波和合适的溶剂进行清理。

清理过程一定要注意清理的力度、时间和溶剂的用量，不能破坏痕迹和侵蚀基体材料。在痕迹的提取和保存过程中也要注意对痕迹的保护，应遵循以下原则：

（1）避免机械损伤：在搜集和运输带痕迹的残骸时，应对残骸进行适当的包装和保护，以避免碰撞和受到二次损伤，除必要的清理外，不要用任何东西擦拭痕迹或用手触摸痕迹。

（2）防止化学损伤或腐蚀：要把带痕迹的残骸置于干燥的器皿中或浸入无水乙醇的密封容器中，不要在痕迹区涂防腐剂，以免干扰对痕迹的鉴定。

（3）防止痕迹区松散附着物的剥落：痕迹区的附着物有可能是痕迹成因的重要线索，不要轻易去除这些附着物，只有确定这些附着物与痕迹的形成无关或不影响对痕迹的判断时才可进行清理。

（4）做好痕迹的防护：避免环境中的粉尘、纤维、水汽等附着在痕迹上，以免造成假象影响分析。

4.3.4 痕迹的主要类型及分析技术

一般来说，形成痕迹包含三个基本要素：

（1）造痕物：即痕迹的制造者，也称痕迹形成物，是直接接触并作用于机件表面的物体或介质，并把自身的某些特征遗留在机件表面。

（2）留痕物：即造痕物作用的对象，也称痕迹接收物，是痕迹的接收载体，在失效分析中一般就是指机件表面。造痕物和留痕物是相对的，有时在两个匹配的接触面上都会留下对方的痕迹。

（3）发生相互接触或非正常作用：不论是造痕物还是留痕物，只有发生相互接触时才能互相留下痕迹。

对不同的痕迹要结合机件的服役条件和服役环境进行具体分析，主要包括：

1. 机械损伤痕迹

由于机械力的作用在机件接触部位留下的痕迹称为机械损伤痕迹，简称机械痕迹。机械痕迹根据接触方式和机械相对运动方式的不同又分为压入性机械痕迹、撞击性机械痕迹、滚压性机械痕迹、微动性机械痕迹和滑动性机械痕迹。

（1）压入性机械痕迹：造痕物压入留痕物时，法向载荷作用持续时间较长，变形速率较小，相互接触后保持较长时间的接触状态或接触面不再分离，这种情况留下的痕迹称为压入性机械痕迹，比如金属硬度测量时压头留下的痕迹、机件表面的钢印标记和编号等。

（2）撞击性机械痕迹：初期造痕物与留痕物分离，只是撞击时才接触，载荷作用的时间很短，变形速率较大，但在接触面之间以垂直于接触表面方向的相对运动为主，这种情况下留下的痕迹称为撞击性机械痕迹，比如飞鸟撞击飞机机翼留下的痕迹、水泵叶片或泵壳冲蚀磨损留下的痕迹等，如图 4-29 所示。

图 4-29　泵轮表面的冲蚀磨损

（3）滚压性机械痕迹：造痕物和留痕物在滚动力矩作用下，接触面间断性更新分离，但作用力和变形方向基本垂直于接触面，变形速度可在较大范围内变化，这种情况下留下的痕迹称为滚压性机械痕迹，比如齿轮或轴承表面的接触疲劳痕迹等，如图 4-30 所示。

图 4-30　齿轮表面的接触疲劳

（4）微动性机械痕迹：造痕物与留痕物的接触面在痕迹形成过程中，由于法向压力作用而相互挤压并产生往复的幅值很小的相对滑动，这种情况下留下的痕迹称为微动性机械痕迹，比如微动磨损、微动疲劳和微动腐蚀痕迹等，如图 4-31 所示。

图 4-31　滚动轴承的微动磨损

（5）滑动性机械痕迹：造痕物与留痕物在接触过程中不断做相对移动或分离，作用力和变形方向大体上平行于接触面，这种情况下留下的痕迹称为滑动性机械痕迹，比如样品切割或磨削留下的划痕、机件表面的摩擦磨损痕迹等。

滑动性机械痕迹一般都是在机件摩擦过程中形成的，因此也称为摩擦痕迹。滑动性机械痕迹又可分为犁痕（划痕），具体包括：犁皱痕迹、犁削痕迹和犁碎痕迹；黏着痕迹；摩擦疲劳痕迹；摩擦腐蚀痕迹等，最常见的是犁痕，如图 4-32 所示。对犁痕的分析要从痕迹的起始、末端、沟边和沟底的宏微观特征去鉴别，尤其要重视细微形貌和材料转移特征。

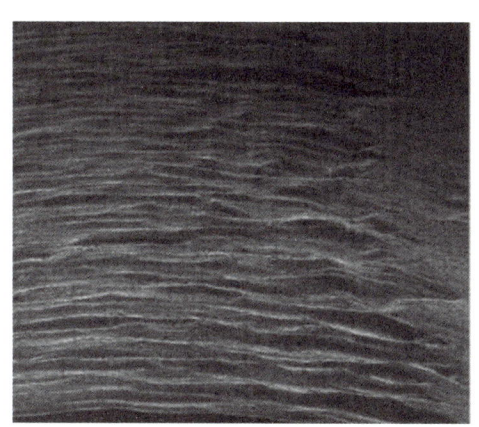

图 4-32　机件表面的犁痕

（1）犁痕方向的确定

如果先形成压入性印痕再发展成犁痕，起始点就会留下压入性机械痕迹的特征。如果是直接犁入或刨入，则起点处一般没有材料堆积，相反则会出现凹陷。在犁痕的中间阶段如果法向载荷不变，则痕迹特征一般比较稳定，沟宽保持不变，沟底为平行性的细微划痕，沟边缘成脊状。一次性犁痕的末端往往带有突然性，材料堆积比较明显，如果最后阶段作用力逐渐变小，则犁痕的宽度和深度也有一个变化过程，但尾巴处也不会出现凹陷而是出现隆起。

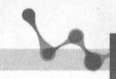

如果犁痕沟底先前有其他划痕,则可从先前划痕变形方向确定犁痕方向。对于撞击型犁痕,当沿撞击运动轨迹,若造痕物对受痕物的作用力由大变小,则犁痕宽度由粗到细,犁痕深度由深到浅,材料转移由多变少,犁痕的宏观形貌呈收敛状态,收敛方向与犁痕方向一致。当犁痕形成过程中途经表面凹凸处时,其形成方向可以借助该凹凸处材料的变形或堆积的位置和形状,以及犁痕的中断特征来加以判断。表面犁痕经过物体表面凹陷处,常常会将材料碎渣堆积在迎着犁痕前进方向的一侧,并且表面犁痕是间断的。可以仔细观察犁沟痕迹的方向性特征,一般金属材料向犁沟外侧的两边翻起,这取决于两物体表面所成的角度,翻起的金属毛刺的倾斜方向为表面犁沟的形成方向。观察犁沟的内侧边缘,有时还会发现许多细小的毛刺,这些毛刺的倾斜方向与犁沟的形成方向一致。

在漆层上出现的刻划型表面犁痕,当漆层未被划透时,常常会将其中一种颜色的漆刮到另一种颜色的漆层上。例如,犁痕经过红漆层与黄漆层交界处后,黄漆层上有红颜色漆,黄漆层与白漆层交界处白漆层上有黄颜色漆,则犁痕的方向是从红漆层经黄漆层到白漆层。当漆层下面的金属表面被划伤时,还可以借助金属表面划痕的某些特征来判断表面犁痕的形成方向,也可以利用漆层表面犁痕的判断方法进行判定。考虑到漆层表面犁痕的方向特征较金属表面犁痕的方向特征要差,一般根据金属表面犁痕的方向特征来判定表面犁痕的形成方向。如果金属表面没有明显的凹凸,则可用显微镜在低倍下观察金属表面的机械加工刀痕处的漆渣分布情况,以判断犁痕的形成方向。只要漆痕的形成方向不平行于刀痕方向,漆渣在刀痕凸起部分两侧的堆积量就有明显的差异,漆渣多的一面迎着犁痕的形成方向,漆渣少的面顺着犁痕的形成方向。此外,用显微镜在较高倍数下观察,漆痕是由许多菱形小块组成的,菱形小块的前端与后端不相同,后端有卷曲和翘起的现象,据此也可以判断犁痕的形成方向。

橡胶件属于高弹性体,弹性变形大而塑性变形小,所以不易留下连续的犁痕,在犁痕的轴线方向上,橡胶碎渣积聚往往呈弓形排列,其凸出方向即是犁痕的形成方向。由于微切削和塑性变形都很难发生,所以犁皱现象难以出现,这是橡胶高弹性体的低模数和高断裂应变性能所决定的。

(2)犁痕的独立性和形成顺序

一个独立的造痕物形成的同一条犁痕沟底,细微的犁道大体上是平行的,由于造痕物的凸峰在擦划一次的过程中大体上是保持等间距的,因此,在一次性的犁痕沟底不可能有相交的细犁道。反过来讲,若在犁痕沟底发现有相交的细犁道,则不是一次性的犁痕。

在同一条犁痕的延续方向上,当切向推力和滑动速度都比较小时,在摩擦阻力的作用下,有时会出现停顿现象,形成断续性犁痕;独立平行的长短不一的犁痕显然是多次性的,但一般很难判断形成的顺序。

如果有多条犁痕,就需要判断犁痕形成的先后顺序。形貌完整的犁痕为最后形成的,形貌受破坏最多如发生转折、变形、中断的犁痕一般最先形成,如图4-33所示。

浅犁痕遇到深犁痕时,浅犁痕在深犁痕的沟边出现不连续现象,浅犁痕呈断续

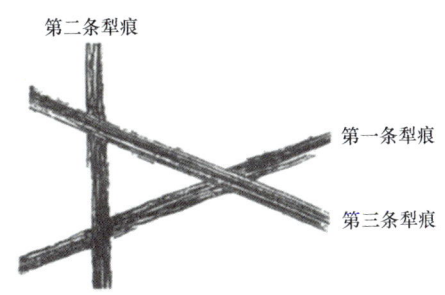

第二条犁痕

第一条犁痕

第三条犁痕

图 4-33　犁痕的形成顺序

状,但有时可使深犁痕沟底的细犁道顺犁痕方向凸起。深犁痕经过浅犁痕时,将迫使浅犁痕中断,交叉相遇处浅犁痕的沟边顺着擦划的方向变形,在交叉处出现"收口",也可反推深犁痕的形成方向。涂抹型犁痕遇到原有犁痕时,常被原犁痕覆盖而中断。刮痕和犁痕并无本质差异,只是犁头宽窄和行程长短有别,刮痕一般宽而短,前缘金属堆积变形也小些。铲痕和犁痕也无本质差异,只是沟槽两侧变形较小,而前缘金属堆积较多。

2. 电损伤痕迹

电损伤痕迹一般包括电侵蚀(电腐蚀)痕迹、电磨损痕迹和静电损伤痕迹。

(1)电侵蚀痕迹:电侵蚀现象很普遍,例如在插头或电器开关触点开、关时,往往会产生火花而把接触表面烧毛或腐蚀成粗糙不平的凹坑而逐渐损坏。这一过程大致可分为三阶段:极间介质的击穿与放电;能量的转换、分布与传递;电极材料的抛出。

传递到电极上的能量是材料产生电侵蚀的原因。当传递给电极的能量转化为热能,形成一个瞬时高温热源向周围和内部传递热量,在放电点处温度最高,如超过材料沸点形成汽化区,低于沸点而超过材料熔点时就会形成熔化区。脉冲放电初期,瞬时高温使放电点的局部金属汽化和熔化。由于汽化过程非常短,必然会产生一个很大的热爆炸力,使被加热到熔化状态的材料挤出或溅出。

电侵蚀痕迹的主要特征有:

①形成表面放电凹坑:高温使放电点局部产生凹坑,在爆炸力和冲击波的作用下,会造成凹坑形成卷边、重叠、沟槽、圆角、波纹等形貌。瞬间高温作用时,凹坑表面有熔化层,一般为铸态形貌特征。热爆炸力的推挤作用会在凹坑边形成凸缘,并且凹坑的直径一般明显大于凹坑的深度。

②形成表面变质层:电侵蚀时,材料表层发生变化,可分为熔化层和热影响区层。熔化层位于机件表面最上层,被放电时产生的瞬时高温熔化而滞留下来,在快速冷却的情况下凝固,是一种树枝状的淬火铸造组织,与内层结合也不甚牢固。熔化层厚度一般不超过0.1 mm,并可能有渗碳、渗金属、裂纹、气孔或其他夹杂物。热影响区层介于熔化层和基体之间,金属材料并没有熔化,只是材料和组织发生了变化。由于温度场分布和冷却速率不同,对淬火钢热影响区层为再淬火区、高温回火区和低温回火区,对未淬火钢,热影响区层主要为淬火区。

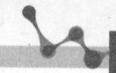

电侵蚀表面由于受到高温作用并迅速冷却而产生拉应力,往往出现显微裂纹。裂纹一般仅在熔化层出现,只有在电脉冲能量很大的情况下才有可能扩展到热影响层。

③表面层性能改变:对未淬火钢,特别是原来含碳量低的钢,电侵蚀处表面熔化层和热影响区层的硬度都比基体材料高;对淬火钢,热影响区层中的再淬火区硬度稍高或接近于基体硬度,而回火区硬度比基体低,高温回火区又比低温回火区的硬度低。一般来说,电侵蚀处表面最外层的硬度比较高,耐磨性好,但对于滚动摩擦,由于是交变载荷,如果是干摩擦,则因熔化层和基体的结合不牢固,容易剥落而磨损,即耐磨性变差。含碳量较高的钢有可能产生表面脱碳现象,致使熔化层硬度大大降低。由于电侵蚀表面存在热和相变作用,从而形成残余应力,而且大部分为拉应力,这可能导致产生微裂纹,致使疲劳抗力大幅下降。

(2)电磨损痕迹:接触元件的电磨损是指两个相对滑动的接触元件的表面状态发生了变化,这种表面状态的变化包括表面粗糙度、几何形状的改变、擦伤、粘连和产生磨损碎片(磨屑)、材料的转移等。接触元件的磨损也是一种机械磨损,但是,这种机械磨损和一般的机械磨损有一定的差别,它是在带电条件下的一种磨损,电流所引起的热量和温度对磨损过程有较大影响。

(3)静电损伤痕迹:由于静电放电现象而在放电部位留下的电侵蚀痕迹称为静电损伤痕迹。放电过程中形成的碳及碳化物会使放电部位的表面颜色发黄、发灰或发黑并留下小斑点,局部的高温熔融会使放电部位表面颜色变成深蓝。如果是高电压、小电流情况下发生的静电火花放电,在放电过程中,放电体表面会形成形貌类似于"火山口"状的高温熔融微坑,称为火花放电微坑,比如在液化石油气燃爆事故分析中,残骸分析发现灌枪的局部表面存在大量的火花放电微坑,这证明了静电放电源就在灌枪。

在实际中要谨慎区别电气短路微坑和火花放电微坑,电气短路打火是一种低电压、大电流情况下发生的放电形式,在放电部位也形成熔坑,称作电气短路微坑,它的形状不规律,面积较大,有时用肉眼或高倍放大镜就可以辨认,不具有"火山口"状形貌特征,而是具有明显的"贝壳"几何花样、"溅射"花样,往往存在明显的金属粘连和大量的金属迁移特征痕迹。

3. 热损伤痕迹

在热能作用下,由于机件接触部位局部不均匀的温度变化而在表层留下的痕迹称为热损伤痕迹,比如表面局部过热、过烧、熔化、烧焦等都属于热损伤。

热损伤痕迹的主要特征有:

(1)表面可能烧熔,出现铸态熔坑、几何花样、交叉滑移等;

(2)表面烧蚀变色,失去金属光泽;

(3)表面龟裂,萌生热疲劳裂纹,并且出现多条热疲劳裂纹。

热疲劳裂纹一般呈分叉的龟裂状,裂纹内充满氧化物,其侧面基体因高温氧化使部分元素贫化,硬度降低。宏观上断口呈深灰色,并被氧化产物覆盖。裂纹源有多个,从表面向内部发展,裂纹多为沿晶型或沿晶加穿晶混合型,如图4-34所示。

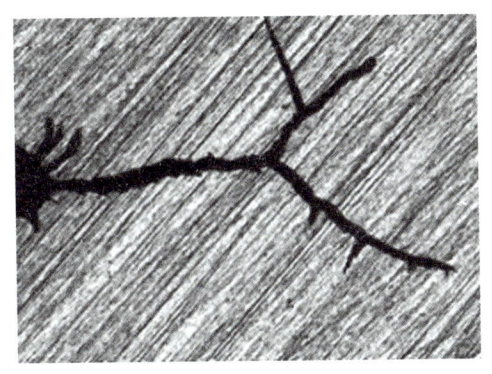

图 4-34 H13 钢模具表面热疲劳裂纹

热损伤一般可分为热冲击、热磨损和低熔点金属热污染几种类型。

(1)热冲击:在非正常的急剧加热和急剧冷却情况下会产生较大的温度梯度,形成冲击热应力造成机件损伤的现象称为热冲击,热冲击应力一般比正常热应力高。

(2)热磨损:当两机件接触并相互滑动时,可能会在表面薄层内个别点或一系列点产生较高的温度,其位置随着表面凸点的磨损而不断变化,而基体升温较小。通常热点表现为非常迅速的波动,而且热点达到最高温度的时间取决于热点的面积和表面的热导率。如果相对滑动速度较大(>3 m/s)并且法向载荷也较大时,机件摩擦表面的温度急剧升高,接触区域产生较大的黏着力,可能导致产生热磨损。产生热磨损时,摩擦系数是变化的,随着滑动速度的增加而增加,达到最大值后平稳下降。发生热磨损时,摩擦表面被裂纹、金属的黏着粒子和涂抹粒子所覆盖。

(3)低熔点金属热污染:低熔点金属受热熔化时若与固体金属表面直接接触,常使该固体金属浸湿而脆化,在拉应力作用下,在表面形成微裂纹,而裂纹尖端吸附低熔点液态金属原子,进一步降低固体金属的晶体结合键强度,促进了裂纹扩展,从而导致接触金属的脆性断裂,一般也称作液态金属致脆。只要环境温度接近低熔点金属的熔化温度便会发生低熔点金属的热污染。例如,在铁-铝、铁-铟、铁-镉以及其他金属偶中都存在这种现象。

低熔点金属热污染导致的脆化,一般是分枝裂纹或与主裂纹相连的网状裂纹,裂纹源区被低熔点金属所覆盖,带有不同的色彩,常可检出低熔点金属元素。

单纯的热损伤痕迹主要出现在失火、热应力、热冲击和热辐射场合,焊接或修理补焊时造成的表面脱碳等也是典型的热损伤痕迹,但在实际中单纯的热损伤痕迹是比较少见的,往往是在其他类型的痕迹形成过程伴随产生热损伤痕迹。

4. 其他损伤痕迹

除上述较为常见的损伤痕迹外,还有其他一些损伤痕迹,比如化学损伤痕迹、污染痕迹、分离物痕迹、加工痕迹等。

(1)化学损伤痕迹:化学损伤痕迹是指由于化学作用或电化学作用而在机件接触部位表面留下反应产物和基体材料损耗的现象。化学损伤的主要痕迹特征为腐蚀,因而也称

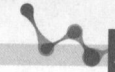

为腐蚀痕迹。

(2)污染痕迹:各种污染物附着在机件表面而留下的痕迹为污染痕迹,这些污染物并没有与机件材料表面发生作用,只是附着在其表面。污染痕迹虽不是构件与污染物发生作用而形成的,但有时也能提供某种线索。鉴别污染痕迹除了各种理化检验方法之外,还可利用气味鉴别,如烟味、油味、火药味、油漆味、酸味等。常见的污染痕迹还有水迹、膏脂迹、灰迹、积炭、汗迹、血迹、指纹、霉斑、寄生物、各种金属溅痕等。

(3)分离物痕迹:分离物是指机件接触面在物理和化学作用下从接触面上脱落下来的颗粒,它既可以是机件表面的分离物,也可以是反应产物的脱落物,这些分离物是某一痕迹产生过程的终了产物。分离物痕迹分析主要包括分离物本身的形貌、成分、结构、颜色、磁性等,目前颗粒鉴定已发展为一项专门技术,其中铁谱分析技术已相当成熟。

(4)加工痕迹:任何机械产品在表面都会留下出厂前的加工痕迹,包括最终的机器加工痕迹、表面处理痕迹、各种加工和检验标记等。由于加工痕迹是已知生产条件下的产物,规律性较强,容易识别判断,有利于与使用痕迹对比分析。需要注意的是,可能导致机械失效的非正常加工痕迹,即留在表面的各种加工缺陷,如啃刀、磨削烧伤等。

第 5 章
典型机件失效分析案例

金属机件的失效表现为过量变形或断裂,核心问题是材料的抗力不足,但造成失效的原因是各种各样的,材料因素、制造因素、环境因素等的单独或联合作用往往是机件失效的主要原因。

5.1　材料因素引起的失效

失效分析中对材料方面的分析是最基本的,分析的主线是材料成分-微观组织-性能之间的内在联系和外在表现,常规分析的思路如图5-1所示,其中对材料化学成分分析的思路如图5-2所示。材料因素引起的失效主要包括材料成分偏差引起的失效、夹杂物偏聚及晶界脆化引起的失效、非金属夹杂物引起的失效、材料的显微组织不合格引起的失效、选材不当引起的失效等。

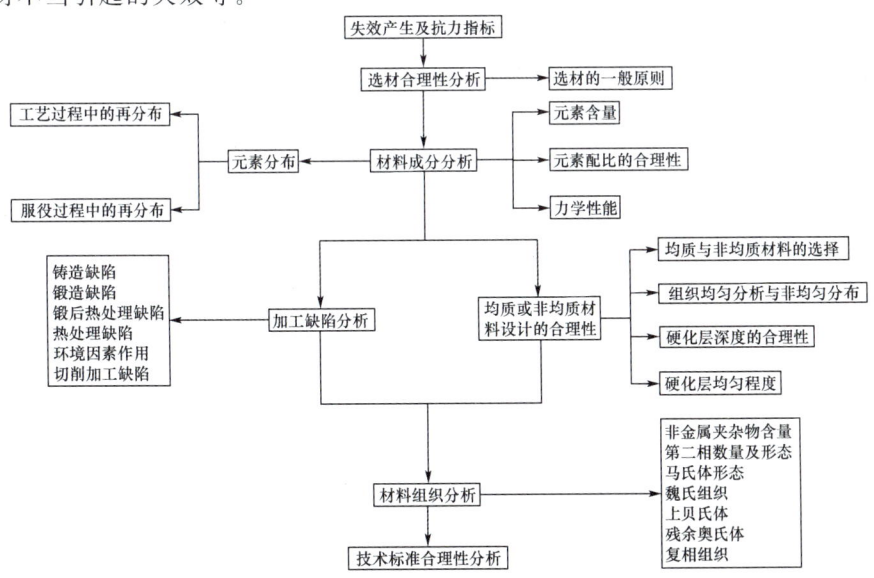

图 5-1　材料因素引起失效的原因分析思路

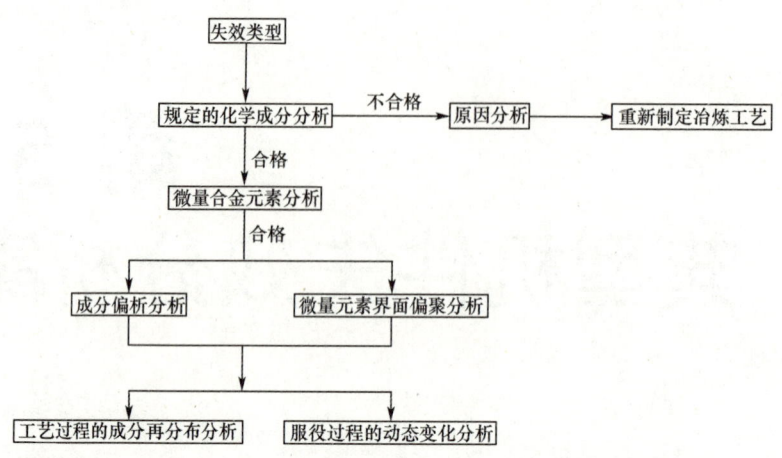

图 5-2　材料化学成分分析思路

5.1.1　成分偏差引起的失效

材料的成分是其具有特定的性能,以及性能随工艺改变而有特定变化规律的内在原因,合金中的每一个组元对合金性能的影响不仅反映了该组元本身的贡献,而且体现了组元之间相互作用对合金总体性能的影响,钢中合金元素的主要作用见表 5-1。

表 5-1　　　　　　　　　　　　　钢中合金元素的主要作用

元素	在钢中的主要作用
C	主要强化组元,形成间隙固溶体或弥散碳化物强化,但大尺寸碳化物可能成为裂纹源,碳化物呈网状分布时易造成脆性断裂
Ni	主要韧化组元,强化铁素体,细化珠光体,稳定奥氏体,降低韧脆转变温度,提高耐蚀性,增加淬透性
Cr	碳化物形成组元,在结构钢中增加淬透性,提高不锈钢的耐腐蚀性能,有固溶强化作用,提高碳钢的的硬度和耐磨性,提高钢的抗高温氧化性能
Mo	强碳化物形成组元,增加结构钢的淬透性,抑制回火脆性,有固溶强化和二次硬化作用
W	在钢中除形成碳化物外,部分形成固溶体起到强化作用,增加回火稳定性、红硬性和热强性,提高耐磨性
Si	效果显著的脱氧剂,固溶强化组元,能溶于铁素体和奥氏体中,提高钢的硬度和强度,但会提高韧脆转变温度,质量分数超过 3% 时显著降低钢的塑性和韧性
Mn	中强碳化物形成组元,良好的脱氧剂和脱硫剂,能消除或减弱 S 引起的热脆性,改善钢的热加工性能,降低脆性转变温度,细化珠光体并提高淬透性
Co	非碳化物形成元素,多用于特殊的钢和合金中,可显著提高钢的热强性、高温硬度和抗氧化性能,与 Mo 同时加入马氏体时效钢中有细化时效沉淀相的强化作用,可以获得超高硬度和良好的综合力学性能
Ti	与 N、O、C 都有极强的亲和力,与 S 的亲和力比 Fe 强,是一种脱 O、脱 S 和固定 C、N 的有效元素。结构钢中 Ti 能抑制奥氏体晶粒长大,在马氏体时效钢中作为沉淀相组元起强化作用

(续表)

元素	在钢中的主要作用
N	与钢中其他元素化合,有沉淀硬化作用。钢的表面渗 N 后,不仅增加其硬度和耐磨性,也显著改善抗腐蚀性。晶界上析出的氮化物能提高晶界高温强度,增加钢的蠕变强度,在低碳钢中残留 N 会导致时效脆性
P	在钢中有固溶强化和冷作硬化作用。作为合金元素加入低合金结构钢中,能提高其强度和耐腐蚀性能。易产生偏析,增加回火脆性,显著降低钢的塑性和韧性,致使钢在冷加工时产生冷脆现象,一般质量分数不超过 0.03%~0.04%
S	与 Mn 搭配使用可改善钢的切削性能。S 在钢中偏析严重,对钢的强度和塑性都有不利影响.高温下以熔点较低的 FeS 形式存在,进行热轧时,晶界上的 FeS 熔化,极大地削弱了晶粒之间的结合力,导致钢产生热脆现象,质量分数一般不超过 0.020%~0.050%

> **案例 1**　　沿海大气环境 304 不锈钢法兰连接双头螺柱腐蚀开裂失效分析

(1)背景资料

某石化公司中变气分液罐顶部安全阀下法兰紧固双头螺柱开裂,材质为 304 奥氏体不锈钢,规格为 M14×90 mm,性能等级为 A2-70。此双头螺柱长期暴露在空气中,工作温度为常温。双头螺柱因失去紧固力造成法兰密封不严,介质发生泄漏。

(2)宏观观察

开裂位置为双头螺柱的光杆部位,裂纹与轴线呈一定角度螺旋式扩展,存在一定的剪切破坏。裂纹范围较大,基本贯穿光杆部位,同时可以观察到裂纹中部有多个麻坑,这会使得材料表面性质不连续、不均匀,并降低其电极电位。裂纹附近可以看到多条垂直于轴向的小裂纹,如图 5-3 所示。断面分离后观察到断面总体较为平整,表面覆盖有黄褐色和灰黑色腐蚀产物。

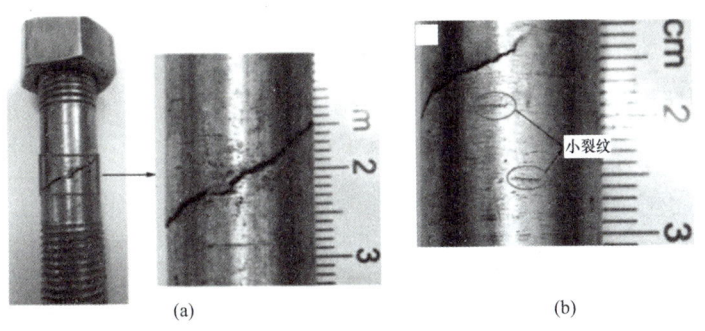

(a)　　　　　　　　　　　　　　　　(b)

图 5-3　失效螺柱宏观形貌

(3)化学成分测试

对远离双头螺柱断裂区的螺纹段进行化学成分测试,结果见表 5-2。与《不锈钢棒》(GB/T 1220—2007)进行比较可知,材料中 Cr 含量未达到标准规定值的下限,而 18/8 不锈钢必须含有 18% 以上的 Cr 和 8% 以上的 Ni 才能保持其固有的耐腐蚀性,因此双头螺柱材质不合格,导致其耐腐蚀性降低。

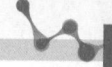

表 5-2 失效螺柱的化学成分

标准值参照 GB/T 1220—2007	元素含量(质量分数)/%						
	C	Si	Mn	Cr	Ni	P	S
实测值	0.07	0.72	1.30	16.81	8.38	0.035	0.024
标准值	≤0.08	≤1.00	≤2.00	18.00~20.00	8.00~11.00	≤0.045	≤0.030

(4)金相观察与分析

图 5-4 所示为双头螺柱裂纹端部轴向截面和横向截面的显微组织形貌,显微组织均为奥氏体和部分马氏体组织,晶内有孪晶,且存在较多的颗粒状碳化物,部分碳化物沿晶界分布,造成晶界与晶粒的电化学不均匀性。裂纹呈典型的沿晶开裂特征,除主裂纹外,还有微裂纹,也呈沿晶开裂特征。

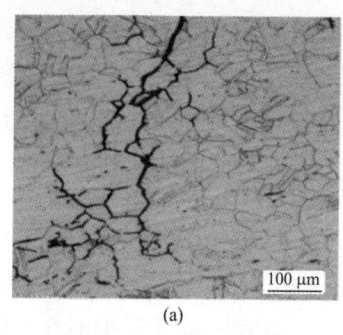 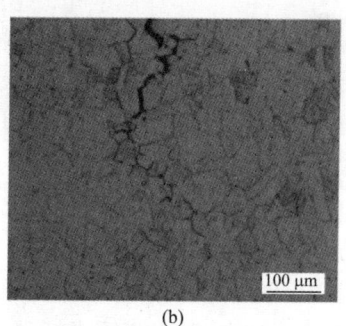

(a) (b)

图 5-4 失效螺柱裂纹端部显微组织

(5)SEM 观察及 EDS 分析

图 5-5 为清洗后双头螺柱断口的 SEM 照片。可以看到断口呈典型的岩石状沿晶断裂特征,且存在若干二次裂纹。对双头螺柱原始断口腐蚀产物成分进行 EDS 分析,如图 5-5(e)[对应图 5-5(b)区域]和(f)[对应图 5-5(d)区域]所示。可以看出断裂处 Cl 元素质量分数最高点约为 0.5%,S 元素质量分数最高点达 5%,而 Cl 通常是奥氏体不锈钢应力腐蚀开裂极为敏感的介质,这为 304 不锈钢双头螺柱提供了特定的腐蚀环境。

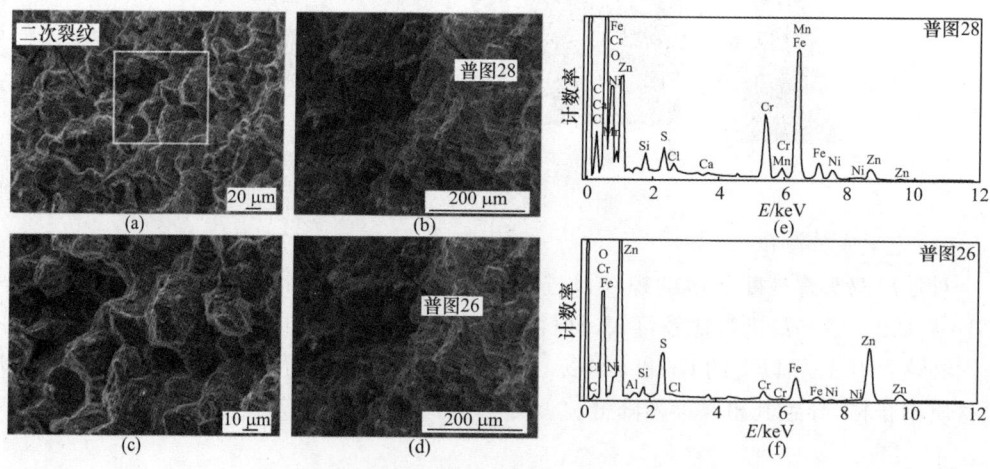

图 5-5 失效螺柱断口 SEM 形貌及腐蚀物 EDS 分析

（6）结论

双头螺柱的化学成分不合格,Cr 的质量分数低于标准值,导致合金耐蚀性能降低。沿海大气环境中的 Cl 元素和 S 元素等被双头螺柱吸收,在拉应力和沿海工业大气环境的共同作用下,促进裂纹形成并沿晶快速扩展。由于该双头螺栓在运输过程中已经导致表面凹点的形成,进而形成凹坑密集区,在腐蚀介质的环境下加速了裂纹的扩展,造成双头螺柱断裂失效,其失效模式为在螺柱化学成分不合格的情况下,Cl、S 离子诱发的沿晶应力腐蚀开裂。

案例 2　　管道法兰断裂失效分析

（1）背景资料

某公司连铸机组冷却水管道接头法兰使用两年后发生断裂。法兰位于管道盲端,与管道采用焊接连接,氩弧焊打底,电弧焊盖面,材质均为 0Cr18Ni12Mo2Ti,输送介质为连铸板坯冷却水,水温为 20～50 ℃,pH 为 7.6～8.1,法兰在管道焊缝前端处发生断裂。

（2）宏观观察

法兰断面的宏观形貌如图 5-6 所示,断口内外壁形貌如图 5-7 所示,可以看到法兰内外壁及断口表面均覆盖有红褐色的腐蚀产物,清理后发现内外壁存在众多肉眼可见的树枝状裂纹,断口垂直于管壁,呈台阶状,无明显塑性变形。

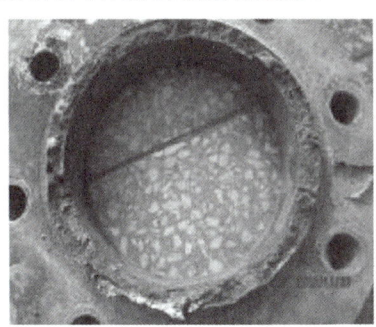

图 5-6　断裂法兰宏观形貌

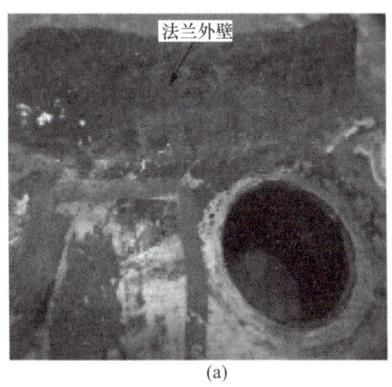

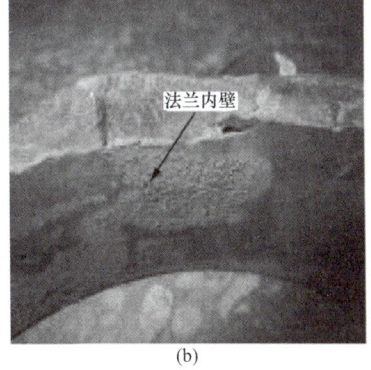

(a)　　　　　　　　　　　　　　(b)

图 5-7　法兰断口内外壁形貌

（3）化学成分测试

断裂法兰的化学成分测试结果见表 5-3,该法兰材质的 C 含量明显超出标准要求,Cr

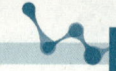
含量仅达到《不锈钢棒》(GB/T 1220—2007)标准要求的下限,而 Ni 和 Ti 含量并未达到标准要求,可以确定法兰材质化学成分不合格。

表 5-3

标准值参照 GB/T 1220—2007	元素含量(质量分数)/%								
	C	Si	Mn	Cr	Ni	Mo	Ti	P	S
实测值	0.17	0.34	1.2	16.07	9.61	1.93	0.004	0.030	0.012
标准值	≤0.08	≤1.00	≤2.00	16.00~18.00	10.00~14.00	2.00~3.00	≥5C%	≤0.045	≤0.030

(4)硬度检验

对断裂法兰试样取点进行了洛氏硬度和布氏硬度检验,结果如图 5-8 所示,表明该法兰的洛氏硬度和布氏硬度均高于标准的规定值,硬度不合格。

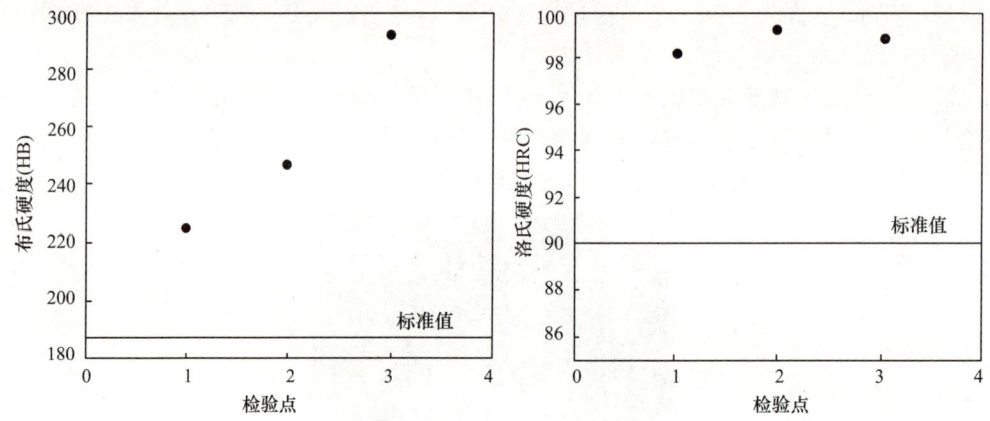

图 5-8　法兰材质硬度检验结果

(5)金相观察与分析

图 5-9 为法兰未断裂区域试样的金相照片,可以见到有大量的 B 类非金属夹杂物,主要为大量的团簇状细小夹杂物和超尺寸氧化物夹杂。法兰未断裂区域的金相组织为奥氏体,其晶粒大小不均匀,晶界处有碳化物析出并可见少量腐蚀坑,如图 5-10 所示。

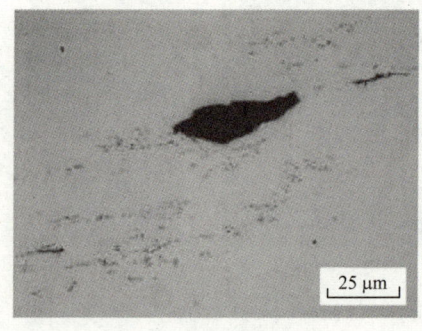

图 5-9　法兰未断裂区域的夹杂物

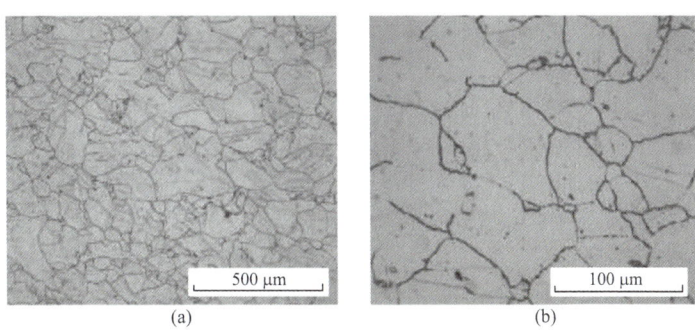

图 5-10　法兰未断裂区域的金相组织

图 5-11 所示为法兰断口截面显微组织及裂纹形貌,从图 5-11(a)和(b)可以看出断口试样的组织中存在着较多的腐蚀坑,晶界处有大量碳化物析出,且断口试样中的腐蚀坑和碳化物多于未断裂部位。从图 5-11 (c)~(f)可以看出,裂纹内部及附近有很多腐蚀坑,裂纹沿晶界扩展将部分腐蚀坑相连接,裂纹附近的晶界处存在较多的碳化物颗粒。断面上亦分布有较多的微裂纹,裂纹形貌与断口截面裂纹相似,如图 5-12 (a)所示。断面上还分布有大量腐蚀坑,如图 5-12(b)所示,腐蚀坑周围可见晶界,说明法兰在使用过程中已受到腐蚀。图 5-12 (c)所示为浸蚀后的断面组织,断面晶界处有较多的碳化物析出,部分晶界处因腐蚀形成微裂纹。

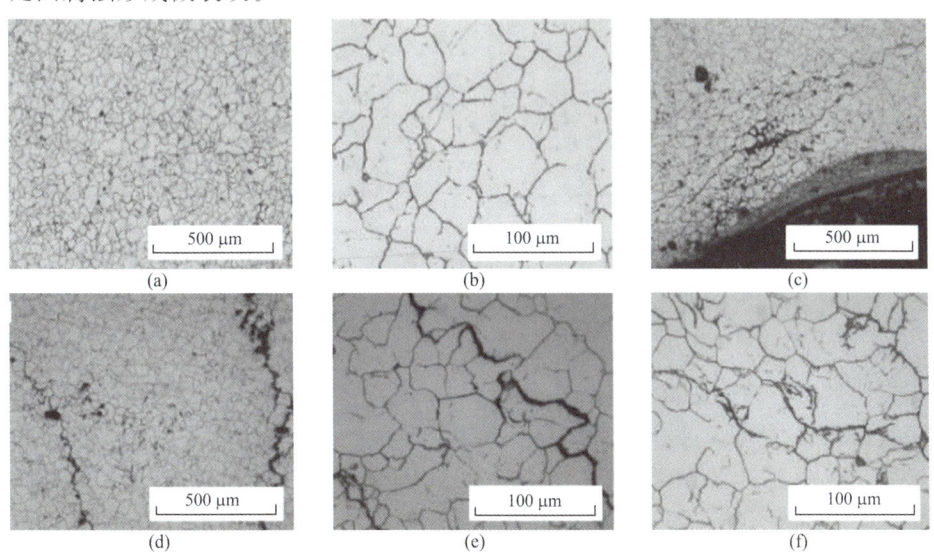

图 5-11　断口截面显微组织及裂纹形貌

(6)SEM 观察及 EDS 分析

图 5-13 为断口 SEM 照片,分析结果表明,该法兰断裂基本为沿晶脆性断裂,靠近法兰内壁的极少数区域为韧性断裂。图 5-14 所示为断口截面区域 EDS 图谱,分析结果表明,晶界与晶内的元素构成大致相同,但晶界处的 Cr 含量高于晶内,说明晶界处析出的是含 Cr 碳化物。

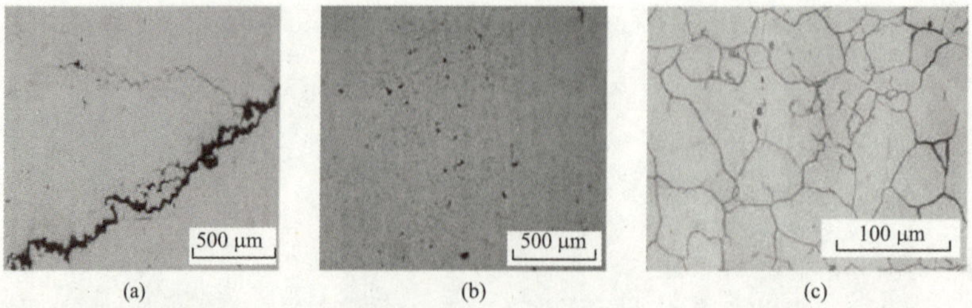

图 5-12　断口表面裂纹及组织形貌

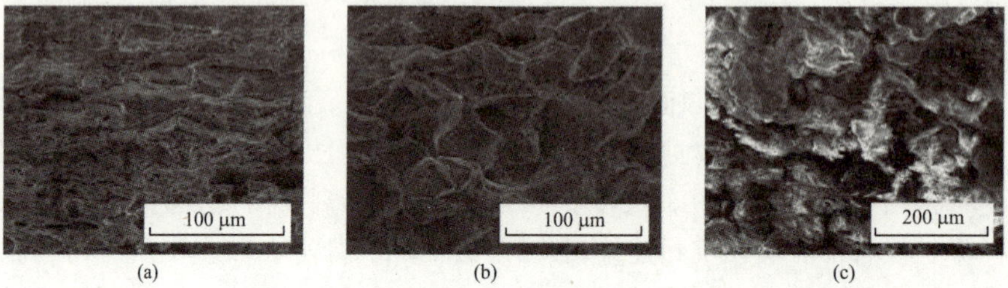

图 5-13　断口 SEM 照片

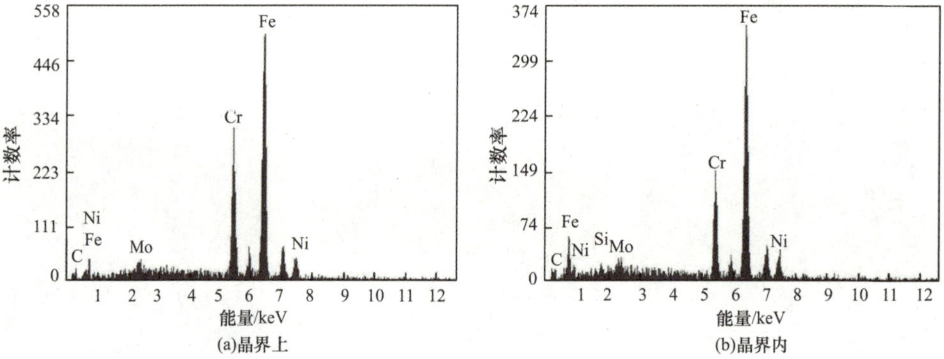

(a)晶界上

(b)晶界内

图 5-14　断口截面区域 EDS 图谱

（7）结论

断裂法兰的 C 含量过高，Ni 和 Ti 含量偏低，不符合标准要求。法兰的断裂方式基本为沿晶脆性断裂，晶间腐蚀是诱发其断裂的主要因素。由于法兰材质中 C 含量超标而 Ti 含量远低于标准要求，导致晶界敏化使得晶界邻近区域形成贫 Cr 区，降低了材料的抗腐蚀能力，Ni 含量的不足又进一步加剧了晶间腐蚀。

5.1.2　非金属夹杂引起的失效

钢中非金属夹杂物是钢中夹带的各种非金属物质颗粒的统称。钢中含有 O、N、S 等元素，在高温下，它们在钢中的溶解度高，而在室温下溶解度很低，在钢冷却和凝固时析出并同 Fe 和其他金属等结合成为各种非金属夹杂物。钢中非金属夹杂物的存在破坏了金属基体的连续性，使钢的综合性能下降。

钢中非金属夹杂物按其形成原因可分为内生夹杂物和外来夹杂物，在生产实际中又根据夹杂物的塑性及分布特性分为脆性夹杂物、塑性夹杂物、点状不变形夹杂物等。《钢中非金属夹杂物含量的测定 标准评级图显微检验法》(GB/T 10561—2023)标准中,根据夹杂物的形态和分布,将夹杂物分为五大类,见表5-4。

表 5-4　　　　　　　　钢中非金属夹杂物分类(GB/T 10561—2023)

分类	特点
A:硫化物类	通常由钢中的 S、Fe 或其他元素形成,具有高的延展性,有较宽范围形态比(长度/宽度)的单个灰色夹杂物,一般端部呈圆角
B:氧化物类	由钢长时间接触含氧物质而形成,大多数没有变形,范围形态比小(一般<3),黑色或带蓝色的颗粒,沿轧制方向排成一行(至少有 3 个颗粒)
C:硅酸盐类	通常由钢中的 Si、Ca、K、Na 等元素形成,具有高的延展性,有较宽范围形态比(一般≥3)的单个呈黑色或深灰色夹杂物,一般端部呈锐角
D:球状氧化物类	不变形,带角或圆形的,形态比小(一般<3),黑色或带蓝色的,无规则分布的颗粒
DS:单颗粒球状类	圆形或近似圆形,直径>13 μm 的单颗粒夹杂物

案例 1　　　　　　　　大型精轧支撑辊疲劳断裂失效分析

(1)背景资料

某单位生产线精轧支撑辊在轧制过程中突然发生断裂,轧辊辊身由两种材料构成,辊芯由球墨铸铁制成,工作层由轧辊常用的 Cr5 钢采用离心铸造工艺铸到辊芯上,辊芯和工作层的化学成分见表5-5。

表 5-5　　　　　　　　精轧生产线部件化学成分

部位	元素含量(质量分数)/%									
	C	Si	Mn	V	Cr	Ni	Mo	W	P	S
辊芯	3.5	2.2	1.0	—	—	—	—	—	0.03	0.02
工作层	0.55	0.75	0.75	0.4	5	0.5	1.2	0.3	0.03	0.02

(2)观察与分析

精轧支撑辊芯部材料为球墨铸铁,其组织主要由片层状珠光体、棒状渗碳体、球状石墨及聚集在球状石墨周围的牛眼状铁素体构成。球状石墨直径为 $150 \sim 200$ μm,棒状渗碳体长度为 $50 \sim 350$ μm,如图 5-15(a)所示。基体组织中珠光体呈片层状,片层间距为 $0.45 \sim 0.60$ μm,如图 5-15(b)所示。

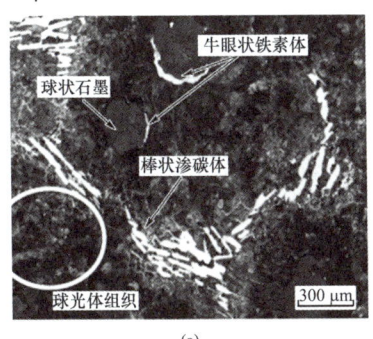
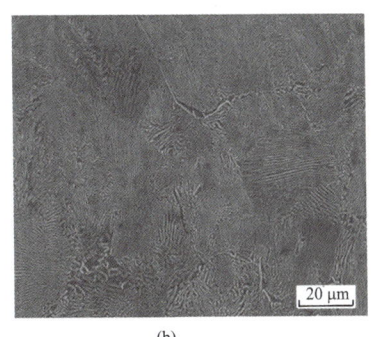

(a)　　　　　　　　　　　　　　　　(b)

图 5-15　辊芯部材料组织

　　精轧支撑辊芯部球墨铸铁洁净度较差,含有较多 D 类非金属夹杂物,夹杂物评级为 2.5 级,如图 5-16(a)所示,分析表明夹杂物主要为 Al_2O_3-MgO-SiO_2、Al_2O_3-MgO、Al_2O_3 等氧化物夹杂,尺寸集中在 10~15 μm,试样中非金属夹杂物尺寸分布如图 5-16(b)所示。

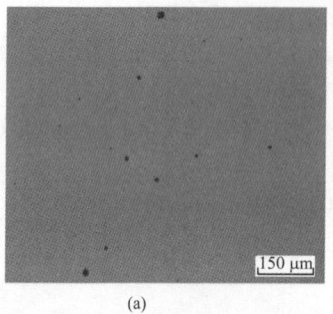
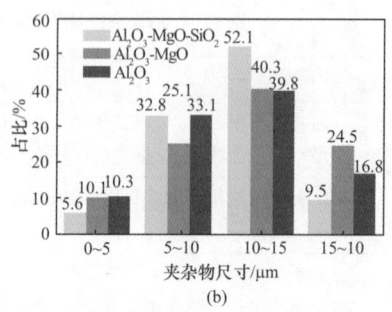

(a)　　　　　　　　　　　　(b)

图 5-16　辊芯部材料中非金属夹杂物

　　经现场观察后发现,其断口呈现典型旋转弯曲疲劳断口特征,如图 5-17 所示。在断口内部不同位置出现两个较为平坦的断面,基本呈半圆形,在半圆形界面周围存在明显的裂纹扩展撕裂棱,撕裂棱汇聚于半圆形平面的边缘,因此初步判断起裂源头在断口内部半圆形平面处。

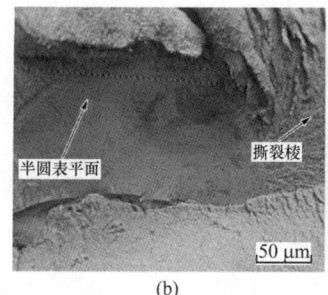
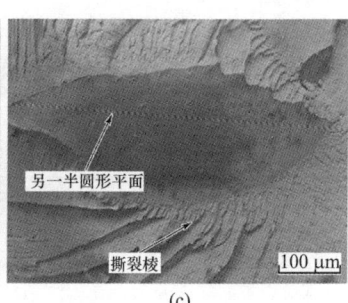

(a)　　　　　　　　　　(b)　　　　　　　　　　(c)

图 5-17　轧辊断面

　　在断口半圆形界面中发现有大小不一的圆形小孔,且部分小孔中含有球状夹杂物,经观察发现其直径最大为 3 mm,如图 5-18(a)所示,利用 SEM 及 EDS 能谱仪对其进行分析,确定其为 Al_2O_3-MgO-SiO_2 复合夹杂物,夹杂物 SEM 放大图及 EDS 能谱如图 5-18 所示。初步判断夹杂物来源可能为炉衬耐火材料(其主要成分为 Al_2O_3-MgO-SiO_2、Al_2O_3-MgO 等)剥落到铁水中,随后同铁水进入模具中铸造,最终进入轧辊内部。

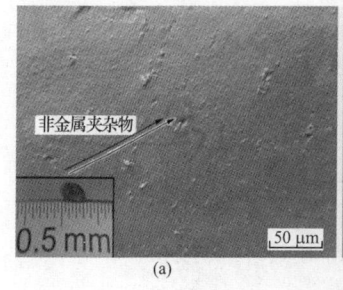
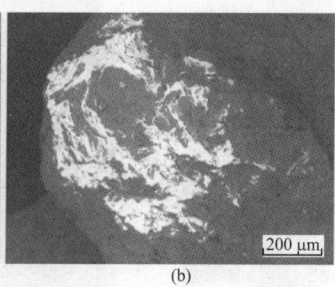
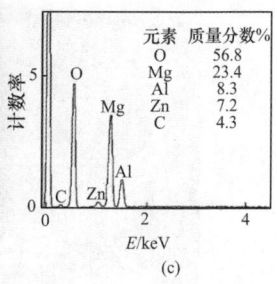

(a)　　　　　　　　　　(b)　　　　　　　　　　(c)

图 5-18　半圆形断口平面内非金属夹杂物的 SEM 形貌

对疑似起裂源试样进行观察发现，裂纹源表面较为平坦且存在球状非金属夹杂物，在球状夹杂物与基体界面处萌生微裂纹并开始扩展，如图 5-19(a)所示。根据 EDS 能谱[图 5-19(b)]对球状非金属夹杂物进行成分分析，最终确定其为 Al_2O_3-MgO-SiO_2 复合夹杂物。

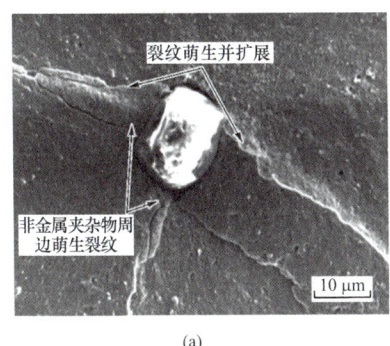

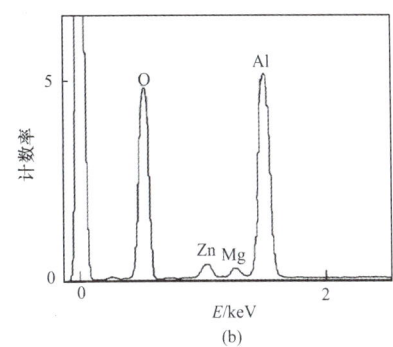

图 5-19 球形非金属夹杂物周边萌生裂纹

(3)结论

轧辊内部疲劳裂纹萌生于球状非金属夹杂物与基体的界面处，在夹杂物附近形核并缓慢扩展。当裂纹扩展至"鱼眼区"之外时，两裂纹源区产生的裂纹在应力作用下快速扩展并汇聚形成一条长裂纹，最终导致轧辊发生瞬断。

> **案例 2**　　　　　锅筒斜拉杆焊接接头失效分析

(1)背景资料

某企业一台在用的 DZL4-1.25-S 型卧式燃生物质蒸汽锅炉在使用过程中锅筒背部发生蒸汽泄漏，泄漏处位于前管板居中斜拉撑圆钢与筒体 T 型接头连接焊缝处，锅炉水质检验记录表明未发现全碱度、酚酞碱度、pH、磷酸根等指标异常现象，检查锅炉受热面侧亦无明显水垢、腐蚀等现象，因此排除了应力腐蚀开裂。对裂纹附近及锅筒筒体部位依次进行厚度测定，裂纹附近及锅筒筒体部位未发生明显减薄，壁厚符合要求。

(2)宏观观察

在切割取样、打磨除锈后对焊缝附近进行观察，肉眼可见 3 处裂纹位于焊缝热影响区，如图 5-20 所示，切割后断面侧视形貌如图 5-21 所示。

图 5-20 断面裂纹

图 5-21 切割后断面侧视形貌

(3)化学成分测试

利用 X 射线荧光光谱仪(XRF)分析了筒体母材、裂纹附近及焊缝金属的化学成分，测试结果见表 5-6。测试结果表明筒体母材和裂纹附近的 C 元素含量正常,Si 元素含量过高,尤其是裂纹附近 Si 含量为《锅炉和压力容器用钢板》(GB/T 713—2014)标准中 Q235R 材料标准值的 2.2 倍。Mn 元素含量高出《锅炉和压力容器用钢板》(GB/T 713—2014)标准中 Q235R 材料标准上限值,但符合该标准中另一种锅炉常用钢板 Q345R 的要求,可以认为 Mn 元素含量仍处于可控范围。其他元素含量未见异常,焊缝金属各元素含量也未见异常。由于 Si 元素含量严重高出标准,选用的筒体材料不符合要求。

表 5-6 筒体化学成分

部位	元素含量(质量分数)/%									
	C	Si	Mn	Cr	Ni	Cu	V	Ti	P	S
筒体母材	0.10	0.73	1.49	0.02	0.02	0.03	0.005	0.019	0.017	0.006
裂纹附近	0.08	0.77	1.59	0.02	0.02	0.03	0.004	0.018	0.018	0.007
焊缝金属	0.07	0.34	1.46	0.01	0.03	0.03	0.004	0.009	0.017	0.010
标准值 (Q245R)	≤0.20	≤0.35	0.50~1.10	≤0.30	≤0.30	≤0.30	≤0.050	≤0.030	≤0.025	≤0.010
标准值 (Q345R)	≤0.20	≤0.55	1.20~1.70	≤0.30	≤0.30	≤0.30	≤0.050	≤0.030	≤0.025	≤0.010

注:标准值参考《锅炉和压力容器用钢板》(GB/T 713—2014)。

(4)金相观察与分析

对样品进行金相观察,检验面为筒体裂纹附近平行于锻轧方向的纵截面,位于筒体内表面到外表面 1/4 处,如图 5-22 所示。

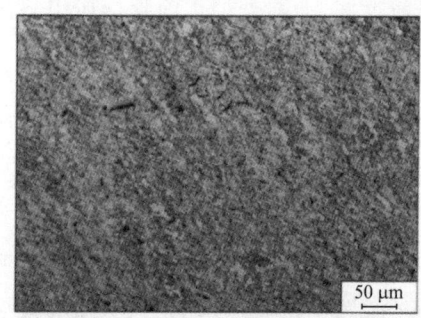

(a)近裂纹处　　　　　　　　　　　　　　　(b)母材

图 5-22 近裂纹处和母材的显微形貌

从图 5-22 可以看出,锅筒筒体金相组织符合 Q245R 材质的金相显微特征。在母材及焊缝附近含有单个呈黑色、端部呈锐角、形态比≥3 的 C 类(硅酸盐类)粗系非金属夹杂物,及呈黑色、带角或圆形的、形态比<3、分布无规则的 D 类(球状氧化物类)细系非金属夹杂物。根据《钢中非金属夹杂物含量的测定 标准评级图显微检验法》(GB/T 10561—2023)的规定,评定级别分别为 C1 和 D2.5,这与化学成分测试结果 Si 元素超标吻合,推断非金属夹杂物主要为 SiO_2 和硅酸盐类物质。

(5)力学性能测试

对样品进行硬度测试,结果表明母材、裂纹附近、焊缝金属、斜拉撑圆钢的硬度值在

81.5～92.3HRB 之间,未见异常。拉伸实验结果表明样品抗拉强度(R_m)和规定非比例延伸强度($R_{P0.2}$)高于标准要求,而断后伸长率(A)低于标准要求,印证了 Si、Mn 元素含量的超标。

(6)SEM 观察及 EDS 分析

图 5-23 为断口 SEM 照片,可以看到裂纹断面晶粒上有腐蚀产物堆积,貌如石块上生长的岩苔。在断面处选择 1、2 两处测点进行 EDS 分析,两点的 EDS 能谱如图 5-24 所示,可以看出腐蚀产物元素主要为 Fe、O、C、Si、Mn,断口横截面晶粒表面 O 元素含量较多,说明断口晶粒表面含有大量氧化物,符合热裂纹断面具有氧化物的特点。Si、Mn 元素含量与化学分析结果吻合,P、S 元素含量正常,未发现其他元素。

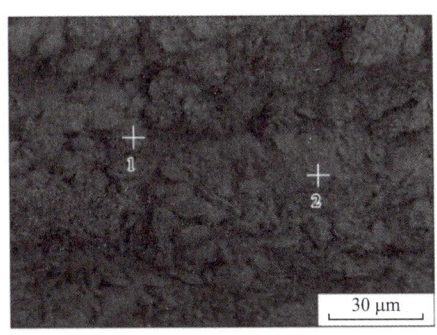

图 5-23　断口 SEM 照片

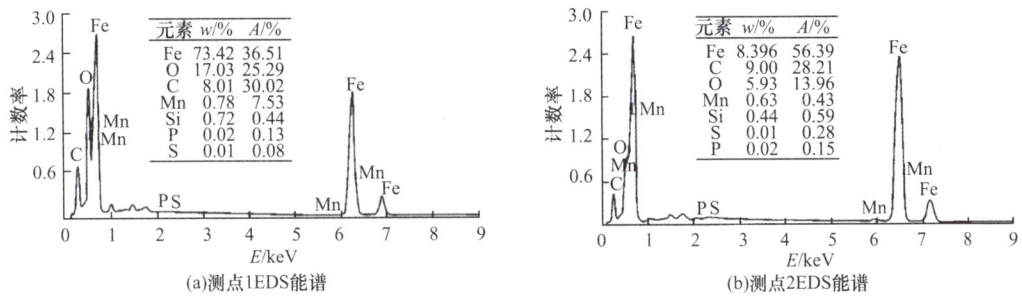

图 5-24　断面两处测点的 EDS 能谱

(7)结论

钢中 Si 含量增加时,钢的塑性将降低,体现在断后伸长率和断面收缩率变小。脱氧时生成的 SiO_2 夹杂熔点高、颗粒小,冶炼工艺控制不当时难以将其从熔池中作为浮渣浮出,从而作为杂质残存于钢中,破坏了金属的连续性和完整性,容易产生裂纹。含 Si 量高的材料焊接性能较差,焊接时容易生成低熔点的硅酸盐,易导致热裂纹出现。综上分析,这是一起罕见的低碳钢由于非金属 Si 元素含量超标形成非金属夹杂物,导致焊接时在热影响区发生纵向热裂纹的质量事故。

5.1.3　显微组织不当引起的失效

钢和铸铁都是在 Fe 中加入 C 和其他合金元素形成的合金,其中 C 质量分数为

0.77％的钢称为共析钢,C质量分数低于0.77％的钢称为亚共析钢,C质量分数为0.77％~2.11％的钢称为过共析钢,C质量分数高于2.11％的称为铸铁。不同含C量和合金成分的钢或铸铁,其显微组织各不相同。同一成分的钢或铸铁,经过不同的热处理工艺后也具有不同的显微组织,显微组织的不同决定了机件具有不同的性能,因此在实际应用中,要根据机件的服役条件、外加载荷的形式和大小等因素合理选材和确定材料的组织,以保障机件的安全服役,否则可能会引起失效。

案例 1 　　　　　**重载车辆用扭矩仪主轴断裂失效分析**

(1)背景资料

主轴是扭矩测试仪的核心部件,主要作用是通过联轴器进行回转以传递扭矩,从而实现重载车辆传动系统对感知的扭转力矩进行检测。某扭矩仪主轴在整机使用一年后发生断裂,没有达到设备服役寿命要求,属于早期失效。

(2)宏观观察

将断裂后的构件清理后进行宏观断口观察,发现构件表面存在多处裂纹,如图5-25所示。裂纹从构件表面萌生,断口呈结晶状,具有金属光泽,断面较平齐,主断面与失效构件的轴向位置垂直,未见明显塑性变形,断口形貌由裂纹源区、扩展区和终断区构成。裂纹与轴向呈一定角度,有放射状条纹和不规则台阶存在,占整个断面约50％,是典型的脆性断裂特征。

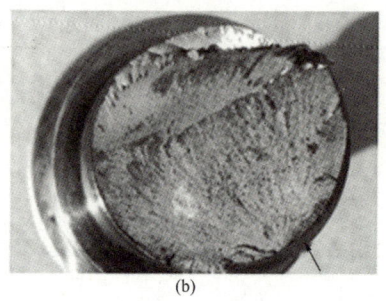

(a)　　　　　　　　　　　　　　(b)

图 5-25　断裂件的宏观形貌

(3)化学成分测试

扭矩仪主轴的基体材料为50CrVA钢,失效构件基体材料的化学成分测试结果见表5-7,由表可知,按《合金结构钢》(GB/T 3077—2015)标准规定,基体材料中C含量处于成分标准下限,其他元素满足要求。

表 5-7　　　　　　　　　　　扭矩仪轴基体材料的化学成分

标准值参照 GB/T 3077—2015	元素含量(质量分数)/%						
	C	Si	Mn	Cr	V	P	S
实测值	0.47	0.29	0.57	1.00	0.13	0.008	0.002
标准值	0.47~0.54	0.17~0.37	0.50~0.80	0.80~1.10	0.10~0.20	≤0.025	≤0.025

(4)SEM观察与分析

采用场发射扫描电镜(FESEM)对清洗后的断口进行微观形貌观察,如图5-26所示。

从中可以看出,扭矩仪主轴断裂的类型为沿晶+准解理脆性断裂,放射状条纹收敛的区域即为裂纹萌生的位置,其发散的方向为裂纹扩展的方向。在裂纹源区和扩展区内,微观形貌以沿晶断口为主,呈现出晶粒明显的冰糖状花样,如图5-26(a)、(b)所示,而在终断区内,微观形貌转变为准解理+沿晶断裂形貌特征,同时分布着大量不同弯曲程度的撕裂棱,如图5-26(c)所示。微观区域内既有沿晶脆性断裂区域,也存在撕裂棱的韧性断裂区域,说明此区域显微组织不均匀。

图5-26 断口微观形貌

扭矩仪主轴裂纹源附近截面显微组织形貌如图5-27所示,表层显微组织为回火马氏体+少量残余奥氏体+局部珠光体类组织+上贝氏体回火组织的混合组织,心部显微组织为较粗大的针状马氏体+少量残余奥氏体+上贝氏体回火组织+少量未溶条块状铁素体+局部珠光体类组织的混合组织。

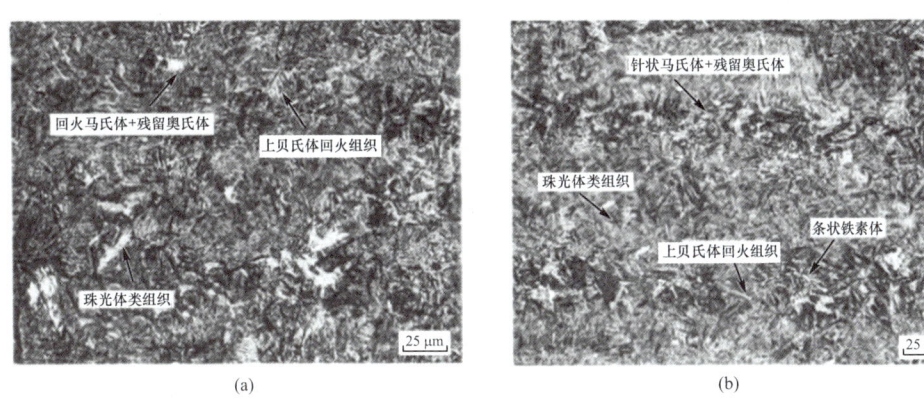

图5-27 主轴裂纹源附近截面

图5-28(a)为带状组织的金相(OM)照片,可以看到数条高 C 带状组织和低 C 带状组织交替出现,贯穿于整个视场。图5-28(b～d)分别为带状组织的低碳区域、中心区域和高碳区域的 SEM 照片,由图可知带状组织条带间的显微组织明显不同,将导致力学性能存在显著差异,在服役过程中,这种组织与性能的差异通过变形、断裂等方式表现出来。按《钢中非金属夹杂物含量的测定 标准评级图显微检验法》(GB/T 10561—2023)标准对失效主轴基体的非金属夹杂物进行评级,评级结果见表5-8,结果表明,基体材料 50CrVA 钢中的非金属夹杂物满足扭矩仪主轴对原材料纯净度的技术要求。

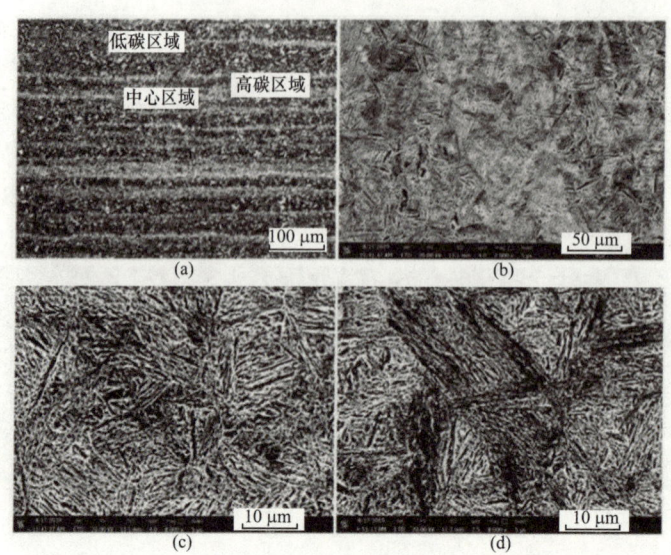

图 5-28 主轴带状组织

表 5-8 非金属夹杂物级别评定

夹杂物类型	A	B	C	D	DS
级别	0.5	0.5	2	0	0

（5）硬度检验

对主轴裂纹源附近表层和心部进行硬度检验,检验结果见表 5-9。断裂源附近截面表层硬度值为 52.5～53.5HRC,心部硬度值为 36.0～51.5HRC,表层与心部硬度分布离散性较大,这与原材料微观组织的不均匀以及不合理的热处理工艺等因素有关。

表 5-9 裂纹源附近表层和心部硬度（HRC）

项目	测点				
位置	1	2	3	4	5
表层	53.0	52.5	53.0	53.5	53.5
心部	36.0	37.5	42.0	47.5	51.5

（6）结论

扭矩仪主轴失效的主要原因是显微组织不合理。根据构件服役特点,50CrVA 钢应采用淬火＋中温回火工艺,得到具有较高弹性极限的回火屈氏体组织,而失效主轴的显微组织为板条马氏体和片状马氏体的混合组织,这种组织塑韧性较差,具有较大的脆性,在服役过程中极易形成脆性断裂。带状组织的存在增加了扭矩仪主轴显微组织和硬度的离散性,同时也使失效件内部的应力呈不均匀分布,这些因素的存在,促进了脆性断裂现象的发生。

> 案例 2 **40Cr 汽车转向节开裂失效分析**

（1）背景资料

汽车转向节作为重要的零部件之一,起到转向和承载的作用,同时还承担着来自地面的冲击和车轮侧滑转向制动等产生的负荷,因此要求转向节具有较高的强度和冲击韧性,目前国内企业大多采用40Cr合金钢作为原材料。40Cr合金钢经调质后具有良好的综合力学性能,是使用最广泛的钢种之一。某公司生产的一批轻型轿车转向节在安装过程中,转向节连接销孔部位发生了开裂现象,且开裂件数较多,经测试材料的化学成分和硬度均符合标准要求。

(2)宏观观察

对失效件的断口在未经任何清洁处理前进行全面的观察,发现断口较为平整,断口边缘未发生明显塑性变形,呈现脆性开裂特征,如图5-29所示。

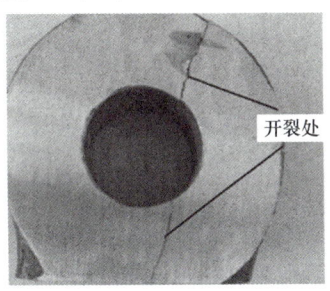

图5-29　断口宏观形貌

(3)SEM观察与分析

对清洗后的断口进行SEM观察,微观形貌如图5-30所示。可以看出断口平齐,无明显变形撕裂痕迹,裂纹断口呈贝壳状,如图5-30(a)所示。由图5-30(b)可见明显的沿晶界开裂,为典型的脆性断裂。

(a)　　　　　　　　　　(b)

图5-30　失效转向节断口微观形貌

(4)非金属夹杂物检验

对断裂转向节横截面、纵截面取样处理后在显微镜下观察非金属夹杂物,如图5-31所示。横截面存在球状氧化物夹杂,按照《钢中非金属夹杂物含量的测定 标准评级图显微检验法》(GB/T 10561—2023)标准,评定为D类球状氧化物3.0级。纵截面存在条状硫化物夹杂,按照上述标准评定为A类硫化物2.0级。40Cr合金钢转向节失效件内部存在较多非金属夹杂物,在材料受力变形时,这些杂质颗粒成为应力集中点,当应力值超过额定值时,会沿着杂质颗粒的尖端处产生微裂纹,裂纹不断扩展直至最后断裂。

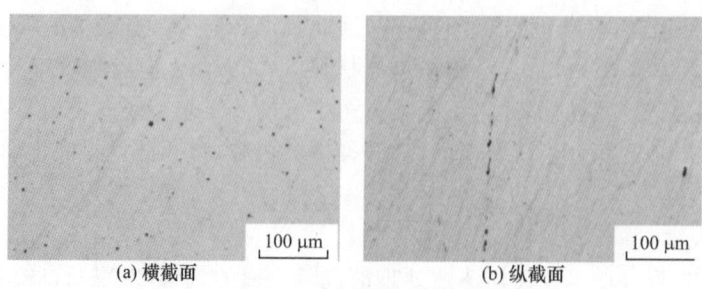

(a) 横截面　　　　　　　　　　(b) 纵截面

图 5-31　断裂转向节非金属夹杂物形貌

（5）组织观察与 EDS 分析

在裂纹附近截取试样腐蚀后采用不同放大倍率进行组织观察，如图 5-32(a～d)所示。40Cr 合金钢正常调质后的组织应为均匀的回火索氏体，允许含有体积分数不超过 3vol% 的铁素体存在，而失效试样的显微组织中铁素体含量较多且呈条状和针状分布，初步判断为先共析铁素体。

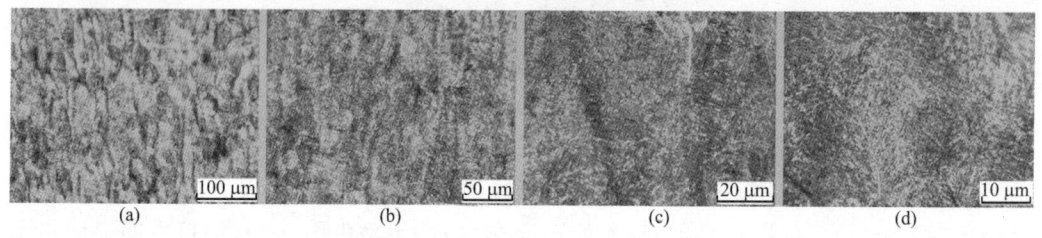

(a)　　　　　　　(b)　　　　　　　(c)　　　　　　　(d)

图 5-32　失效转向节显微组织形貌

进一步的观察表明，在开裂处存在较多的白色条状组织，如图 5-33(a)、(d)所示，初步判断该白色条状组织可能为沿晶界析出的铁素体。使用 EDS 能谱对白色条状组织进行点扫描分析，分析结果如图 5-33(c)、(f)所示。从图中可以看出，该白色条状组织的化学成分为 O 元素和 Fe 元素，判断白色条状物为氧化铁和铁素体。由于晶界处较多铁素体的存在，导致晶界处的强度弱化，降低了材料塑性、冲击韧性和疲劳性能，导致基体强度明显下降，尤其是冲击韧性下降很多，是导致转向节开裂的主要原因。

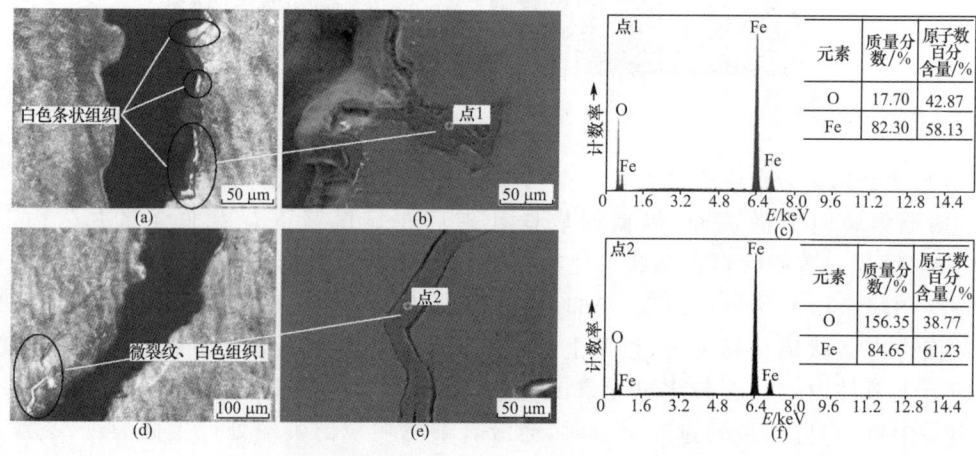

图 5-33　开裂处显微组织及 EDS 能谱图

（6）结论

失效转向节的组织为回火索氏体＋铁素体，针状和条状铁素体是在冷却过程中沿奥氏体晶界析出产生的，较多铁素体的存在大大降低了材料的韧性和强度等力学性能指标，增加了材料的脆性，这是导致转向节脆性开裂的主要原因；失效转向节内部含有较多的氧化物和硫化物夹杂，导致材料的塑性和强度下降，也增加了材料的开裂倾向，这是转向节开裂的次要原因。根据原有工艺，加大淬火液的流动性或更换淬火液介质，减少铁素体的含量，可提高转向节的力学性能，同时应选用高品质的40Cr钢，避免硫化物和氧化物夹杂的影响。

5.1.4 选材不当引起的失效

机件在服役过程中所表现出的力学性能与材料的化学成分、晶格结构、组织类型、外加载荷、服役环境等都有密切的联系，因此在选材时要充分考察机件的服役条件，从而选择合适的材料或后续处理方法，保障机件的安全服役，选材除了要考虑经济性外，更重要的是考虑使役性能，既要避免大材小用，更不能小材大用。

▶ 案例 1　聚丙烯反应器刮刀桨叶断裂失效分析

（1）背景资料

某石化公司聚丙烯装置反应器刮刀桨叶发生断裂，如图5-34所示。桨叶原设计材质为德标"Cold Rolled Steel Strips for Springs"（DIN 17 222—1979）标准的55Si7弹簧钢，相当于《弹簧钢》（GB/T 1222—2016）中的55Si2Mn。发生断裂的桨叶是委托国内加工的，材质不清。桨叶厚度为6 mm，宽度为50 mm，主要承受弯曲、剪切、冲击和振动等载荷。反应器内介质为聚丙烯浆料，操作压力为1.2 MPa，温度为80 ℃。

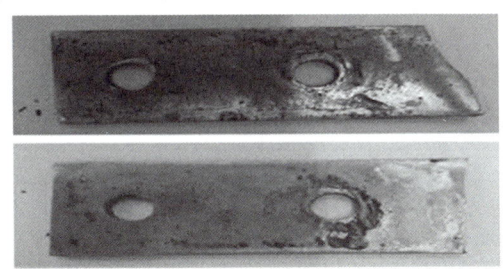

图 5-34　断裂的桨叶

（2）宏观观察

图5-35所示为两根断裂桨叶断口的宏观形貌，断口平齐，剪切唇面积很小，呈脆性断裂特征。从宏观上判断，裂纹起源于桨叶表面如坑点、沟槽或夹杂等应力集中部位，断口总体呈脆性解理断裂特征。

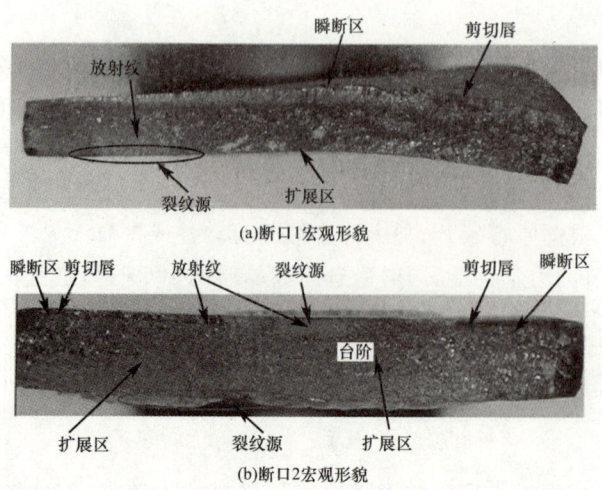

图 5-35　断裂桨叶宏观形貌

（3）化学成分测试

桨叶材料主要化学成分测试结果见表 5-10。由表可知，桨叶的材质中 Si 质量分数仅为 0.2％左右，不符合德标"Cold Rolled Steel Strips for Springs"（DIN 17222—1979）中 55Si7 或国标《弹簧钢》（GB/T 1222—2016）中 55Si2Mn 的要求，而与德标"Cold Rolled Steel Strips for Springs"（DIN 17 222—1979）中的 CK67 和国标《弹簧钢》（GB/T 1222—2016）中的 65Mn 弹簧钢成分基本吻合，因此认为该桨叶材质为 CK67 或 65Mn 弹簧钢。

表 5-10　　　　　　　　　　　断裂桨叶化学成分

项目		牌号	元素含量（质量分数）/％				
			C	Si	Mn	P	S
测试值		试样 1	0.529	0.2	0.897	0.03	0.005
		试样 2	0.633	0.213	1.01	0.0196	0.0094
标准值	DIN 17222—1979	55Si7	0.52～0.60	1.50～1.80	0.70～1.00	≤0.045	≤0.045
		CK67	0.65～0.72	0.15～0.35	0.6～0.9	≤0.035	≤0.035
	GB/T 1222—2016	55Si2Mn	0.52～0.60	1.50～2.00	0.60～0.90	≤0.035	≤0.035
	GB/T 1222—2016	65Mn	0.62～0.70	0.17～0.37	0.90～1.20	≤0.030	≤0.030

（4）力学性能测试

对试样进行常温力学性能测试，测试结果见表 5-11。力学性能测试结果表明，桨叶材料的抗拉强度符合 CK67 的要求，但不符合 65Mn 淬火＋中温回火的性能要求，更不符合设计材质 55Si2Mn 的性能要求，强度明显偏低。

表 5-11　　　　　　　　桨叶材料常温力学性能测试结果

项目		屈服强度 /MPa	抗拉强度/MPa	断后伸长率/％
测试值	试样 1	657	755	13.64
	试样 2	622	727	10.73
	平均值	640	741	12.2
标准值	CK67	—	≥640	≥12
	55Si2Mn	≥1 200	≥1 300	≥6
	65Mn	≥785	≥980	≥8

（5）金相组织观察

桨叶材料金相组织如图 5-36 所示，由黑色层片状珠光体和白色条块状铁素体组成，为 65Mn 钢的退火组织。

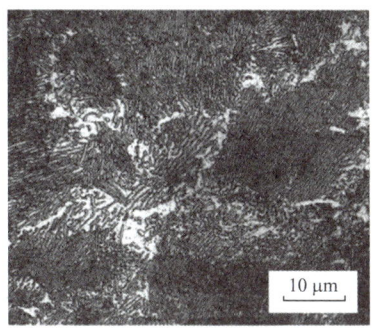

图 5-36　桨叶材料金相组织（1 000×，4％硝酸酒精浸蚀）

（6）结论

桨叶过早失效的主要原因是选材和热处理工艺不当，化学成分不符合设计要求，材料强度偏低，导致桨叶抗冲击和抗疲劳形貌不能满足要求，桨叶断裂的主导机制为冲击脆性断裂＋疲劳断裂。

> **案例 2**　　引压管闸阀盖螺栓断裂失效分析

（1）背景资料

某石化公司柴油液相加氢装置的一条引压管闸阀盖的螺栓发生断裂，该螺栓材质为 304 不锈钢，引压管及闸阀裸露在沿海大气环境中。

（2）宏观和金相观察

该断裂阀盖螺栓的宏观形貌如图 5-37 所示，螺栓断口截面处附着有黄褐色腐蚀产物，断裂面粗糙不平，无明显塑性变形。根据形貌特征可将断口分为 2 个典型区域，A 区整体呈现脆性断裂形貌，B 区呈放射状形貌。

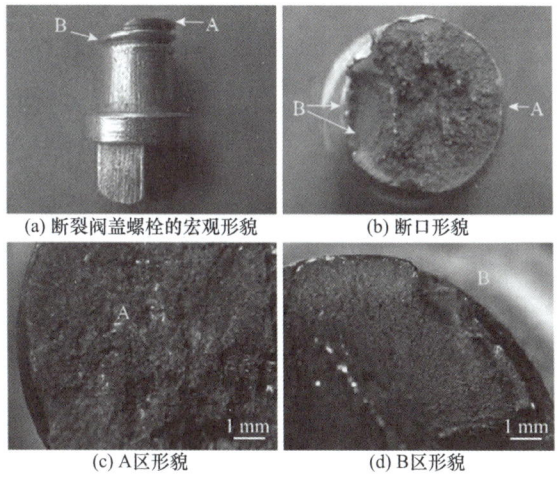

(a) 断裂阀盖螺栓的宏观形貌　　(b) 断口形貌

(c) A 区形貌　　(d) B 区形貌

图 5-37　断裂阀盖螺栓的宏观形貌

图 5-38 所示为螺栓轴向截面宏观形貌及裂纹形貌,螺栓断面沿轴向 45°方向扩展,中心部位存在大量的沿晶二次裂纹,螺栓金相组织主要为奥氏体,材料发生了敏化。

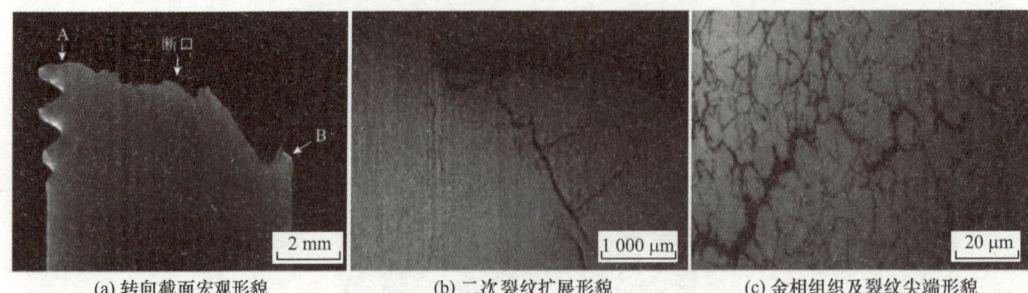

| (a) 转向截面宏观形貌 | (b) 二次裂纹扩展形貌 | (c) 金相组织及裂纹尖端形貌 |

图 5-38 螺栓轴向截面宏观形貌及裂纹形貌

(3)化学成分测试

螺栓材质的化学成分见表 5-12,结果表明,C 含量超过了"Standard Specification for Alloy-Steel and Stainless Steel Bolting for High Temperature or High Pressure Service and Other Special Purpose Application"(ASTM A193—2015)规定的要求,而 Cr 含量低于标准规定的要求。

表 5-12　　　　　　　　　　　　　　螺栓材质化学成分

标准值参照 ASTM A193—2015	元素含量(质量分数)/%						
	C	Si	Mn	Cr	Ni	P	S
实测值	0.12	0.46	1.06	17.73	8.26	0.035	0.022
标准值	≤0.08	≤1.00	≤2.00	18.00~20.00	8.00~11.00	≤0.045	≤0.030

(4)SEM 观察及 EDS 分析

断口微观形貌如图 5-39 所示,可将断口分为四个区域:裂纹源区(1 区)、裂纹扩展区(2～3 区)及最后断裂区(4 区)。1 区呈沿晶开裂的特征,断口表面存在大量腐蚀产物;2、3 区也呈现沿晶开裂的特征;4 区可见大量的韧窝状形貌,为典型的韧性断裂。

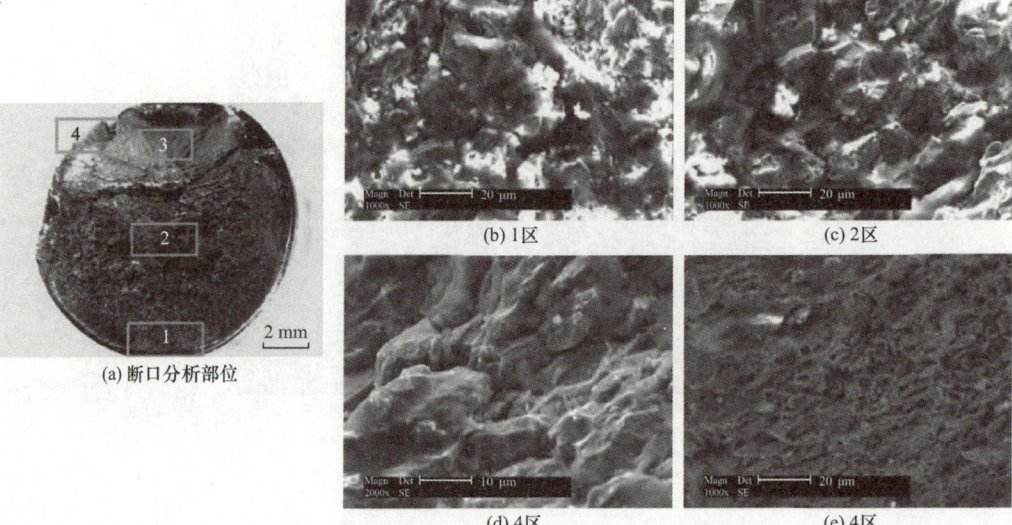

(a) 断口分析部位	
(b) 1区	(c) 2区
(d) 4区	(e) 4区

图 5-39 螺栓断口的微观形貌

表 5-13 为断口表面腐蚀产物的 EDS 分析结果,腐蚀产物主要以 Fe 的氧化物、Fe 和 Cr 的氧化物形式存在。对比分析 1 区、2 区及 3 区的成分数据可知,断口处腐蚀产物中存在大量的 S 和 Cl 元素,为螺栓的应力腐蚀开裂提供了环境因素。

表 5-13　断口表面腐蚀产物 EDS 分析结果

部位	元素含量(质量分数)/%										
	C	O	Mg	Al	Si	S	Cl	Ca	Cr	Mn	Fe	Ni
1 区	11.01	13.65	—	—	—	1.35	2.52	—	3.35	1.18	66.94	—
2 区	22.46	10.89	1.11	0.84	1.61	1.29	0.75	0.60	8.84	1.09	47.52	2.95
3 区	26.48	6.56	1.01	0.81	1.07	0.74	0.27	0.61	11.94	1.72	45.32	3.46

(5)结论

该阀盖螺栓因其材质中 C 含量偏高,Cr 含量偏低,未达到 ASTM A193/A193M—2015 标准中对 304 不锈钢化学成分的要求,降低了抗晶间腐蚀能力,在拉应力及沿海工业大气环境的作用下发生了晶间应力腐蚀开裂。

5.2　制造因素引起的失效

制造因素(也称工艺因素)引起的机件失效是各类失效中占比例较高的失效,主要包括机件在生产过程中因各种冷加工、热加工和装配过程中产生的缺陷或工艺不合理而直接或间接导致的失效。在各类加工缺陷中,最重要的是机件表面或内部的不连续性缺陷,其次是在加工过程中产生的组织缺陷及其诱发的在役过程中产生的缺陷和损伤。

金属机件所用原材料经熔炼及冷热轧制而成,原材料在制造厂又经一系列冷热加工后成为机件,在这些加工过程中都可能造成某种缺陷,例如铸件中可能产生偏析或不希望有的组织、夹杂、孔洞、裂纹以及其他不连续性缺陷。铸件中的一些缺陷在后续锻造中会形成锻件缺陷,从而导致机件的失效。对于具体失效案例的分析,必须考虑机件具体的服役条件和失效形式,从而为正确选材、合理制定加工工艺等提供改进和优化的依据,以达到充分发挥材料性能潜力、提高产品质量、延长使用寿命的目的。

引起机件失效的制造因素是非常广泛的,而且还存在着不同因素的相互作用以及环境条件的变化等,因此必须统筹考虑,细致分析。

5.2.1　铸造缺陷与失效

铸造缺陷有很多种,从失效分析的角度看可归纳为两类:一类为破坏材料连续性的缺陷,如材料中的孔洞、裂纹等;另一类是因材料成分或生产工艺不当造成的不正常的组织缺陷,包括脆性的晶界网状组织、形态不良的石墨及表面缺陷组织等。

1. 孔洞

孔洞一般指存在于材料内部的具有三维空间形貌的缺陷,孔洞破坏了材料的连续性,一般引起断裂的孔洞一定会显示在失效件的断口上。

材料中的孔洞可能有以下两种情况:

(1)缩孔:液体金属凝固时要发生很大的体积收缩,若凝固过程中不断有液态金属补充,则不会在材料内部形成缩孔,铸件的缩孔一般会在最后凝固的部位形成。

(2)气孔:液态金属中气体溶解度比固态金属大得多,凝固过程中,气体以气泡形式排出,若排出不及时或不彻底,便会以气孔的形式留在铸件内部。

缩孔和气孔都影响铸件质量,有时虽然不是失效的直接原因,但可能会促进失效的产生。

2. 裂纹

裂纹是铸件中危害最大的缺陷,它破坏了基体的连续性,会产生很大的应力集中。铸件中的裂纹可以分为热裂纹和冷裂纹,都属于体积收缩裂纹。热裂纹一般呈不规则形貌和不连续的曲线形态,起始部位较宽,呈开口状,尾部较细,当热裂纹与表面贯通时,裂纹断面有氧化色,这是判断热裂纹的主要依据。冷裂纹一般比较规则,呈连续的细线条状,易发生在铸件应力集中的内尖角、缩孔、夹杂部位以及结构复杂的大型铸件上,其大小与合金成分、组织、铸件结构及冷却速度有关。

3. 缺陷组织

危害铸件性能的显微组织包括脆性的晶界网状组织、形态不良的石墨及表面缺陷组织,如脱碳及热处理工艺不当产生的不良组织等。

(1)晶界网状组织:铸件中有时会出现晶界网状碳化物组织,这是在较慢的冷却速度下通过奥氏体温度范围内形成的,这种组织会降低铸件的塑性和韧性,而且为裂纹的扩展提供了一个低阻力的路径。

(2)石墨:在灰铸铁、球墨铸铁和可锻铸铁中,石墨的尺寸、形状和分布对铸件性能起到决定性作用,不良的石墨形态和分布会严重降低铸件的性能。

> **案例 1**　　　　水轮机不锈钢叶片开裂失效分析

(1)背景资料

某电站水轮机机组服役过程中,4号机组先后3次出现叶片开裂现象。水轮机叶片采用牌号为 ZG06Cr13Ni4Mo 的不锈钢材料,单叶片质量为 6.965 吨。该叶片呈扇面形结构,曲面复杂,轮廓尺寸大,叶片轴颈处较厚,泄水边较薄,最厚处达到 321 mm,最薄处仅 14.1 mm。

(2)宏观观察

因叶片厚度相差大,在铸造冷却过程中易产生缩孔、缩松等铸造缺陷。图 5-40 所示为开裂部位的宏观形貌,断面呈现细小清晰的疲劳贝纹线,是典型的疲劳断裂。叶片的表面存在气孔等铸造缺陷,是裂纹的发源地,裂纹沿垂直于疲劳贝纹线的方向扩展,最终导致叶片开裂。

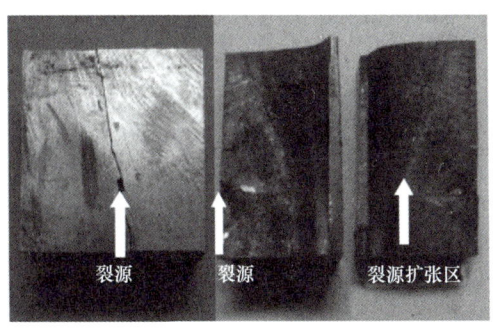

图 5-40 断裂叶片宏观形貌

（3）金相观察

图 5-41 是开裂叶片裂纹部位金相照片，可见叶片内存在较多的微孔洞，这些弥散细小的孔洞是铸造过程中缩松造成的，为典型的铸造缺陷。部分微孔洞集中分布，形成了基体内部的微裂纹，部分微裂纹与外界相通。

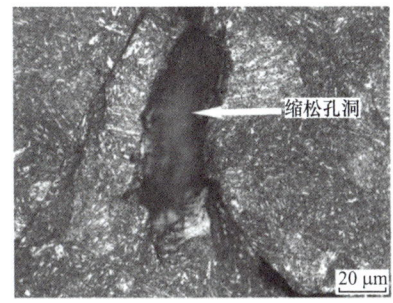

(a)缩松造成的孔洞

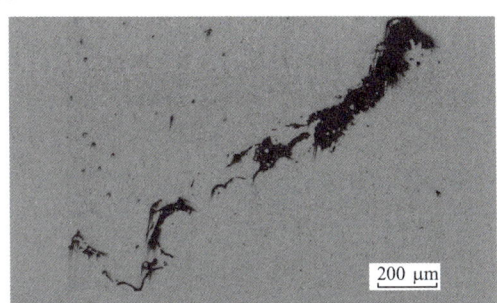

(b)部分孔洞形成微裂纹

图 5-41 断裂叶片金相照片

铸造成型后的热处理过程中，这些微裂纹的两侧会产生轻微的氧化脱碳现象，如图 5-42 所示。裂纹两侧的氧化脱碳现象只能在高温加热之后出现，证明这些微裂纹产生于铸造成型的过程，是严重的铸造缺陷。在叶片的服役过程中，叶片表面的缩孔、基体中的缩松及严重的微裂纹的存在，既是疲劳开裂的裂纹源，又促进疲劳裂纹的扩展，是导致叶片疲劳开裂的主要原因。

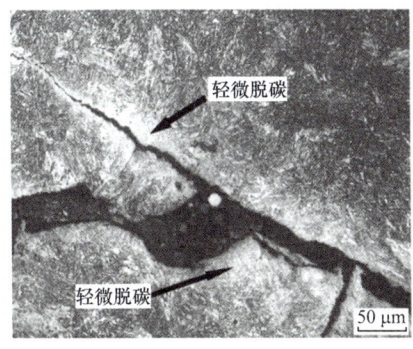

图 5-42 裂纹两侧的轻微脱碳

（4）结论

失效分析结果表明，叶片开裂表现出疲劳断裂特征。叶片铸造时存在缩孔、缩松及微裂纹等铸造缺陷，这些缺陷在叶片服役过程中产生微裂纹导致早期疲劳开裂。针对水轮机叶片曲面复杂、轮廓尺寸大，以及 ZG06Cr13Ni4Mo 材料特点，应加强叶片毛坯铸造和后续热处理工序的控制。水轮机叶片出现损伤时，要谨慎选择焊补工艺进行叶片修复，确保叶片质量。

> **案例 2**　**ADC12 铸造铝合金齿轮箱开裂失效分析**

（1）背景资料

目前，国内外发动机齿轮箱主要采用铝硅合金。铝硅合金具有优良的铸造性能，如收缩率小、流动性好、气密性好和热裂倾向小等，经过变质和热处理之后具有良好的力学性能和切削加工性能。某汽车上的 ADC12 铸造铝合金发动机齿轮箱是靠螺栓及定位销紧固于发动机上，行驶 3.6 万公里后，发现该汽车发动机前部漏油，检查发现发动机齿轮箱左下部开裂，机油从裂纹处流出。

（2）宏观观察

对开裂齿轮箱进行宏观观察，发现齿轮箱开裂发生在一定位销孔处，如图 5-43 所示，裂纹已穿透整个壁厚。人工折断后观察整个断口，裂纹源起始于反面，断口表面有机械损伤痕迹，断面由裂纹源、裂纹扩展区和瞬断区 3 个区域组成，可明显观察到贝壳状疲劳条纹。

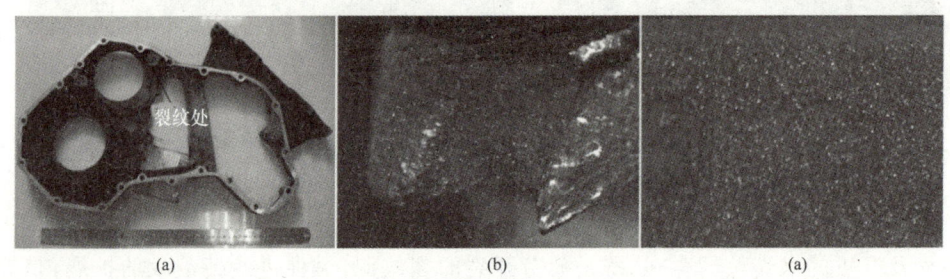

图 5-43　开裂齿轮箱宏观形貌

（3）金相观察

图 5-44 为断口的金相照片，可以看出，样品局部有较密集的铸造缺陷[图 5-44（a）]，基体为 α 固溶体＋Si 的共晶体，其中枝晶为初生 α 固溶体[图 5-44（b）]。在共晶组织中有部分组织分布不均匀，部分共晶 Si 呈现短棒状和条状[图 5-44（c）]，有较多黑色针状 β 相（$Al_9Fe_2Si_2$）和块状铁相组织[图 5-44（d）]。

（4）SEM 观察与 EDS 分析

断口 SEM 照片如图 5-45 所示，发现裂纹起始于孔内壁，裂纹源区有聚集分布的夹杂[图 5-45（a）]，裂纹扩展区有明显的疲劳辉纹[图 5-45（b）]，瞬断区的断裂机制为解理断裂并有韧窝特征[图 5-45（c）]，孔内壁区域有疏松的孔洞及机械损伤[图 5-45（d）]，人工折断区域的微观形貌与瞬断区相同[图 5-45（e）]。对裂纹源区和人工折断断口样品分别进

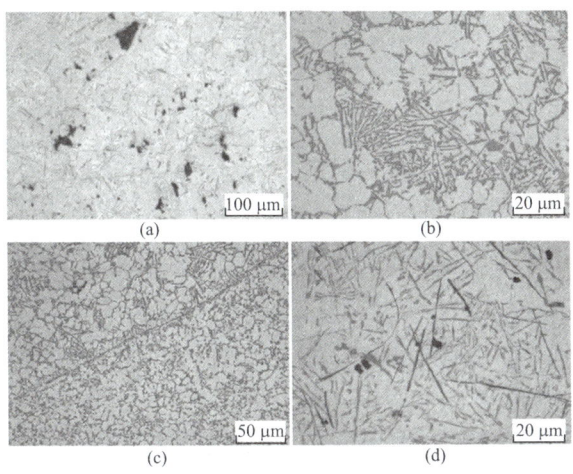

图 5-44 开裂齿轮箱的金相照片

行微区成分分析,结果表明,裂纹源区含有 C、O、Na、Mg、Al、Si、K、Ca、Ti、Fe 元素,人工折断断口样品解理面含有 Al、Si 元素,为共晶 Si 相,说明裂纹源区含有夹杂,并且显微组织存在较多的块状和长条状的脆性相组织。

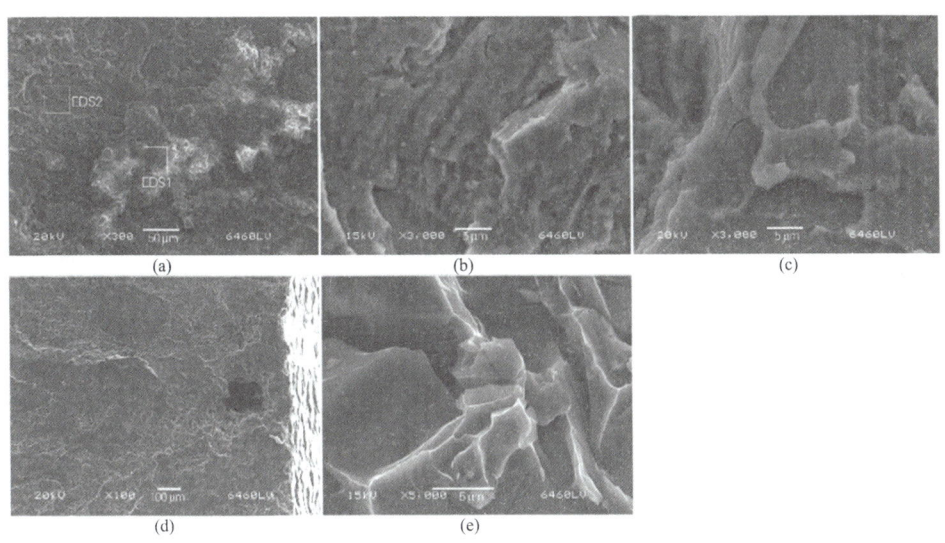

图 5-45 开裂齿轮箱的 SEM 照片

（5）结论

通过对齿轮箱开裂断口及人工折断断口进行微观观察分析及微区成分分析,齿轮箱开裂断口具有典型的疲劳断裂特征,疲劳源为铸造时产生的疏松空洞等缺陷以及在铸造过程中产生的脆性相组织,可以通过改进铸造工艺并加入适当合金元素来改善 ADC12 铸造铝合金齿轮箱的质量。

> 案例 3　　　　　汽车直线梁开裂失效分析

（1）背景资料

汽车悬架在整车中的作用非常重要,它可以缓冲由不平路面传给车架或车身的冲击力,减缓由此引起的震动,以保证汽车能平顺地行驶。直线梁是悬架系统的重要部件,主要是承受车身传递来的交变应力,多采用球墨铸铁 QT500-7 铸造而成,整体轮廓呈直线状,长度为 990 mm,整个工件的横截面中间部位较厚,从中间向两端逐渐变薄,横截面逐渐形成工字形。直线梁质量约为 60 kg,随整车行驶 3 500 km 时出现了开裂。

(2)宏观观察

断裂直线梁宏观形貌如图 5-46 所示,从图 5-46(d)可以看出,裂纹源位置所在的工件表面有较为明显的凹坑,主要是直线梁采用消失模铸造工艺,当高温的铁水遇到泡沫塑料时,瞬间会产生大量的气体,尽管大部分气体可以排到型腔以外,但总有部分气体残留,附着在型腔的内壁,在铸件的表面形成凹坑,这些凹坑会破坏工件表面的连续性,在受到外力作用时产生应力集中,降低疲劳寿命,造成工件早期的疲劳失效。

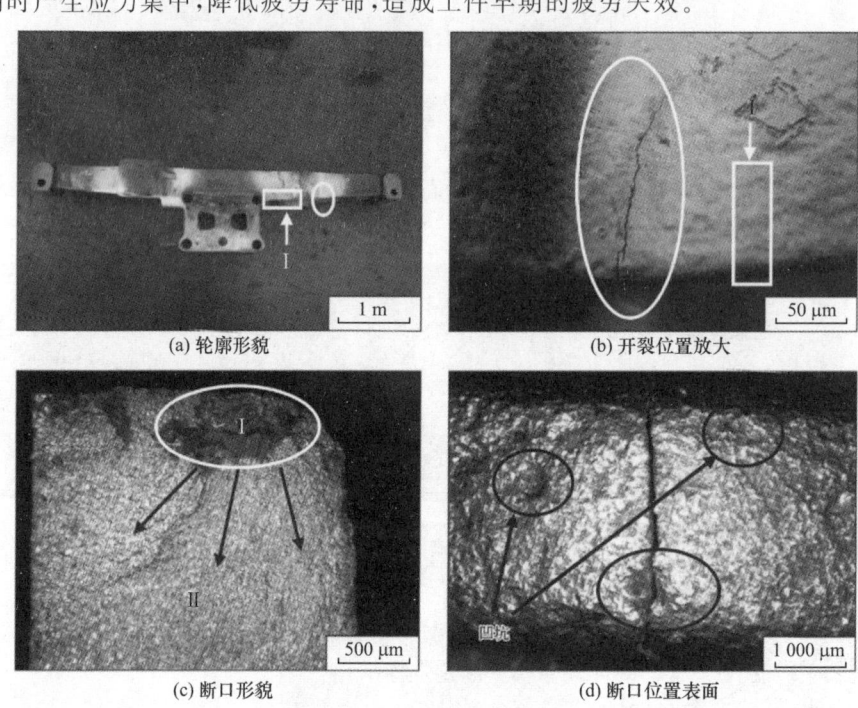

图 5-46　断裂直线梁的宏观形貌

(3)金相观察

图 5-47 所示为断裂直线梁不同位置的石墨形态和显微组织。正常球墨铸铁 QT500-7 的显微组织是铁素体+珠光体,球化率为 1～4 级。图 5-47(a)所示是断口附近心部未腐蚀的石墨形态,石墨球化率约为 90%,球化级别为 2 级。图 5-47(b)所示是直线梁中心厚大部位的表层石墨形态,可以看出表层是线状的 A 型石墨,没有完成球化,这种石墨形态不符合技术要求,容易割裂基体,造成表面的应力集中。图 5-47(c)所示是该区域浸蚀后的显微组织,为铁素体+珠光体,其晶粒度级别为 7 级。图 5-47(d)所示是该位置的显微组织照片,为铁素体+珠光体,晶粒度为 5 级。

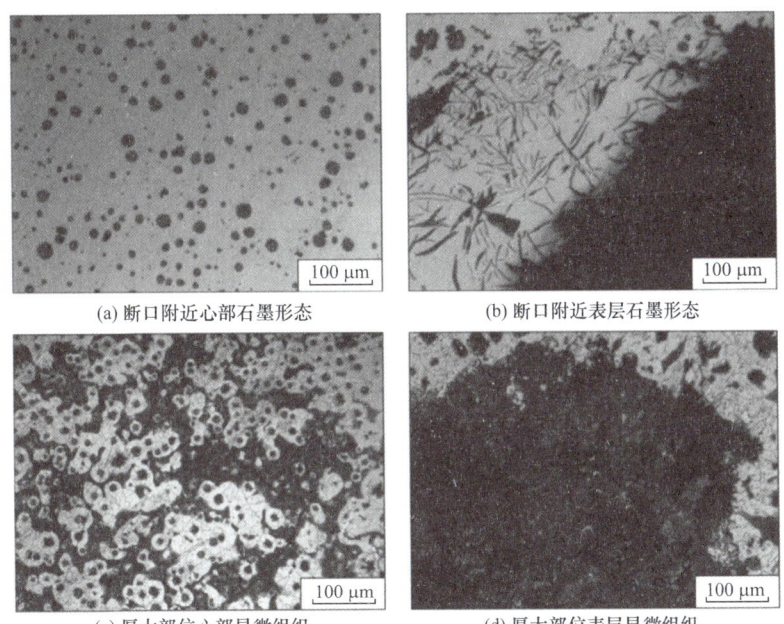

(a) 断口附近心部石墨形态　　　　　　　(b) 断口附近表层石墨形态

(c) 厚大部位心部显微组织　　　　　　　(d) 厚大部位表层显微组织

图 5-47　断裂直线梁不同位置的石墨形态和显微组织

（4）SEM 观察与 EDS 分析

图 5-48 所示为断裂直线梁断口微观形貌，其中图 5-48（a）是图 5-46（c）断口Ⅰ区直线梁的裂纹源部位的背散射电子像，图 5-48（b）是该区域的二次电子像。可以看出，裂纹源位于直线梁表面圆角的内侧，有明显的撕裂棱向外发散。裂纹源部位具有较深的衬度，该区域明显发暗。

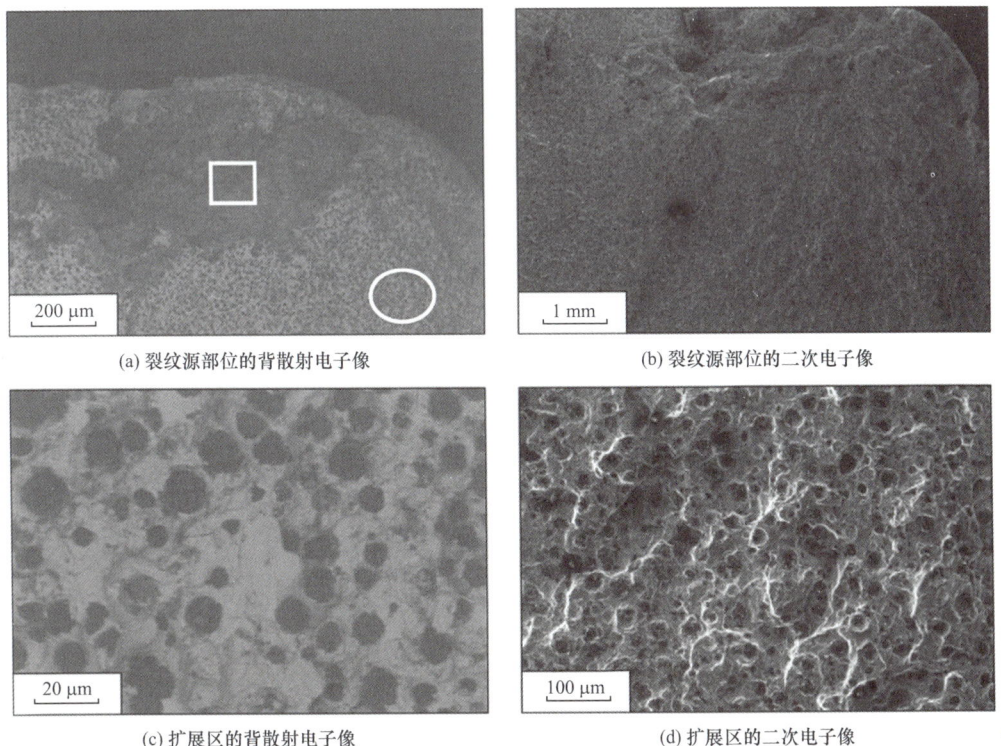

(a) 裂纹源部位的背散射电子像　　　　　　(b) 裂纹源部位的二次电子像

(c) 扩展区的背散射电子像　　　　　　　(d) 扩展区的二次电子像

图 5-48　断裂直线梁断口微观形貌

对断口进行 EDS 能谱分析,如图 5-49 所示。图 5-49(a)为裂纹源区的 EDS 能谱图,元素 C、O、Mg、Fe、Si、Ba 具有较高的衍射峰,各种元素含量见表 5-14,根据成分分析结果,判断可能是球化剂在基体中的残留物。图 5-48(a)中的椭圆区域,即裂纹扩展区位置的 EDS 能谱图如图 5-49(b)所示,只有 C、Si、Fe 3 种元素具有较高的衍射峰,各种元素含量见表 5-14,可见裂纹源区成分和裂纹扩展区的成分有很大不同。

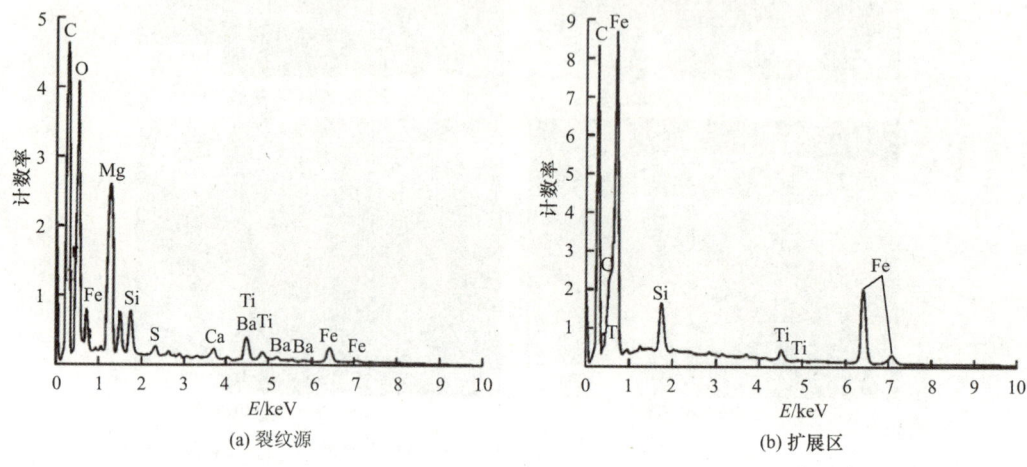

(a) 裂纹源　　　　　　　　　　　　　　(b) 扩展区

图 5-49　断裂直线梁裂纹源区和裂纹扩展区 EDS 能谱图

表 5-14　　　　　　　　　　**裂纹源区和裂纹扩展区 EDS 分析结果**

区域	元素含量(质量分数)/%									
	C	O	Mg	Al	Si	Ti	Fe	Ba	Ca	S
裂纹源区	28.97	17.38	7.93	1.64	2.17	2.74	21.77	14.98	1.68	0.73
裂纹扩展区	21.79	2.60	—	—	1.60	2.00	72	—	—	—

(5)结论

首先,直线梁裂纹源有较多 Mg、Ba 等元素的颗粒,可能是球化剂残留物,在受力过程中容易引起应力集中形成裂纹源,是早期开裂失效的主要原因;其次,直线梁消失模铸造过程中产生大量气体,在工件表面形成凹坑破坏表面连续性,是引起开裂的次要原因。

5.2.2　锻造缺陷与失效

锻造工艺不仅可保证机件达到所要求的形状和尺寸,而且对机件的强度、塑性和韧性都有影响,如果锻造工艺不当,会产生各种锻造缺陷,常见的有裂纹、折叠、过热和过烧等。

1. 裂纹

裂纹是锻造工艺常见的缺陷之一,其产生原因可能是材料内部存在冶金缺陷,如严重的疏松、偏析和夹杂物、残余缩孔和严重的网状或带状碳化物等,这些缺陷降低了材料的高温塑性,从而导致裂纹产生;也可能是由于锻造工艺不当或操作不当,如始锻温度太高或终锻温度太低、锻造变形量大于材料固有的变形能力,或锻后冷却不良等,都可能导致锻件开裂。

2. 折叠

折叠也是常见的锻造缺陷,常出现在锻件表面,它是由于坯料飞边和突出部位在锻造过程中压入,或锻模设计不良、锻造过程金属流动不合理造成的。锻坯和锻锤上的氧化皮或润滑剂等未消除干净,被锻造压入热金属也可能形成折叠。

3. 过热和过烧

锻造过程中,若控温和操作等因素超出了正常的加热温度,会使锻件组织出现过热和过烧,严重降低锻件的力学性能,二者的区别在于过热导致的晶粒粗大可以通过热处理或二次锻造消除,但过烧组织却无法补救。

(1)过热:锻件的过热组织主要是由于终锻温度过高或变形量不够造成的。如果终锻温度过高,而剩余变形量又小,引起的晶粒长大不能由剩余锻造对晶粒的破碎所抵消,则形成粗大晶粒的过热组织,使锻件的韧性降低。

(2)过烧:锻造加热温度过高,或在氧化性气氛中长时间保温,不仅导致奥氏体晶粒长大,而且氧分子渗透至晶界,使铁、硫等氧化成低熔点的氧化物共晶体,造成晶界早期熔化,降低了晶间结合力,使金属塑性变形能力下降,这种现象称为过烧,尤其是铝合金锻造温度范围窄,若炉温控制不好或不均匀,很容易形成过烧组织。

> **案例 1**　　　　　　　　　　**发动机连杆断裂失效分析**

(1)背景资料

连杆作为发动机动力输出的关键零部件之一,直接影响和决定了发动机的可靠性和耐久性。某型号发动机台架试验时出现连杆断裂,从宏观和微观的角度进行失效分析。

(2)宏观观察

图 5-50 为正常连杆和断裂连杆的宏观照片,目视连杆有三处断裂,连杆杆身发生明显弯曲扭转变形,上方螺栓断裂,下方螺栓未见断裂变形,螺栓啮合较好,无断齿、滑齿现象。连杆大小头均未发现发黑、发蓝等过热现象。

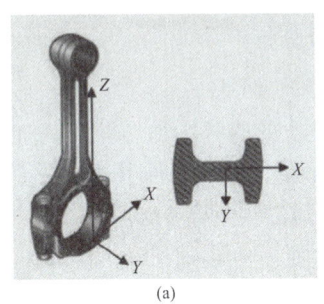　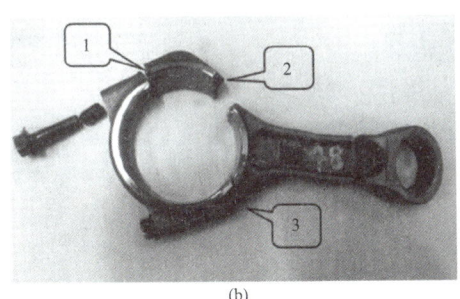

(a)　　　　　　　　　　　　　　　　(b)

图 5-50　连杆宏观形貌

图 5-51 为图 5-50(b)所示的连杆 3 个断裂区域断口的宏观形貌,1、2 号断口大部分边缘被破坏,无法观察断裂形貌,断口平坦,无明显塑性变形,部分位置光亮,部分较暗,判断为脆性断裂;3 号断口存在明显的圆弧状扩展的疲劳辉纹,判断为疲劳断裂。

(3)金相观察

图 5-52 是 3 号断口断裂源处的金相照片,发现连杆锻造分模面角部存在折叠缺陷,与表面存在一定倾角,深度约为 0.16 mm,缺陷左侧脱碳,右侧无脱碳,但右侧存在明显

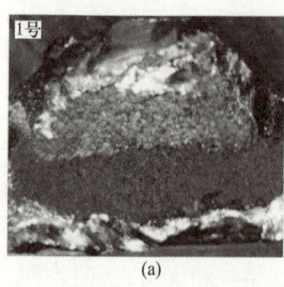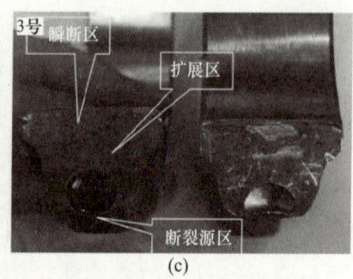

图 5-51　连杆断裂部位断口的宏观形貌

的组织变形[图 5-52(a)];分模面正面位置存在小的凹坑缺陷,周围组织变形[图 5-52(b)];连杆基体组织为铁素体＋珠光体,存在轻微组织变形,其他未见明显异常。

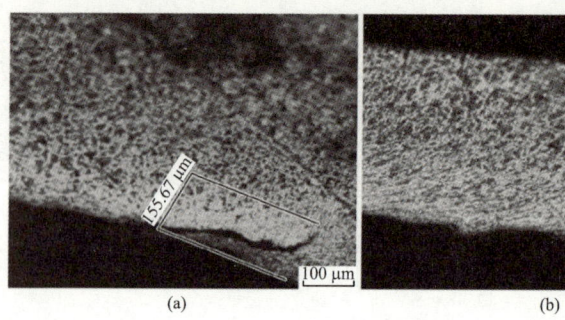

图 5-52　3 号断口断裂源微观形貌

(4)结论

连杆断裂失效主要是由于锻造折叠和凹坑造成的。依据分析结果推断,连杆锻造过程中在 3 号断口分模面存在锻造折叠缺陷,在可靠性试验中产生疲劳断裂。连杆 3 号部位发生开裂,引起整个工况不稳,振动增大,导致连杆在 1、2 号部位随之发生断裂。另外,连杆螺栓盲孔位置距表面不足 3 mm,可能导致强度不足,也是连杆疲劳断裂的原因之一。

▶ 案例 2　　　　　　　　　　　**柴油机连杆断裂失效分析**

(1)背景资料

在大功率柴油机中有并排装配的数 10 件相同批次的连杆零件,其中有一件在大头与杆身过渡处发生断裂损坏,其他所有零部件皆完好无损。随机拆取其中之一的连杆合格件(以下统称"A1 件")以及连杆故障件(包括收集到的残存部分碎块)(以下统称"A2件")进行失效分析,如图 5-53 所示。

(2)宏观观察

A2 件断裂后主要由大端断口和小端断口两大部分以及若干个小碎块组成,A2 件断口与碎块样品形貌如图 5-54 所示,其中,大端断口因挤压摩擦而严重变形[图 5-54(a)],局部有发蓝现象,少部分断口呈灰色;小端断口[图 5-54(b)]、小端断口 4 个碎块[图 5-54(c)]和小端断口翼板及工字中间部分碎块[图 5-54(d)]皆因挤压摩擦而严重变形,且局部出现发蓝现象,未见连杆疲劳损伤积累特征。

(3)化学成分测试

连杆材料为 34CrNiMo6 合金钢,对 A1 件和 A2 件进行化学成分测试,结果见表 5-15。由

图 5-53　柴油机连杆宏观照片

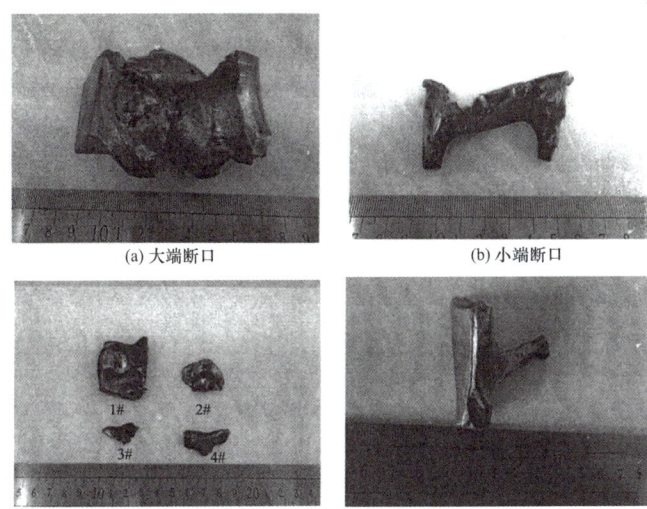

(a) 大端断口　　　　　　　　　(b) 小端断口

(c) 小端断口4个碎块　　　　　(d) 小端断口中间部分碎块

图 5-54　A2 件断口与碎块宏观形貌

表 5-15 可知,A1 件和 A2 件的化学成分相同或相近,均符合《合金结构钢》(GB/T 3077—2015)标准中 34CrNiMo6 的要求,同时,也可判断 A1 件和 A2 件所用原材料为同一批次。

表 5-15	连杆材料化学成分							
标准值参照	元素含量(质量分数)/%							
GB/T 3077—2015	C	Si	Mn	S	P	Cr	Ni	Mo	Cu
A1	0.321	0.251	0.515	0.006	0.007	1.540	1.510	0.212	0.153
A2	0.321	0.250	0.514	0.005	0.006	1.540	1.500	0.212	0.153
34CrNiMo6 标准值	0.30~0.38	0.15~0.40	0.40~0.70	≤0.030	≤0.030	1.40~1.70	1.40~1.70	0.15~0.30	≤0.20

（4）金相观察

对 A1、A2 件的非金属夹杂物、晶粒度、金相组织以及低倍组织形貌进行了观察与评定,如图 5-55 所示,评定结果见表 5-16,均符合连杆技术要求。

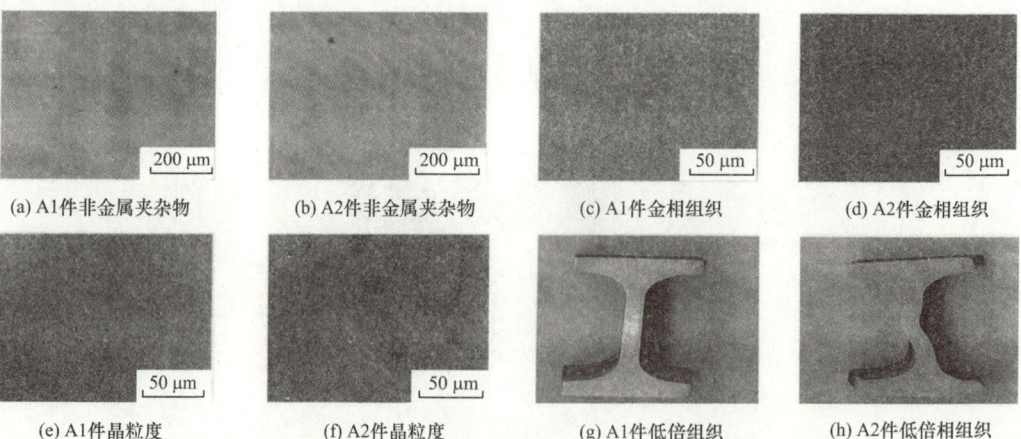

(a) A1件非金属夹杂物　　(b) A2件非金属夹杂物　　(c) A1件金相组织　　(d) A2件金相组织

(e) A1件晶粒度　　(f) A2件晶粒度　　(g) A1件低倍组织　　(h) A2件低倍相组织

图 5-55　A1 件和 A2 件非金属夹杂物、金相组织、晶粒度与低倍组织形貌

表 5-16　非金属夹杂物、金相组织和晶粒度评定结果

部件	非金属夹杂物种类与级别					金相组织	晶粒度
	A	B	C	D	DS		
A1 件	1.0	0	0	1.0	1.0	回火索氏体	11 级
A2 件	0	0	0	0.5	0.5	回火索氏体	11 级
技术要求						回火索氏体	≥5 级

（5）端口微观分析

A2 件大端断口低倍形貌与韧窝高倍形貌如图 5-56 所示，由图可知，多数区域呈现挤压摩擦特征，少数呈现韧性过载断裂特征[图 5-56（c）、图 5-56（d）]。A2 件小端断口

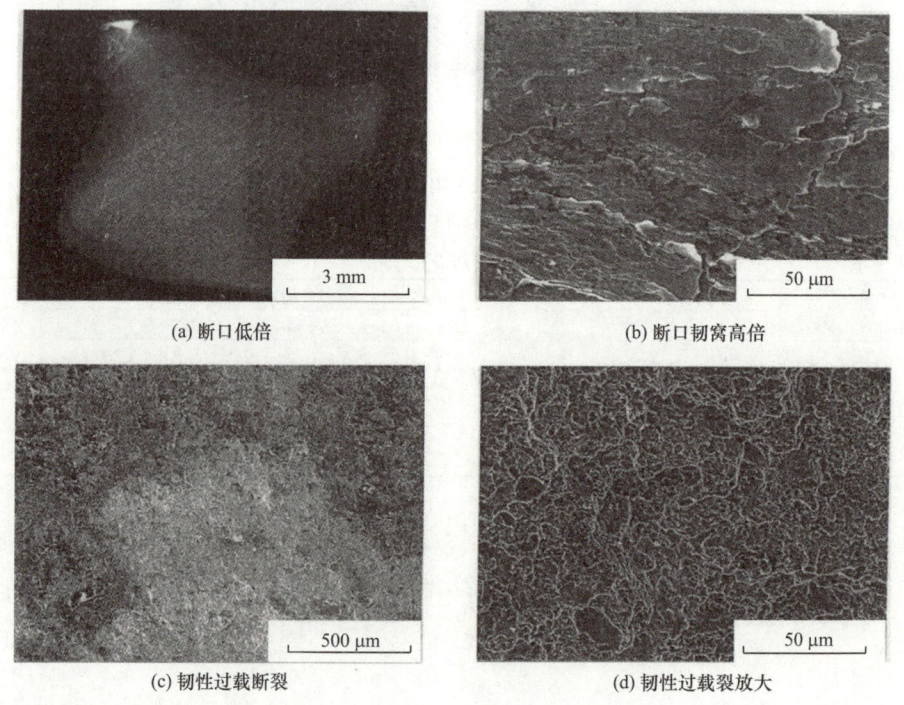

(a) 断口低倍

(b) 断口韧窝高倍

(c) 韧性过载断裂

(d) 韧性过载裂放大

图 5-56　A2 件大端断口低倍与韧窝高倍形貌

低倍与韧窝高倍形貌如图 5-57 所示,由图可知,A2 件小端断口多数区域呈现挤压摩擦特征[图 5-57(b)],边缘区域呈现韧性韧窝特征[图 5-57(d)]。图 5-54(d)样件工字梁中心部分断口低倍与疲劳条纹形貌如图 5-58 所示,由图可知,工字梁中心部分断口有明显的疲劳条纹和二次裂纹。

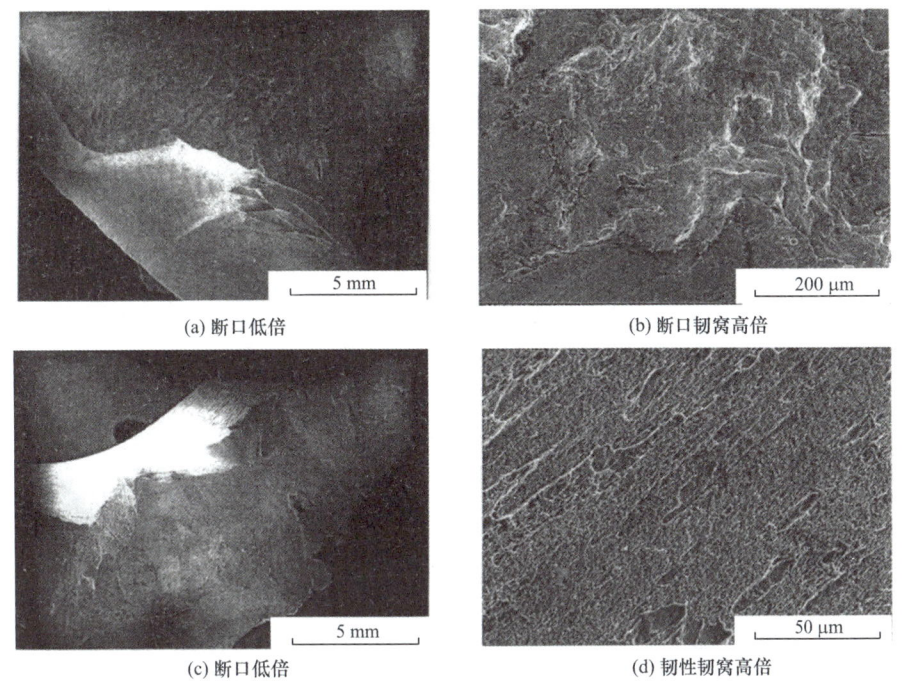

(a) 断口低倍   (b) 断口韧窝高倍

(c) 断口低倍   (d) 韧性韧窝高倍

图 5-57　A2 件小端断口低倍与韧窝高倍形貌

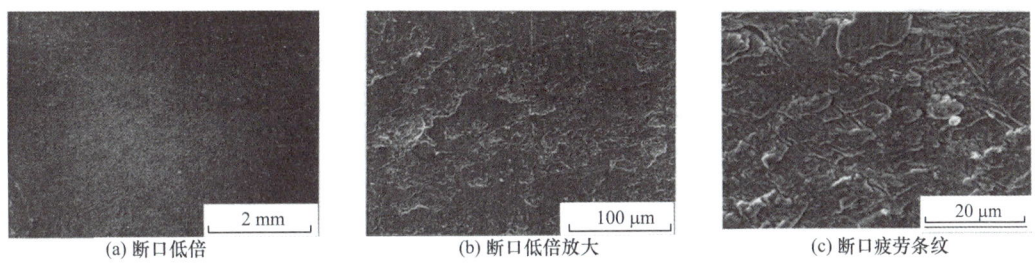

(a) 断口低倍   (b) 断口低倍放大   (c) 断口疲劳条纹

图 5-58　图 5-54(d)中样件工字梁中心部分断口低倍与疲劳条纹形貌

图 5-54(d)样件翼板右侧断口低倍与疲劳条纹形貌如图 5-59 所示,由图可知,样件翼板右侧断口有明显的疲劳条纹和二次裂纹。翼板左侧断口低倍与高倍形貌如图 5-60 所示,由图可知,连杆短边杆身翼板棱边有明显挤压摩擦特征,除少数断口表面呈现大面积的疲劳断裂特征外,其他断口均呈挤压摩擦特征、韧窝或剪切韧窝特征,断口裂纹起源于杆身靠近翼板的棱边,整个断口疲劳扩展充分,呈现低应力高周疲劳断裂特征。

将图 5-54(d)样件断口从裂纹源附近沿裂纹扩展方向垂直剖开,杆身短边翼板棱边裂纹源区侧面的低倍与高倍形貌如图 5-61 所示,由图可知,连杆裂纹源损伤积累断口区域具有明显挤压摩擦特征以及氧化特征。

裂纹源区氧化、脱碳、流线变形和小折叠缺陷形貌如图 5-62 所示,由图可知,翼板棱

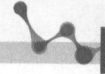

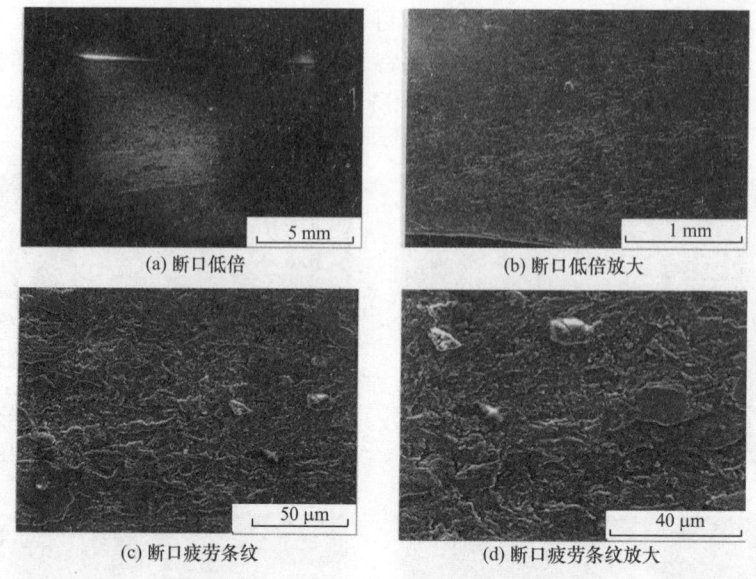

(a) 断口低倍   5 mm   (b) 断口低倍放大   1 mm

(c) 断口疲劳条纹   50 μm   (d) 断口疲劳条纹放大   40 μm

图 5-59　图 5-54(d)样件翼板右侧断口低倍与疲劳条纹形貌

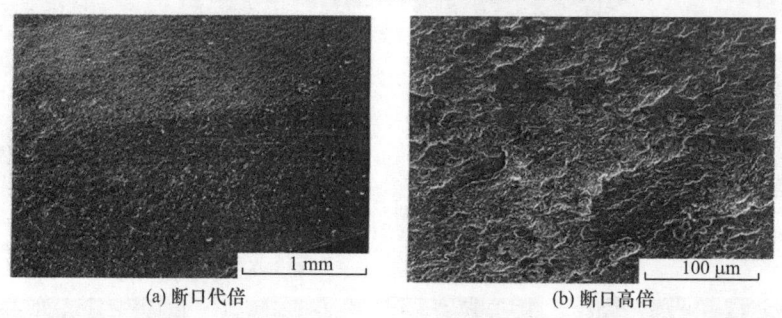

(a) 断口代倍   1 mm   (b) 断口高倍   100 μm

图 5-60　图 5-54(d)样件翼板左侧断口低倍与高倍形貌

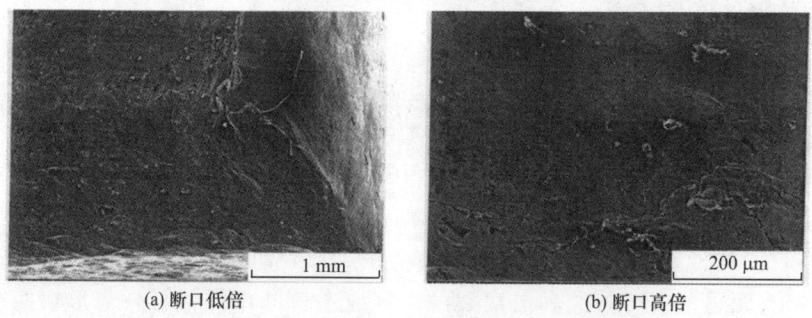

(a) 断口低倍   1 mm   (b) 断口高倍   200 μm

图 5-61　翼板棱边裂纹源区侧面低倍与高倍形貌

边裂纹源除了靠近杆身表面区域有挤压摩擦痕迹[图 5-62(a)]外,还在其断面向内约有 3 mm 氧化层[图 5-62(b)]、脱碳层[图 5-62(b)和图 5-62(c)]和金属流线变形特征,此外,平行于断口下部约 1.5 mm 区域内有多个平行于断口的折叠缺陷[图 5-62(d)至图 5-62(f)],可以确定连杆的断裂是由于疲劳损伤造成的,裂纹起源于折叠缺陷。

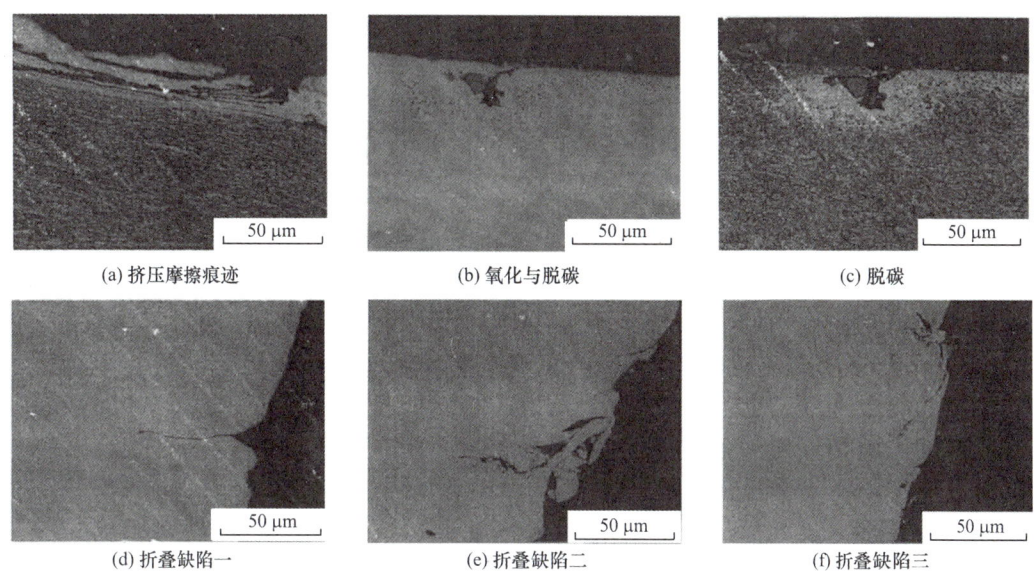

(a) 挤压摩擦痕迹   (b) 氧化与脱碳   (c) 脱碳

(d) 折叠缺陷一   (e) 折叠缺陷二   (f) 折叠缺陷三

图 5-62 裂纹源区氧化、脱碳、金属流线变形和折叠缺陷形貌

（6）力学性能测试

测试了 A1 件和 A2 件的力学性能指标，见表 5-17，由表可知，两者的力学性能基本相同，均符合技术标准要求。

表 5-17   连杆力学性能指标

部件	$R_{\text{P0.2}}$/MPa	R_{m}/MPa	A_5/%	Z/%	KU/J(平均值)	HRC(平均值)
A1 件	998	1 103	19.5	67	128	36.3
A2 件	993	1 100	20.0	68	131	36.2
技术要求	≥830	980～1 127	≥12	≥52	≥30	34～41

（7）结论

A1 件和 A2 件的化学成分、力学性能（包括硬度）、低倍组织、夹杂物、晶粒度、金相组织、残余应力等均符合连杆技术要求，且关键特性指标相近或相同。A2 件下翼板侧棱角处存在折叠缺陷，裂纹在折叠处萌生，在交变应力作用下沿翼板及垂直杆身方向扩展并穿透大部分杆身，整个断口的疲劳扩展充分，最终导致连杆发生低应力高周疲劳断裂，是典型的锻造缺陷造成的失效。

5.2.3 热处理缺陷与失效

热处理是使机件获得预期的显微组织和力学性能的重要手段，最基本的热处理工艺有淬火、正火、退火和回火，此外还有渗碳、渗氮、渗硼、碳氮共渗等化学热处理工艺，如果热处理工艺控制不当，就会形成各种热处理缺陷，常见的有淬火裂纹、氧化、脱碳、渗碳和碳氮共渗缺陷、渗氮缺陷等。

1. 淬火裂纹

机件在热处理过程中不可避免地产生内应力,尤其以淬火时产生的内应力最大,因此淬火过程最容易形成裂纹。常见的淬火裂纹有纵向裂纹、横向裂纹、网状裂纹和剥离裂纹。导致淬火裂纹产生的原因有多种,主要包括:

(1)原始组织不良:若机件原始化学成分不合格,组织不均匀,如晶粒粗大或偏析严重,则淬火时易形成裂纹。

(2)淬火温度不当:淬火温度偏高,或实际碳含量偏高,易造成机件过热和晶粒长大,增加了内应力,则淬火时易形成裂纹。

(3)淬火冷却不当:若机件结构复杂,截面尺寸变化较大,如冷却速度过快,则会在尺寸较小的部位形成应力集中导致裂纹产生。

(4)回火不及时:淬火后的机件存在很大的内应力,如果回火不及时,将可能因淬火残余应力导致裂纹产生。

2. 氧化和脱碳

大多数情况下,机件表面的氧化和脱碳是同时发生的。氧化除了使机件的力学性能下降外,氧化皮还可能成为淬火软点和开裂的根源。而脱碳会降低机件的硬度、耐磨性能和抗疲劳性能,容易导致机件的早期失效。

3. 渗碳和碳氮共渗缺陷

这种缺陷主要包括:

(1)表层碳化物过多,呈大块或网状分布,导致机件表面脆性增加,疲劳强度下降,服役过程发生崩裂损坏。

(2)马氏体粗大,残余奥氏体过多,导致机件的硬度和力学性能下降。

(3)渗碳或碳氮共渗气氛中的氧沿奥氏体边界扩散,并和与氧有较大亲和力的元素形成金属氧化物,导致内氧化,造成基体氧含量下降,淬透性变差,出现非马氏体组织,表面硬度明显下降。

(4)碳氮共渗后在机件表层出现黑色点状、呈不连续分布的黑色组织,主要由大小不等、数量众多的孔洞组成,显著降低机件的表面硬度、弯曲和接触疲劳强度。

4. 渗氮缺陷

这种缺陷主要包括:

(1)渗氮前原始组织中铁素体过多,回火索氏体组织粗大,不仅降低心部的力学性能,渗氮时氮化物还会优先沿晶扩展形成网状,使渗氮层脆性增加。

(2)渗氮前调质处理不当,组织中有大块铁素体,或表面严重脱碳,导致渗氮时形成针状组织,使渗氮层脆性增加,极易剥落。

(3)若渗氮温度过高,氨气含水量过多,调质回火温度过高造成晶粒粗大,可能导致在机件尖角处形成网状和脉状氮化物,使渗氮层脆性增加,耐磨性和疲劳强度下降。

> **案例 1**   **汽车前轴用 40Cr 钢锻件开裂失效分析**

(1)背景资料

汽车前轴锻件是汽车前桥组成的安保构件,生产过程中需要经过热处理调质提高材料的性能,产品的质量直接影响汽车的服役寿命及人身安全。某厂家生产的工艺流程为下料→加热→模锻成型→淬火→高温回火→喷丸→探伤检查,经上述工艺制造的汽车前轴经磁粉检测发现有裂纹产生,造成大批量的产品报废,造成巨大的经济损失。

(2)化学成分测试

在汽车前轴带裂纹锻件的不同位置进行取样,研磨除去表面杂质后进行化学成分测试。取样位置如图 5-63 所示,测试结果见表 5-18。由表 5-16 可知,虽然各元素含量符合《合金结构钢》(GB/T 3077—2015)的要求,但与其他部位相比,裂纹处(位置①)C 含量和Cr 含量偏高,导致该处的淬透性偏高,产生的内应力增大,会造成零件变形,甚至淬火开裂。

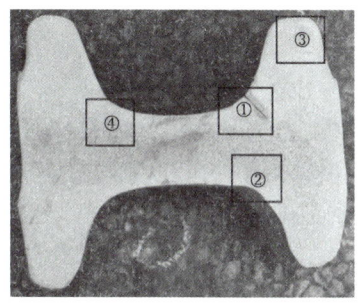

图 5-63 前轴锻件化学成分测试取样位置

表 5-18 前轴锻件化学成分测试结果

标准值参照 GB/T 3077—2015	元素含量(质量分数)/%								
位置	C	Si	Mn	P	S	Cr	Mo	Cu	Ni
①	0.43	0.27	0.78	0.011	0.005	1.07	0.026	0.05	0.028
②	0.42	0.24	0.74	0.011	0.002	0.93	0.007	0.04	0.023
③	0.41	0.27	0.73	0.009	0.002	0.94	0.006	0.03	0.02
④	0.4	0.28	0.75	0.012	0.003	0.97	0.006	0.03	0.02
标准值	0.37～0.44	0.17～0.37	0.50～0.80	≤0.020	≤0.020	0.80～1.10	≤0.10	≤0.25	≤0.30

(3)金相观察

截取裂纹位置制成金相试样,通过研磨抛光进行显微组织观察,如图 5-64 所示。可以看出,非金属夹杂物级别为 0.5 级和 1 级,裂纹端部没有大颗粒状的金属夹杂物,裂纹中部周围没有发现异常夹杂物分布。从裂纹的形貌上看裂纹头部呈弯曲状,之后向内延伸,中部裂纹平直,尾部裂纹没有分叉及转折,整体裂纹并无脱碳迹象,判断该裂纹为淬火裂纹。观察表面脱碳层深度发现,表面脱碳层略深,达到 105 μm。

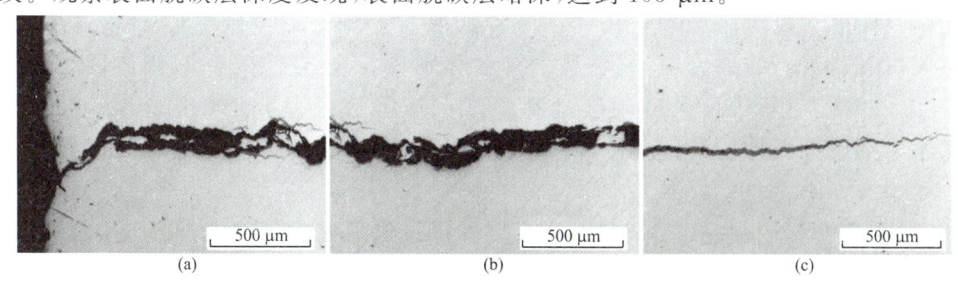

图 5-64 裂纹部位微观形貌

图 5-65 为裂纹部位的显微组织,由图可以明显看到裂纹端部处有凹坑,裂纹两侧并无明显脱碳现象,裂纹两侧的显微组织为正常的回火索氏体。

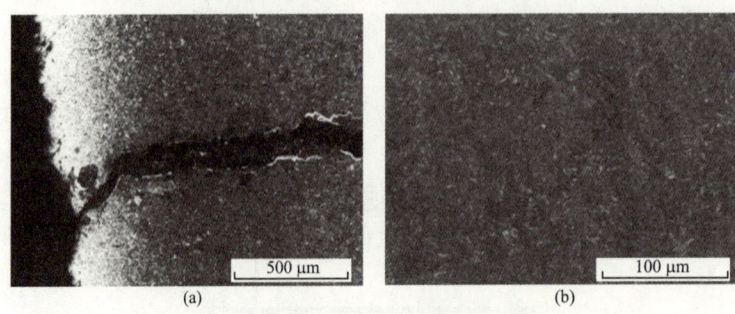

图 5-65　裂纹部位显微组织

(4)结论

汽车前轴用 40Cr 钢锻件裂纹为淬火裂纹,造成淬火裂纹的主要原因是应力集中部位 R 角处的元素偏析导致淬透性偏高,锻造过程中形成表面缺陷,使得淬火冷却时产生的内应力超过材料的强度,造成工件失效。通过增大 R 角半径、控制原材料的成分偏析以及调整锻造工艺等措施,能够减小汽车前轴用 40Cr 钢锻件热处理后淬火开裂的风险。

> **案例 2**　**18CrNiMo7-6 钢齿轮热处理后开裂失效分析**

(1)背景资料

一齿轮生产企业从某特钢厂采购了一批齿轮锻饼,材质为 18CrNiMo7-6 钢。将锻饼生产加工成风电用齿轮后,再对其进行淬火和低温回火,并在探伤合格后放入库房。热处理共分 3 个炉次,均在 860±10 ℃淬火 2 h,而后进行低温回火,即 160~210 ℃保温至少 2 h,再空冷至室温。齿轮在库房存放一段时间后,3 炉次 5 件齿轮发生开裂。选取同一炉次,规格为 Φ776 mm×Φ270 mm×220 mm 的开裂和未开裂齿轮各 1 件进行失效分析。

(2)宏观观察

齿轮宏观断口形貌如图 5-66 所示,断口上没有明显塑性变形,除了在靠近内侧面边缘有拉边剪切形变带外,断口相对平齐,属于脆性断裂。

(3)金相观察

分别从开裂齿轮断口附近和完好齿轮键槽附近取样观察其金相组织,如图 5-67 所示,由图中可以看到有明显的带状组织。开裂齿轮组织为回火马氏体＋回火索氏体＋少量贝氏体,马氏体和索氏体呈区域性偏聚分布,组织分布不均匀。在开裂齿轮金相试样上马氏体区域和索氏体区域各选取 3 个点测试显微硬度 $HV_{0.05}$,载荷砝码 50 g,保载 10 s,结果表明,马氏体区硬度分别为 540、527、536,索氏体区硬度分别为 362、422、377,马氏体区域硬度远高于索氏体区域。完好齿轮组织均匀,为回火索氏体＋少量贝氏体。

(4)化学成分测试

分别从开裂齿轮和完好齿轮键槽附近取样进行化学成分测试,结果见表 5-19。由表可知,开裂齿轮和完好齿轮的化学成分虽然均符合"Case hardening steels—Technical de-

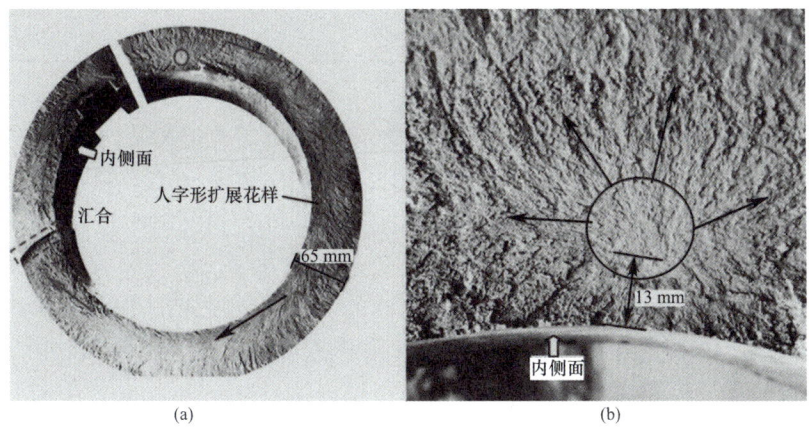

图 5-66　断裂齿轮宏观形貌

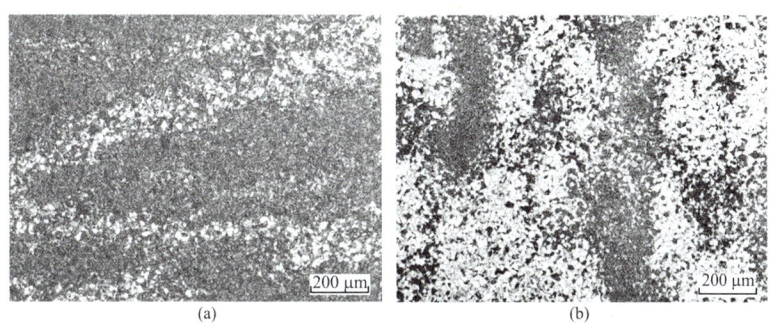

图 5-67　金相组织

livery conditions"(BS EN 10084:2008)标准的规定,但开裂齿轮的 C 和主要合金元素 Si、Mn、Cr、Mo、Ni 等含量均高于完好齿轮,其中 Cr 含量接近标准要求范围的上限。开裂齿轮 C 和合金元素含量均较高,从而提高了齿轮的淬硬性和淬透性,这是齿轮开裂的主要原因。

表 5-19　齿轮材料的化学成分

标准值参照 BS EN 10084—2008	元素含量(质量分数)/%								
	C	Si	Mn	P	S	Cr	Mo	Ni	H
开裂齿轮	0.19	0.26	0.6	0.012	0.0043	1.79	0.28	1.59	0.000 13
完好齿轮	0.16	0.24	0.55	0.009 4	0.004 4	1.69	0.25	1.58	0.000 16
标准值	0.15~0.21	≤0.40	0.50~0.90	≤0.025	≤0.035	1.50~1.80	0.25~0.35	1.40~1.70	—

(5)结论

开裂齿轮的 C 和主要合金元素 Si、Mn、Cr、Mo、Ni 等含量均高于完好齿轮,导致其淬透性过高,超出了"Case hardening steels—Technical delivery conditions"(BS EN 10084:2008)标准的规定,是齿轮开裂的根本原因。通过调整淬火介质,降低淬火时高温区冷速,从而降低淬回火后齿轮的强度和硬度,可有效避免开裂。

5.2.4　焊接缺陷与失效

金属构件与装备中存在大量焊接结构,焊缝质量的好坏直接关系到装备的正常运行。焊接构件在施焊过程及后续处理过程中会产生各种缺陷,常见的有焊接裂纹、未熔合、未焊透、咬边、夹渣、气孔等。

1. 焊接裂纹

焊接过程中可能产生各种裂纹,有时在焊缝内,有时在热影响区内。裂纹的存在破坏了基体的连续性,降低了基体强度并在裂纹尖端产生应力集中,促使焊接件产生脆性断裂,是危害性最大的焊接缺陷。焊接裂纹大体上可分为三类:

(1)热裂纹:是在高温下(固相线温度附近)产生的,而且都是沿奥氏体晶界开裂,在杂质较多的碳钢、低中合金钢、奥氏体钢、镍基合金、铝合金中均会产生。

(2)再热裂纹:是焊接件在重新加热时(如焊后 $500 \sim 700$ ℃去应力退火过程)在焊缝或热影响区产生的沿晶裂纹,因此也称去应力裂纹,在低合金结构钢、奥氏体不锈钢、镍基高温合金中均会产生。

(3)冷裂纹:是在较低的温度(大约在钢的马氏体转变温度)下产生的,由于拘束应力、淬硬组织和氢的作用,在焊接接头产生的沿晶或穿晶裂纹。

2. 未熔合

未熔合是指焊缝金属与母材金属或焊缝金属之间未熔化结合在一起的缺陷,其形成原因包括焊接电流过小、焊接速度过快、焊接角度不对、产生弧偏吹现象、母材表面有污物或氧化皮等。未熔合使焊接件截面承载面积明显减小并产生较大应力集中,其危害性仅次于裂纹。

3. 未焊透

未焊透是指母材金属之间没有熔化,焊缝金属没有进入接头部位的根部造成的缺陷,产生原因包括焊接电流过小、焊接速度过快、坡口角度太小、根部钝边太厚、间隙太小、焊条角度不当、电弧太长等。未焊透降低了焊缝强度,容易形成延伸裂纹。

4. 咬边

咬边是指在焊接过程中由于熔敷金属未完全覆盖在母材的已熔化部分,从而沿焊缝母材部位产生的沟槽或凹陷,其形成原因包括焊接参数选择不当或焊接方法不当,如焊接电流太大、电弧过长、运条方式和角度不当等,在坡口两侧停留时间太短或太长都有产生咬边的可能。咬边减小了母材有效承载面积,易形成应力集中。

5. 夹渣

夹渣是指焊缝金属中残留的外来固体物质,或焊接后残留在焊缝中的金属颗粒,其形成原因包括焊接电流太小或太大、焊接速度太快、运条不正确、层间清渣不彻底、钨极直径太小、氩气保护不良或钨极烧损等。夹渣减小基体金属有效截面,并在尖角处引起应力集中。

6. 气孔

气孔是焊接时熔池中气体在凝固时未能逸出而残留下来的空穴,其形成原因包括基体金属或添料中有锈、油等未清理干净、焊条及溶剂等没有充分烘干、电弧能量过小或焊接速度过快、焊缝金属脱氧不足等。气孔减小焊接金属的有效截面,使强度降低,但危害比裂纹和未焊透相比要小,因此相关标准中一般允许限量存在。

案例 1 汽油加氢装置反应器出口管线焊缝开裂失效分析

(1)背景资料

某石化公司 20 万吨汽油加氢装置反应器出口管线焊接施工完毕后进行了水蒸气试压和 N_2、H_2 气密、预浸润进油及硫化处理,几天之后发现反应器出口管线处焊缝发生泄漏。该反应器弯头及直管材质均为 1Cr5Mo 钢,直管、弯头管材尺寸为 $\Phi 219 \ mm \times 10 \ mm$,焊肉的硬度为 209HB,焊接等级为 2 级。

(2)宏观观察

开裂焊缝的宏观形貌如图 5-68 所示,可以看到裂纹处于焊缝外表面的焊肉上,裂纹长度约为 70 mm,裂纹前端有一个收弧不饱满的弧坑[图 5-68(b)]。

开裂焊缝切开后侧面的宏观形貌如图 5-68(c)所示,可以看到裂纹已穿透管壁,裂纹起源于焊缝弯头一侧的焊趾趾根。检查还发现弯管与直管对焊时尺寸偏差量为 1.5～2 mm,弯管向外错动最大量为 2 mm。

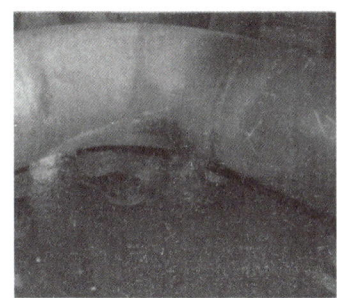 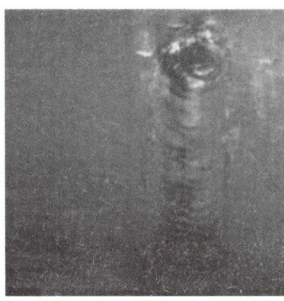 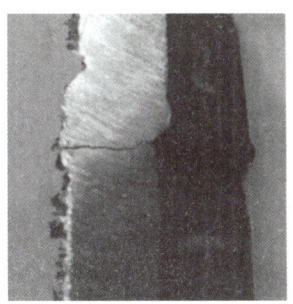

(a) 开裂焊缝的宏观形貌　　(b) 开裂焊缝裂纹　　(c) 切开后焊缝侧面

图 5-68　开裂焊缝宏观形貌

(3)化学成分测试

测试了直管和弯头的化学成分,结果见表 5-20,可以看出,发生开裂管段的化学成分符合《石油裂化用无缝钢管》(GB/T 9948—2013)标准的要求。

表 5-20　　　　　　　直管和弯头的化学成分测试结果

标准值参照 GB/T 9948—2013	元素含量(质量分数)/%							
	C	Ni	Mn	Si	Cr	Mo	P	S
直管	0.12	0.23	0.38	0.32	5.13	0.58	0.020	0.020
弯头	0.10	0.13	0.36	0.34	5.34	0.55	0.020	0.020
标准值	≤0.15	≤0.60	≤0.60	≤0.50	4.0～6.0	0.55～0.60	≤0.035	≤0.03

(4)硬度测试

在如图 5-69 所示的两个部位测试了硬度,点①的平均硬度为 329HB,点②的平均硬度为 354HB,均远高于施工单位提供的 209HB,推测该焊缝可能未经焊后热处理或热处理不充分。

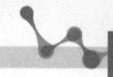

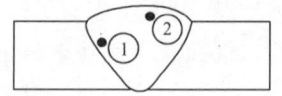

图 5-69　硬度测试部位

（5）金相观察

直管和弯头的显微组织如图 5-70 所示，均为铁素体＋珠光体，组织状态正常。

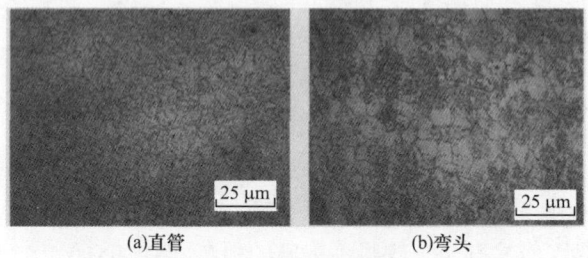

(a)直管　　　　　　　　　(b)弯头

图 5-70　直管和弯头的显微组织

图 5-71 为焊缝裂纹的微观形貌，可以看到裂纹起源于焊缝内表面焊趾，并呈树枝状穿过焊肉向焊缝外表面扩展，主裂纹边缘还分布有大量微裂纹。

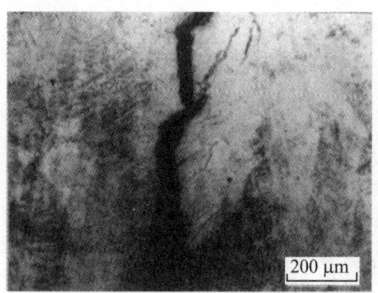

图 5-71　焊接裂纹微观形貌

图 5-72 为焊缝焊肉中的焊接缺陷，主要是球状和连接成带状的气孔，在缺陷端头及边缘区还分布有许多微裂纹，并且这些缺陷和微裂纹均分布在焊肉内部，呈封闭状态，但缺陷及裂纹内无夹杂等其他产物，焊肉中缺陷及微裂纹区域材料的基体组织均为脆性的马氏体类型组织。

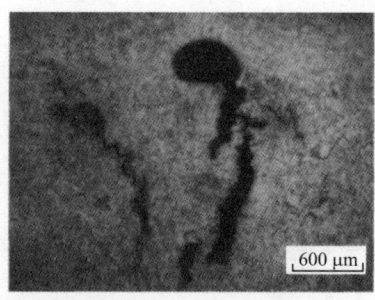

图 5-72　焊接焊肉中的焊接缺陷

图 5-73 为不同部位的显微组织，可以看出无论是焊肉、热影响区还是熔合区，材料的组织均为马氏体类型组织。

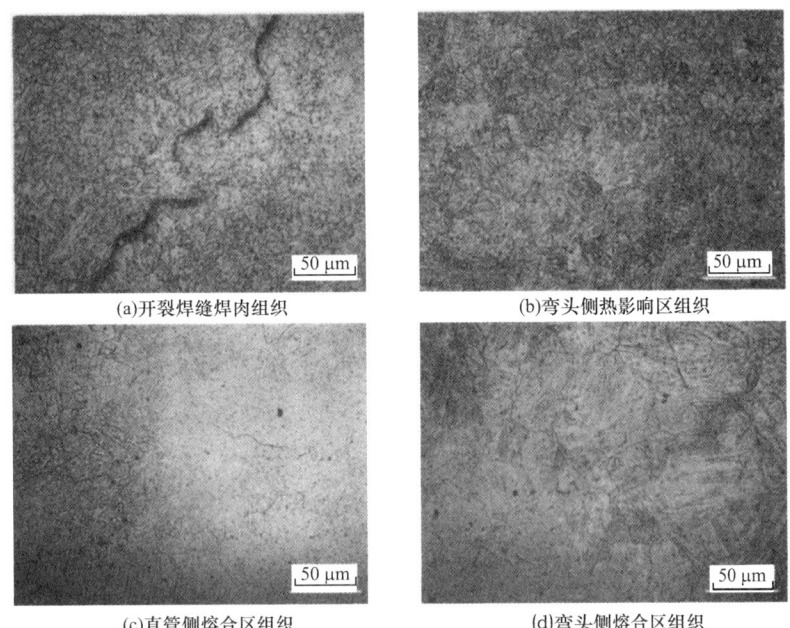

(a)开裂焊缝焊肉组织

(b)弯头侧热影响区组织

(c)直管侧熔合区组织

(d)弯头侧熔合区组织

图 5-73 不同部位显微组织

图 5-74 为焊缝断口低倍形貌和焊肉中部断口 SEM 照片,可以看到断口为明显的脆性断口。

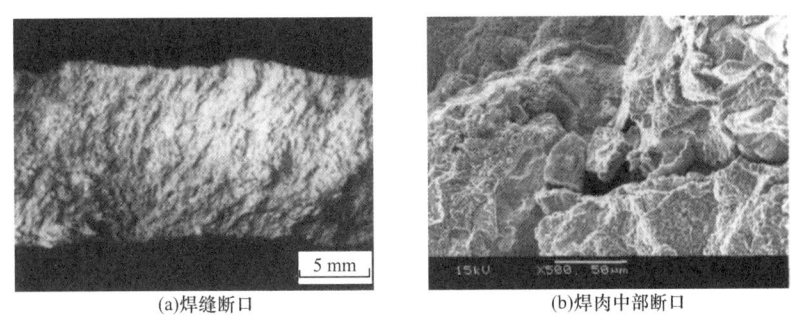

(a)焊缝断口

(b)焊肉中部断口

图 5-74 焊缝断口和焊肉中部断口形貌

(6)结论

失效分析表明焊缝中有一条穿透主裂纹,焊缝泄漏由此主裂纹引起。主裂纹起源于焊缝弯头一侧内表面焊趾的趾根,呈树枝状形态以穿晶路径穿过焊肉一直向焊缝外表面扩展并形成穿透裂纹。焊缝的直管与弯管在对焊连接时出现了弯管向外 1.5~2 mm 的错位,错位量超出了相关标准的规定。在远离泄漏主裂纹区的焊缝焊肉中还存在严重的焊接缺陷及微裂纹,焊接缺陷为球形和带状气孔,该焊接缺陷的存在应与施焊工艺有关。焊缝的焊肉、熔合区、热影响区材料组织均为脆性的马氏体类组织,焊缝区硬度为 329~354HB,由组织及硬度推测,焊缝开裂是由于焊后热处理不充分引起的。

> **案例 2** 超超临界机组 TP347H/T91 异种钢焊接接头失效分析

（1）背景资料

某超超临界机组屏式过热器异种钢焊接接头的材质为 TP347H/T91，接头为非等厚焊接，规格为 Φ60 mm×9 mm/Φ60 mm×8 mm，累计运行 29 800 h 后发生断裂。

（2）宏观观察

图 5-75 为断裂接头的宏观形貌，开裂位置位于 T91 钢侧熔合线上，断口可见光滑的凹凸状，符合焊缝熔合面特征，开裂为沿熔合线扩展的断裂。

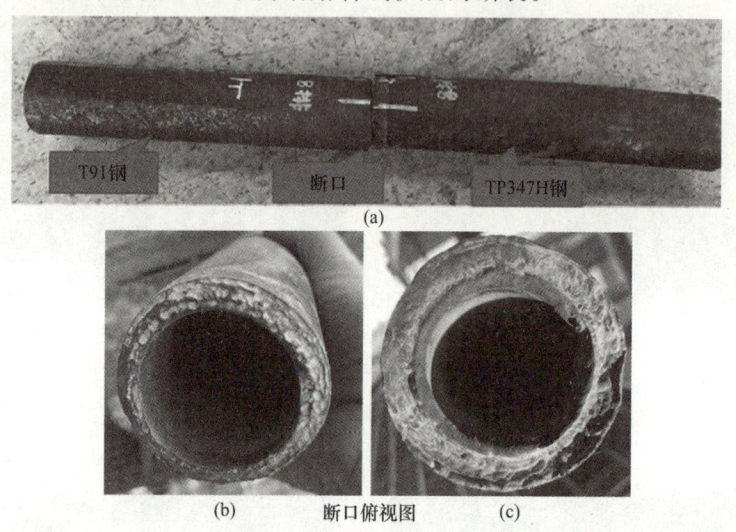

图 5-75　断裂接头宏观形貌

（3）金相观察

对断裂接头断口与新制造接头进行金相取样，取样部位为焊缝处及 T91 钢侧母材，取样方向为管段纵向，经镶嵌、磨光、抛光后金相观察，如图 5-76 所示。

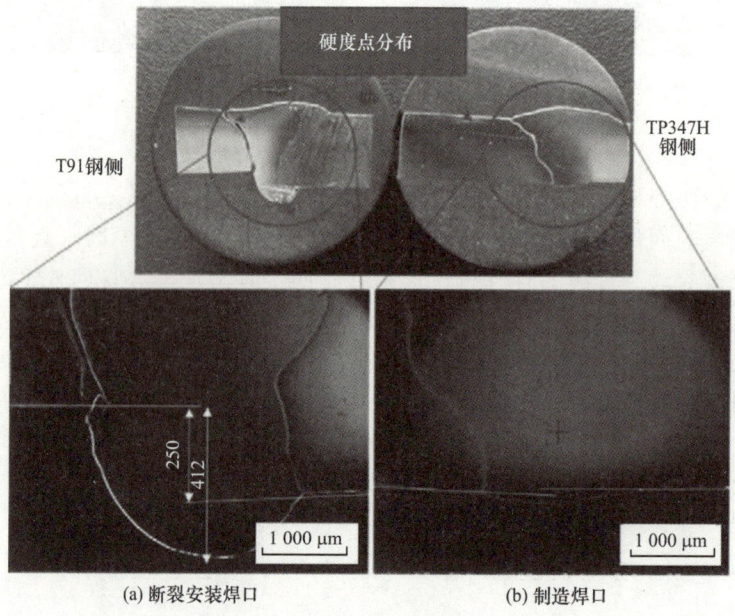

图 5-76　接头处内壁错口及焊瘤形貌

该异种钢接头为非等厚焊接,在断裂安装焊口上可见明显 TP347H 钢侧厚度大于 T91 钢侧厚度,说明该焊口未进行削薄处理。此外,从内壁观察,实际测得其内壁错口达 2.50 mm,焊瘤尺寸达 4.12 mm,焊缝焊瘤及错口均超出《火力发电厂焊接技术规程》 (DL/T 869—2021)标准的要求。

断口接头焊缝两侧热影响区及母材组织形貌分别如图 5-77 和图 5-78 所示,热影响区未见淬硬马氏体组织,焊缝未见微裂纹。TP347H 钢侧母材组织为奥氏体,T91 钢侧母材组织为回火马氏体。

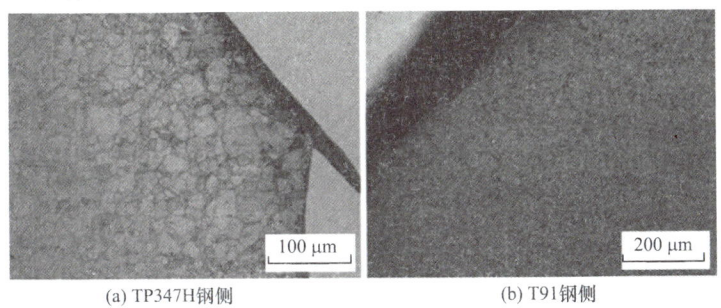

(a) TP347H钢侧　　　　　　　　(b) T91钢侧

图 5-77　断口接头热影响区组织形貌

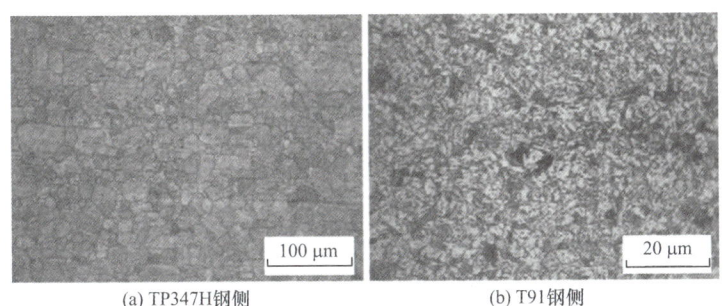

(a) TP347H钢侧　　　　　　　　(b) T91钢侧

图 5-78　断口接头母材组织形貌

制造接头焊缝两侧热影响区及母材组织形貌分别如图 5-79 和 5-80 所示,热影响区未见淬硬马氏体组织,焊缝未见微裂纹。TP347H 钢侧母材组织为奥氏体,T91 钢侧母材组织为回火马氏体。

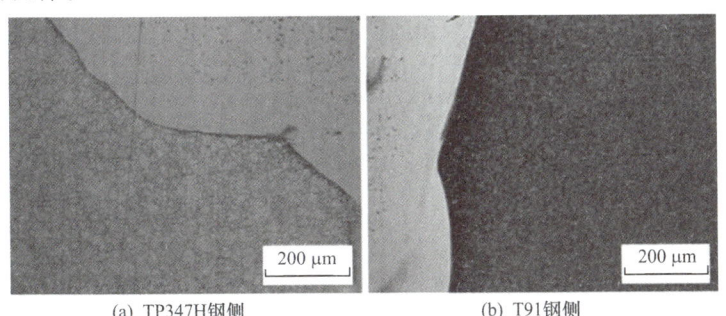

(a) TP347H钢侧　　　　　　　　(b) T91钢侧

图 5-79　制造接头热影响区组织形貌

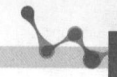

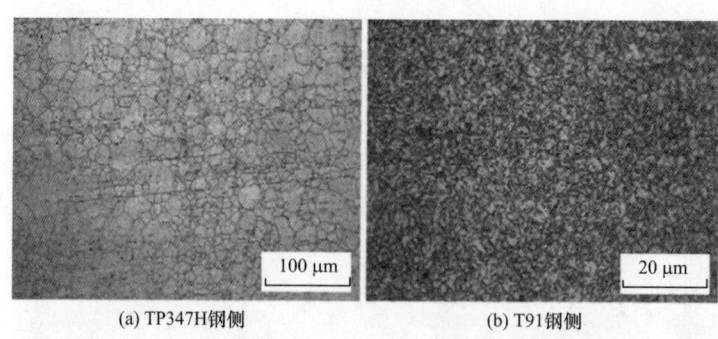

(a) TP347H钢侧   (b) T91钢侧

图 5-80　制造接头母材组织形貌

（4）硬度测试

在断裂接头及制造接头的 T91 钢侧进行硬度测试，测点分布线如图 5-76 所示，自焊缝向母材每间隔 0.4 mm 测一个点，熔合线位于第 2 与第 3 点之间，第 1～2 点测试焊缝硬度，测试结果如图 5-81 所示。由图可见，相对于制造焊口，安装焊口的热影响区最高硬度较高（安装焊口为 $HV_{0.2}$ 311，制造焊口为 $HV_{0.2}$ 288）；安装焊口最高硬度区间较宽（安装焊口 $HV_{0.2}$ 280 以上点为 6 个，制造焊口 $HV_{0.2}$ 270 以上点为 2 个）；安装焊口热影响区最高硬度超出母材硬度 $HV_{0.2}$ 100 以上。

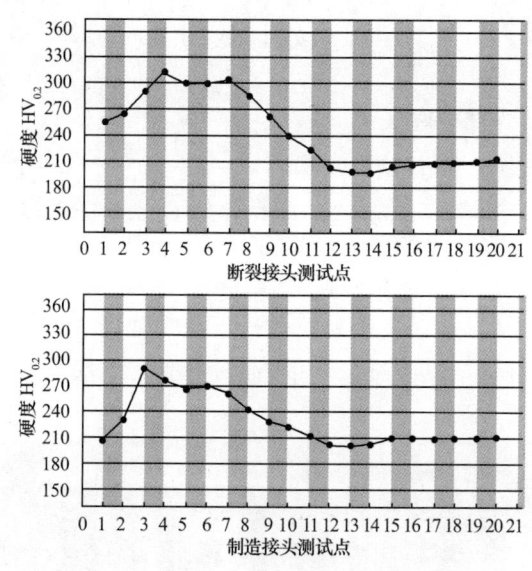

图 5-81　T91 钢侧焊缝硬度分布

（5）力学性能测试

在发现存在错口缺陷的一个安装焊口上取样并测试焊缝抗拉强度与背弯性能，制样时将焊缝余高去除，并将两侧母材打磨平齐，消除因余高和结构不对称对力学性能的影响。测试结果见表 5-21，由表可知接头力学性能不满足标准要求。

表 5-21　　　　　　　　　　　力学性能测试结果

试样编号	抗拉强度/MPa	断裂位置	弯曲试验($D=4a$)
1#	579	T91 钢侧焊趾	—
2#	679	TP347H 钢侧焊趾	—
3#	—	—	弯曲约 35°时 T91 钢侧熔合处断裂
4#	—	—	弯曲约 37°时 T91 钢侧熔合处断裂
DL/T 869—2021 标准规定值	不低于母材规定抗拉强度的 95%		弯曲 180°无开裂

（6）结论

焊接接头的力学性能不能满足标准要求,焊接接头断裂是由于交变热应力导致的疲劳失效,其主要原因是异种钢焊接前,没有对厚壁侧管材进行削薄处理,加之对口时存在外壁错边,两者叠加致使内壁错边达到 2.5 mm,导致焊接拘束应力大,引起 T91 钢薄壁侧产生应力集中,且由于异种钢接头的特殊性,T91 钢侧熔合界面局部热应力峰值较大,频繁启停炉/调峰的疲劳工况产生的局部区域的交变热应力导致焊接接头断裂。

5.2.5　机械加工缺陷与失效

机械加工是金属机件制造过程的重要环节,如果加工过程不当会导致机件产生缺陷,如内外尖角、粗糙的切削刀痕、磨削烧伤、磨削裂纹、机械碰伤和表面织构的改变等,这些缺陷会降低材料的力学性能,并形成应力集中导致裂纹产生和扩展。

▶ 案例 1　　　　　　　　发电柴油机挺柱底面龟裂失效分析

（1）背景资料

某轻型发电用柴油机运行 2 000 h 后进行维修保养,拆解后发现 2～4 缸的进气和排气挺柱底面均出现龟裂现象。挺柱材料为 20Cr,设计要求表面进行渗碳淬火处理,渗碳层深度 0.8～1.5 mm,表面硬度为 56～63 HRC;与其搭配使用的凸轮材料为 45 号钢,凸轮桃尖处为感应淬火处理。挺柱底面直径为 28 mm,凸轮宽度为 13 mm。

（2）宏观观察

采用 VHX-1000 体视显微镜观察故障挺柱底面宏观形貌,如图 5-82 所示。由图可以看出,各挺柱底面与凸轮接触痕迹清晰可见,从接触痕迹判断挺柱运行过程无异常。

在高倍视场下观察挺柱底面,发现故障挺柱底面存在麻点和龟裂特征,如图 5-83 所示。麻点边缘齐整,龟裂裂纹疑似沿晶开裂,其中 2～3 缸进气及排气挺柱龟裂严重,龟裂区域直径约 18 mm,4 缸进气及排气挺柱龟裂不明显。

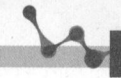

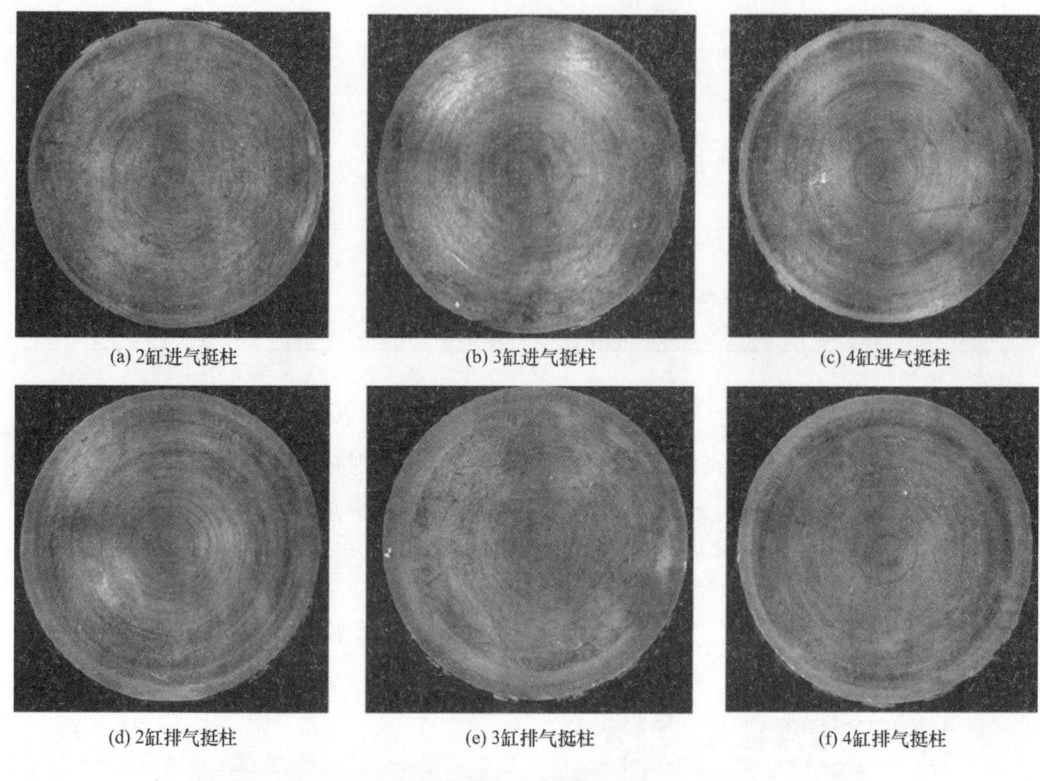

| (a) 2缸进气挺柱 | (b) 3缸进气挺柱 | (c) 4缸进气挺柱 |

| (d) 2缸排气挺柱 | (e) 3缸排气挺柱 | (f) 4缸排气挺柱 |

图 5-82 故障挺柱底面宏观形貌

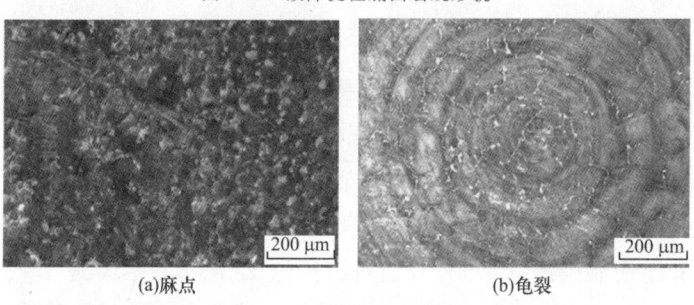

(a)麻点

(b)龟裂

图 5-83 高倍视场下故障挺柱底面的麻点和龟裂形貌

(3)SEM 观察

进一步在 SEM 下观察麻点和龟裂的微观形貌,如图 5-84 所示。由图中可以看到鳞片状花样及裂纹扩展痕迹,这是疲劳磨损的典型特征,此时的最大剪切应力发生在表面,故主裂纹萌生于表面,在摩擦力的作用下主裂纹与表面呈锐角并向材料内部扩展,并在扩展过程中与亚表面的次裂纹汇合。当主裂纹的断裂面与亚表面次裂纹断裂面有水平高度差异时,在主裂纹前沿和次裂纹前沿的交界处发生断裂,从而形成"鳞片状"特征。

(4)硬度测试

对挺柱底面区域进行了硬度测试,结果表明挺柱底面平均硬度为 58.8 HRC,符合设计要求(56～63 HRC)。使用显微维氏硬度计采用硬度梯度法对渗碳层深度进行检测,如图 5-85 所示,由图可知,渗碳层深度约 0.9 mm,符合设计技术要求(0.8～1.5 mm)。

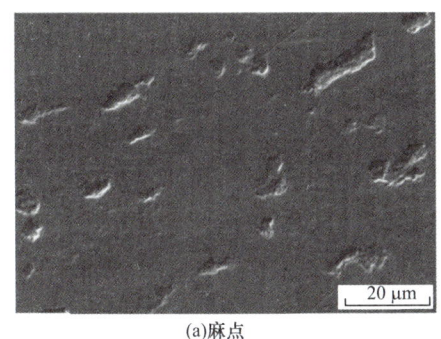
(a)麻点

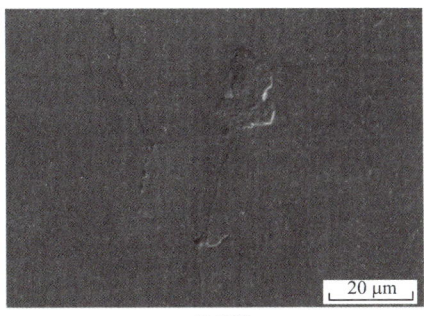
(b)龟裂

图 5-84　SEM 下故障挺柱底面的麻点和龟裂形貌

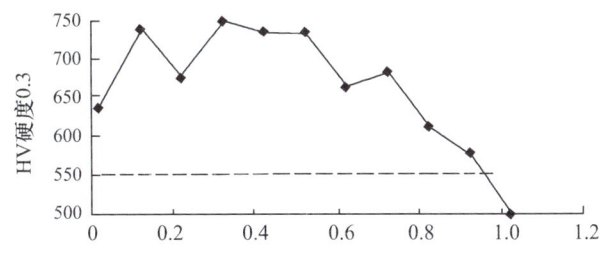

图 5-85　挺柱渗碳区域硬度

（5）化学成分测试

采用直读光谱仪测试了故障挺柱的化学成分，结果见表 5-22。挺柱材料为 20Cr，由表 5-22 可知，挺柱的化学成分符合《合金结构钢》(GB/T 3077—2015)标准要求。

表 5-22　　　　　　　　　　　　　　　　　挺柱化学成分

标准值参照 GB/T 3077—2015	元素含量(质量分数)/%								
	C	Ni	Mn	Si	Cr	Mo	Cu	P	S
测量值	0.22	0.05	0.60	0.25	0.97	0.06	0.03	0.013	0.002
标准值	0.18~0.24	≤0.30	0.50~0.80	0.17~0.37	0.70~1.00	≤0.10	≤0.25	≤0.035	≤0.03

（6）金相观察

沿挺柱底面法线方向剖开取样进行金相观察，故障挺柱抛光态、表层组织、心部组织金相图片见图 5-86。由图 5-86 可知，挺柱底面存在大量微裂纹（图中箭头所示），裂纹深度小于 0.2 mm，裂纹两侧未发现脱碳、氧化等现象，说明裂纹产生在渗碳工艺后。20Cr 材料经渗碳淬火工艺加工后，表层组织为针状马氏体和块状碳化物，基体组织为板条马氏体及铁素体，为正常的渗碳淬火组织。

对同批次新挺柱底面进行金相观察，如图 5-87 所示，发现挺柱底面边缘及中心均存在原始裂纹（图中黄色箭头所示）。

（7）挺柱生产工艺分析

因同批次新挺柱底面存在原始裂纹，所以对挺柱生产及加工工艺进行排查，以确定裂纹产生原因。挺柱生产加工流程如图 5-88 所示，初步判断裂纹可能产生于渗碳淬火或磨大头端面 2 道工序。

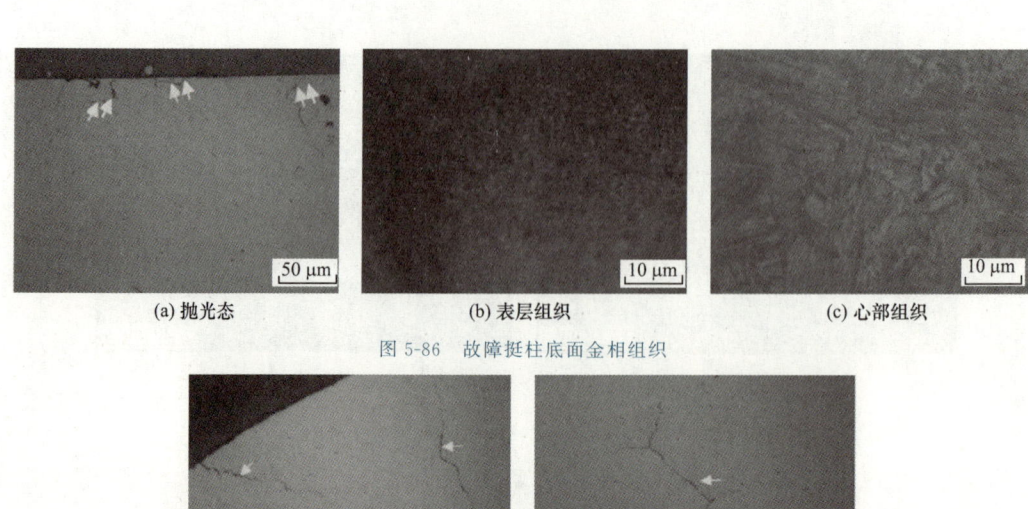

(a) 抛光态　　　　　　　　　(b) 表层组织　　　　　　　　　(c) 心部组织

图 5-86　故障挺柱底面金相组织

(a)　　　　　　　　　　　　　　　　(b)

图 5-87　同批次新挺柱底面金相组织

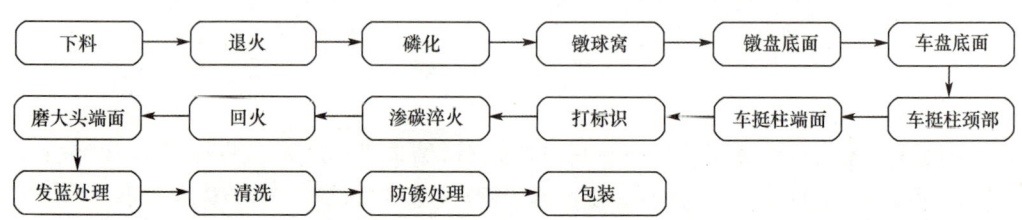

图 5-88　挺柱生产及加工流程

渗碳件出现裂纹的原因主要有两方面：第一，渗碳过程中零部件过热或过烧，或者淬火介质温度过低，致使零部件冷却速度过快，内应力过大导致开裂；第二，渗碳淬火零部件由于磨削工艺不当，如磨削量过大、冷却不充分或砂轮选用不当等产生烧伤甚至裂纹，磨削裂纹一般较浅，其扩展方向大致与磨削方向垂直，分散或规则地排列，严重时呈网状或辐射状。

（8）结论

挺柱加工过程中由于磨削进刀量过大，导致挺柱底面及内部温度过高，冷却时产生热应力导致裂纹形成。运行过程中，挺柱与凸轮轴不断接触碰撞，原始裂纹逐渐扩展，最终形成麻点及龟裂。

▶ 案例 2　**某型飞机 35CrMnSiA 紧固螺钉断裂失效分析**

（1）背景资料

某型飞机后段外表舱盖 35CrMnSiA 紧固螺钉在服役过程中发生了断裂。

（2）宏观观察

断裂螺钉宏观形貌及断口宏观形貌如图 5-89 所示，该螺钉端头和螺杆部位完好，断裂位置为螺钉某一处螺纹部位。断口较为平齐，可分为裂纹源区（A）、裂纹扩展区（B）和瞬断区（C）。断面呈灰白色，未见腐蚀痕迹，未发现明显塑性变形。

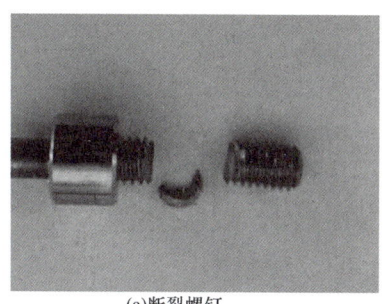
(a)断裂螺钉

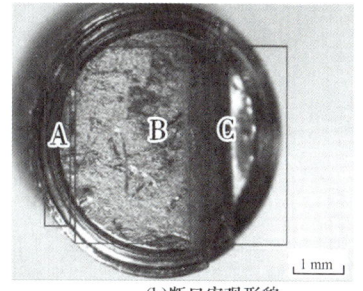
(b)断口宏观形貌

图 5-89　断裂螺钉及断口宏观形貌

（3）化学成分测试

对断裂螺钉取样，利用光谱仪和碳硫分析仪分析其化学成分，结果见表 5-23，可见，该断裂螺钉主要化学元素含量均符合《合金结构钢》（GB/T 3077—2015）标准中 35CrMnSiA 的要求，因此，可以排除冶金缺陷的影响。

表 5-23　　　　　　　　　　　　　　　断裂螺钉的化学成分

标准值参照 GB/T 3077—2015	元素含量（质量分数）/%					
	C	S	Si	Mn	P	Cr
实测值	0.355	0.03	1.237	0.973	0028	1.286
标准值	0.32~0.39	≤0.03	1.10~1.40	0.80~1.10	≤0.030	≤1.30

（4）金相观察

对断裂紧固螺钉螺纹部位取样，抛光后用 4% 硝酸酒精溶液浸蚀，在金相显微镜下观察微观组织，如图 5-90 所示。断裂紧固螺钉螺纹处的显微组织为回火索氏体，并未发现过热、过烧以及脱碳等现象，排除热处理缺陷带来的影响。螺纹表面存在白色的镀镍层，金属流线未沿螺纹牙型轮廓变形，呈切断形貌，表明螺纹加工方式为车加工。

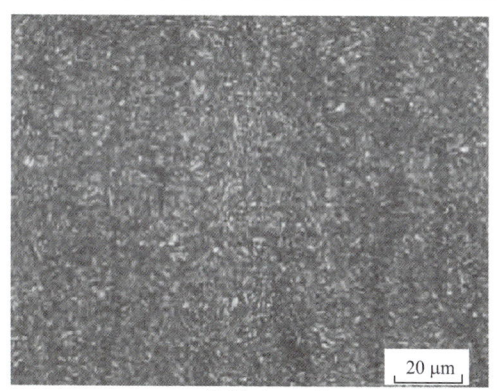
(a) 显微组织(500倍)

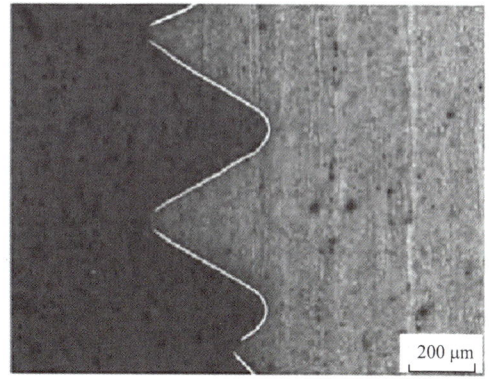
(b) 金属流线(50倍)

图 5-90　断裂螺钉微观组织

（5）SEM 观察与分析

对断裂螺钉取样处理后进行 SEM 观察，断口宏观形貌及图 5-89 中 A、B、C 区的微观形貌如图 5-91 所示。

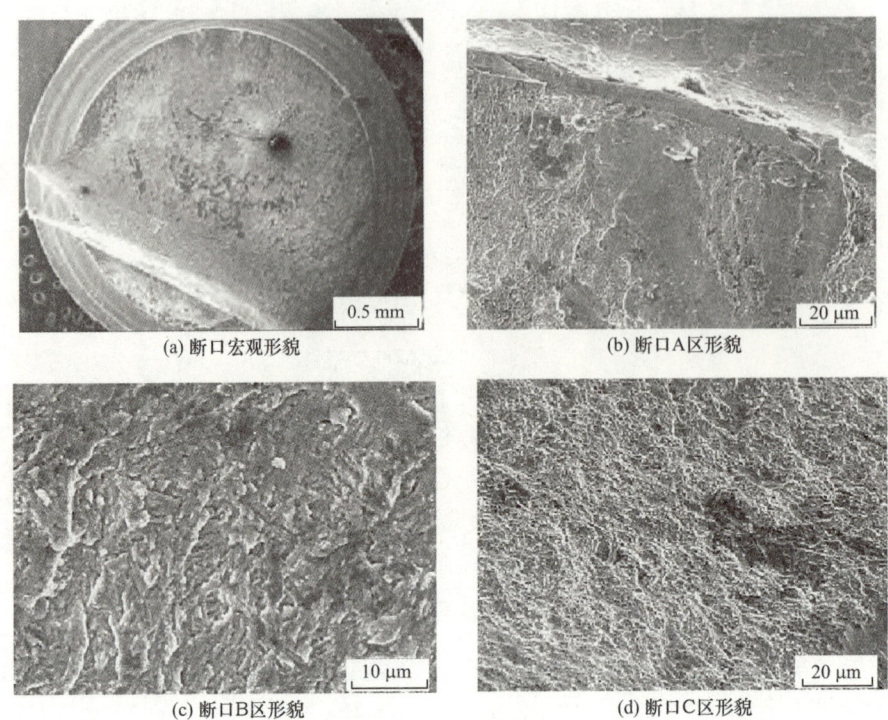

(a) 断口宏观形貌   (b) 断口A区形貌

(c) 断口B区形貌   (d) 断口C区形貌

图 5-91　断裂螺钉宏观形貌及各区域微观形貌

由图 5-91 可以看出,裂纹源区 A 位于螺纹牙根处,呈多源特征,有明显磨损痕迹,不同裂纹源交汇对接形成台阶;裂纹扩展区 B 呈疲劳条带形貌,可见明显疲劳特征;瞬断区 C 约占整个断面的 1/6,说明在疲劳过程中所受交变载荷较小,断面呈剪切韧窝特征。

(6)结论

该紧固螺钉在服役过程中的断裂原因为多源疲劳断裂,由于螺钉螺纹成型方式为车加工,破坏了螺纹金属流线的连续性,导致在牙根处形成应力集中和残余拉应力,在服役过程中受到持续的交变载荷作用,在牙根处形成微裂纹,直至扩展断裂,机械加工工艺不当是螺钉疲劳断裂的主要原因。

5.3　装配和维护不当引起的失效

优质的产品是安全服役的先决条件,但若装配过程不当,或未按设计规范运行,或缺乏良好的维护,都有可能使机件处于不正常的状态,导致过载、磨损和产生局部应力集中。装配时清洁度不好,或存在残留污物、金属碎屑等也会引起磨损导致机件的早期失效。

装配不当包括以下几个方面:

(1)装配紧度控制不妥。如螺栓在固定连接构件时,若拧紧力矩过大,使螺栓过度变形,就会在服役过程产生断裂;若拧紧力矩过小,增加了连接件在服役过程中的不稳定性,使螺栓经受撞击和弯曲等复杂应力的作用,也会导致螺栓断裂。

(2)工作面清洁度不够。对于一些要求精度较高的组合件和传动机构,若清洁度不好或润滑油不洁,如存在砂粒、铁屑等,会导致传动构件接触面的早期失效。

(3)装配构件的混错。在装配过程中,由于粗心将相似构件混错或方向装反等误操作,会导致整个产品的早期失效。

(4)装配中心偏差。装配时配合件中心距偏差,会使配合件受力状态发生改变从而引起失效。

(5)表面损伤。装配过程可能造成构件表面损伤,在长期服役过程中会产生应力集中导致早期失效。

除了装配不当外,在使用过程中由于操作失误或未按规定程序进行,也可能导致构件发生失效,因此,必须经常检查构件的服役状况并定期进行维护。

▷ 案例 1　40Cr 材质螺栓装配断裂失效分析

(1)背景资料

在对某液压阀进行装配时,96 件螺栓在装配过程中有 2 件发生断裂。所有螺栓均为新件且检验合格,螺栓规格为 M10 内六角螺栓,根据《内六角圆柱头螺钉》(GB/T 70.1—2008)标准规定,其性能等级为 12.9。螺栓材质为 40Cr,表面氧化发黑,采用二次达克罗(锌铬涂层)进行表面处理。

(2)宏观观察

试验选取 3 件螺栓,其中 2 件为安装后断裂螺栓(编号为 1♯螺栓和 2♯螺栓),另一件为安装后未断裂螺栓(编号为 3♯螺栓),宏观形貌如图 5-92 所示。从 3 件螺栓头的装配损伤痕迹来看,1♯和 2♯螺栓头靠螺杆侧端面磨损较严重,3♯螺栓头靠螺杆侧端面轻微磨损,表明断裂的 1♯和 2♯螺栓装配应力相对较大。

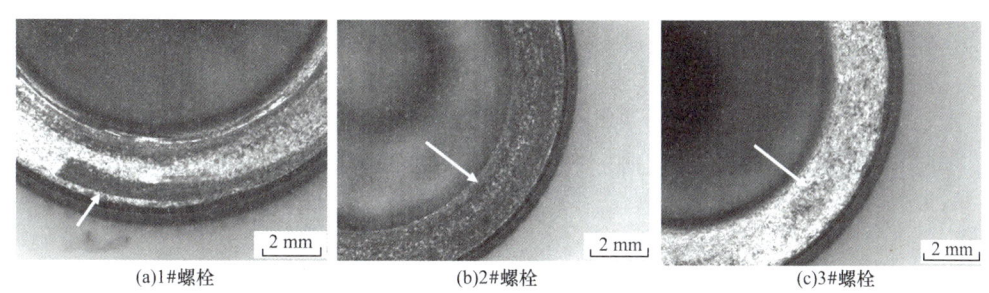

(a)1#螺栓　　　　　(b)2#螺栓　　　　　(c)3#螺栓

图 5-92　断裂螺栓(1♯、2♯)和未断裂螺栓(3♯)宏观形貌

对螺栓超声波清洗后观察螺纹情况,如图 5-93 所示。由图可见,1♯螺栓断面下第一扣螺纹处部分已被磨平,未磨平的螺纹产生了塑性变形;2♯螺栓多处螺纹已经被磨平,且靠近断裂位置可见轻微的塑性变形;3♯螺栓完整,螺纹部位未发现明显螺纹磨平的痕迹。从以上 3 件螺栓的螺纹磨损痕迹来看,也表明断裂的 1♯螺栓和 2♯螺栓装配应力相对较大。

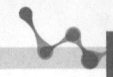

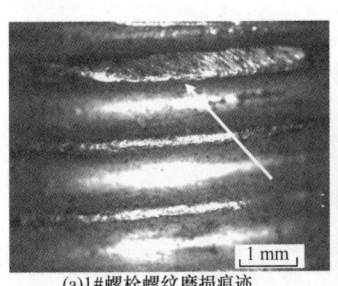

(a)1#螺栓螺纹磨损痕迹　　　　(b)2#螺栓螺纹磨损痕迹　　　　　(c)3#螺栓螺纹正常

图 5-93　断裂螺栓(1♯、2♯)和未断裂螺栓(3♯)螺纹形貌

对螺栓断口进行清洗,除去锈蚀后观察断面,如图 5-94 所示,可以看到 1♯ 螺栓断面呈灰色,较为平坦;2♯ 螺栓断面呈灰色,可见明显的放射棱线,从棱线汇聚方向可判断裂纹起源于螺栓表面。

(a)1#螺栓断口形貌　　　　　　　(b)2#螺栓断口形貌

图 5-94　断裂螺栓断口形貌

(3)金相观察

在螺栓断口附近取样,磨制抛光并经 4% 硝酸酒精浸蚀后观察金相组织,如图 5-95 所示,螺栓组织均匀,为回火索氏体组织,未见其他异常。

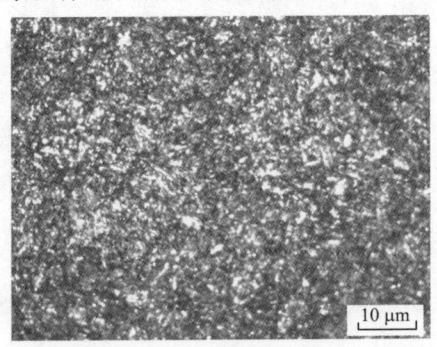

图 5-95　螺栓断口附近金相组织

(4)SEM 观察

将螺栓断口经超声波清洗后进行 SEM 观察,1♯ 螺栓断口心部为等轴韧窝,边缘为剪切韧窝,可判断 1♯ 螺栓为过载断裂,如图 5-96 所示。2♯ 螺栓断口可见明显的放射棱线汇聚于表面一侧,主要呈韧窝特征,还可见少量的解理特征,其他区域边缘为拉长韧窝,心部为等轴韧窝形貌,由此判断 2♯ 螺栓也为过载断裂,如图 5-97 所示。

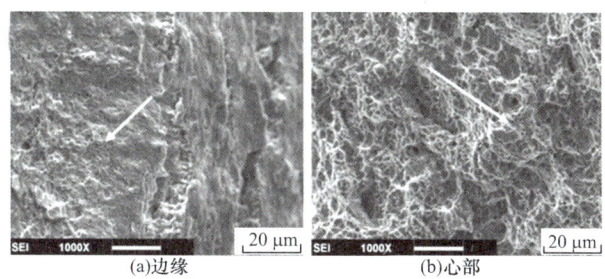

图 5-96 1♯螺栓断口微观形貌

(a)边缘　　　　　　　　(b)心部

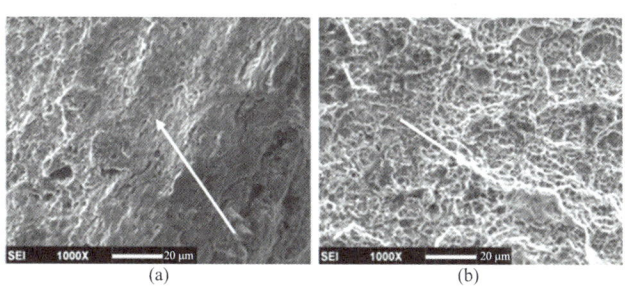

(a)　　　　　　　　(b)

图 5-97 2♯螺栓断口微观形貌

（5）硬度和含 H 量测试

分别测试了 1♯、2♯断裂螺栓和 3♯完好螺栓的硬度值，每个螺栓各测试 3 次，然后取平均值。由于试样较小，采用 A 标尺洛氏硬度 HRA 进行测试，并换算成 C 标尺的洛氏硬度值 HRC 和抗拉强度 σ_b，测试结果见表 5-24。由测试结果可知，断裂螺栓和完好螺栓硬度值均较均匀，硬度平均值相当，符合《紧固件机械性能 螺栓、螺钉和螺柱》（GB/T 3098.1—2010）中对 12.9 级螺栓的技术要求。

表 5-24　　　　　　　　　　　　螺栓硬度值测试结果

序号	测试值 HRA				换算值 HRC	σ_b/MPa
	测试次数			平均值		
	1	2	3			
1♯	70.34	70.67	70.88	70.63	40.2	1275
2♯	70.88	70.62	70.83	70.78	40.4	1285
3♯	70.57	70.91	70.81	70.81	40.4	1285

GB/T 3098.1—2010 技术要求：$\sigma_b \geqslant 1\,200$ MPa，39～44 HRC。

在同一批样品上进行了 H 含量测试，测量结果见表 5-25，可知断裂螺栓和完好螺栓的含 H 量差别不大。

表 5-25	螺栓 H 含量测试结果		
序号	H 含量/ppm		
	测试值 1	测试值 2	测试值 3
1#	1	2	1.5
2#	1	2	1.5
3#	1	1	1

（6）结论

1#、2#螺栓断口主要为韧窝特征，可判断螺栓断裂性质为过载断裂。1#、2#、3#螺栓组织均匀，为回火索氏体，符合 40Cr 材料调质处理的组织要求；3 件螺栓硬度值相当，符合螺栓技术要求，可知螺栓断裂与材质无关。断裂螺栓和完好螺栓的氢含量相差不大，可知氢对本次螺栓断裂的影响也不大。

1#和 2#断裂螺栓的螺纹可见磨损和变形痕迹，螺栓头靠螺杆侧端面处磨损相对更严重，而 3#完好螺栓的螺纹外观完整，螺栓头靠螺杆侧端面未见严重磨损痕迹，可推断断裂螺栓在安装过程中是由于装配应力较大，导致螺栓发生断裂。

> **案例 2**　**发动机压气机转子叶片裂纹失效分析**

（1）背景资料

某发动机压气机转子叶片选用 TA11 钛合金，采用模锻制造。对叶片进行振动疲劳试验时，短时间内发现一片压气机转子叶片试验件在距离缘板 2 mm 的叶身处出现裂纹。

（2）宏观观察

故障叶片裂纹部位如图 5-98 所示，裂纹出现在距叶片缘板约 2 mm 的叶身处，贯穿叶盆和叶背，在叶盆侧扩展了约 36 mm，在叶背侧扩展了约 37 mm。

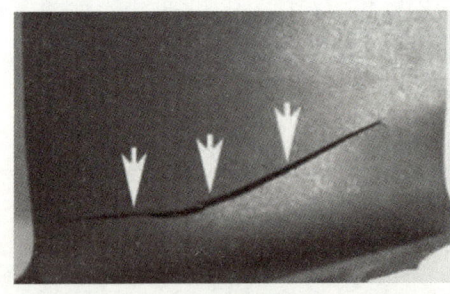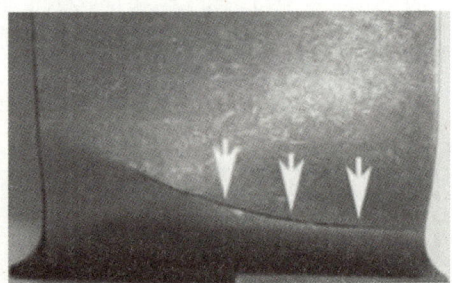

(a)叶盆侧　　　　　　　　　　　　　　　(b)叶背侧

图 5-98　叶片裂纹部位宏观形貌

叶片断口宏观形貌如图 5-99 所示，断口呈灰色，较平缓，可见清晰的疲劳弧线和放射棱线特征，表明故障叶片断口为疲劳断口。根据疲劳弧线及放射棱线的方向判断，裂纹起源于距离进气边约 22 mm 叶背侧中间区域，断口疲劳扩展充分，局部有摩擦挤压痕迹。

（3）金相观察

在叶片断口附近区域取样，研磨抛光后观察其显微组织，如图 5-100 所示，主要为等轴 α 组织，未见明显异常。

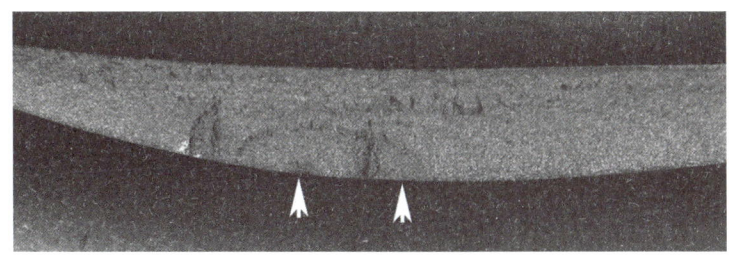

图 5-99 叶片断口宏观形貌

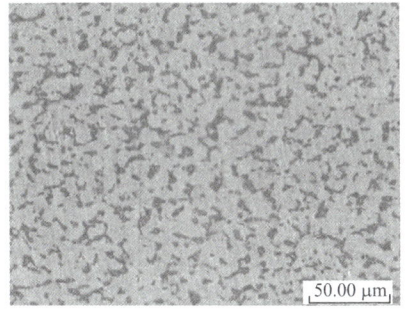

图 5-100 叶片断口显微组织

（4）SEM 观察

断口源区微观形貌如图 5-101 所示，由图中可以看出，断口源区附近较平坦，可见清晰的疲劳弧线和放射棱线形貌，且放射棱线汇聚于叶背侧表面，表明疲劳起源于叶背侧表面区域，呈多源特征，未见明显的冶金缺陷。对疲劳扩展区进一步放大观察，如图 5-102 所示，在疲劳扩展区可以看到清晰的疲劳条带，表明故障叶片断裂性质为高周疲劳断裂。

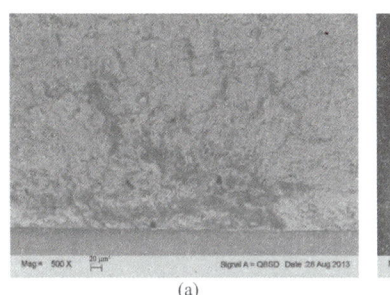
（a）

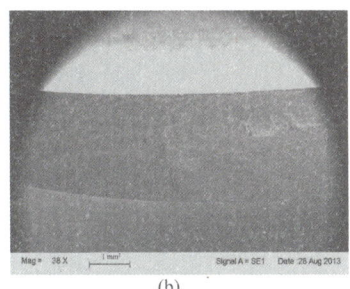
（b）

图 5-101 叶片断口源区微观形貌

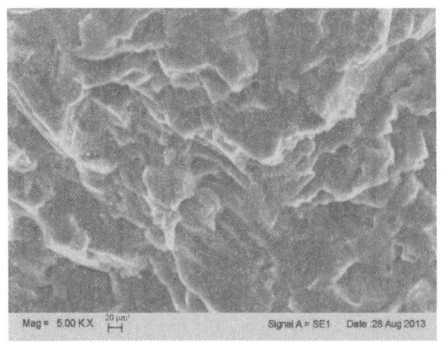

图 5-102 叶片断口疲劳扩展区微观形貌

对故障叶片中断裂叶片疲劳源区进行放大观察,如图 5-103 所示,图中可见原始机械加工痕迹,疲劳裂纹正是从机械加工痕迹处萌生和扩展的。

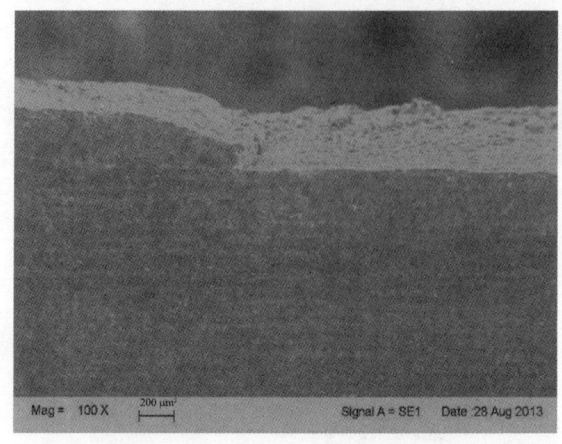

图 5-103　叶片断口疲劳源区微观形貌

(5)振动应力分布计算

计算了发动机工作时压气机转子叶片承受的一阶振动应力的分布,如图 5-104 所示,可以看出,叶背侧距离缘板 2~3 mm、进气边 19~25 mm 区域一阶振动应力最大。

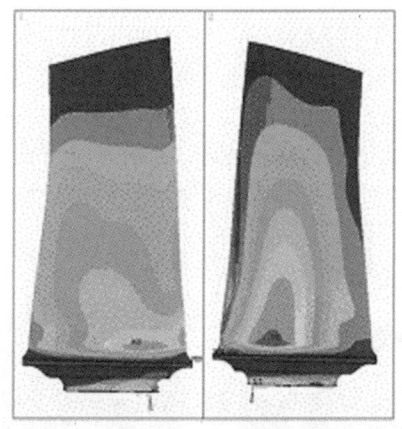

图 5-104　叶片一阶振动应力分布图

(6)结论

压气机转子叶片裂纹属于疲劳裂纹,疲劳源位于距离叶片进气边约 22 mm、距缘板约 2 mm 的叶背侧中间区域,呈多源特征。断口较平缓,疲劳扩展充分,疲劳扩展区存在清晰、细密的疲劳辉纹,说明故障叶片裂纹为振动载荷导致的高周疲劳裂纹。

断口源区未发现明显的冶金缺陷,硬度符合要求,组织也未见异常。表明故障叶片裂纹的产生与冶金缺陷及材质无关。

叶片振动应力最大区表面残留有明显的原始机械加工痕迹,是导致叶片过早萌生疲劳裂纹的主要原因。

5.4　环境因素引起的失效

金属机件从生产到使用,即从原材料-机加工-热处理-后处理-使用等多个环节均存在环境效应。就原材料而言,要经过冶炼、浇注、锻轧等多道加工工序,在冶炼中有氧化和还原反应,会通入氧气、氮气及加入各种熔剂等,有的还采用真空精炼、电磁搅拌等手段,这些加工过程都有环境效应,因此应控制好原材料的成分、气体含量、杂质含量以及非金属夹杂物的数量,然后通过浇注、锻轧、预先热处理等手段来进一步确保原材料的质量,降低疏松和偏析程度,控制非金属夹杂物大小、形态、分布以及含氢量等,其中浇注采用的气氛、锻轧、预先热处理加热使用的气氛等环境效应对机件失效的影响极大。机件在机械加工过程中往往会接触到切削液、磨削液、防锈液等介质,采用的加工方法有车、铣、刨、磨,甚至喷砂、喷丸等,这些均会对机件的质量和使用寿命产生一定的影响。使用中常见的环境效应有氢脆失效、应力腐蚀失效、电化学腐蚀失效、高温环境失效等等。

环境效应均会不同程度促进机件的失效,因此要深入了解和研究环境效应对机件失效的影响,从而提高机件使用的可靠性、稳定性和持久性,达到预期的服役寿命。

5.4.1　氢脆失效

金属中的氢可以分为内含的和外来的两种,在任何情况下,氢对金属材料性能的影响都是有害的,由于氢和应力的共同作用而导致金属材料产生脆性断裂的现象称为氢脆。由于氢在金属中存在的状态不同以及氢与金属交互作用性质的不同,氢能通过不同的机制使金属脆化,包括氢蚀、白点、氢化物致脆、氢致延滞断裂等。

案例1　起重链环断裂失效分析

（1）背景资料

起重链条是起重设备的主要受力件,服役条件比较恶劣,某起重链条一节链环在吊挂时发生断裂。该链环材料为20Mn2钢,加工工序为原材料→退火→编链→焊接（一侧直臂）→整体中频淬火＋回火→发黑处理。

（2）宏观观察

断裂发生在起重链条中间段的一节链环,如图5-105所示,断裂发生在链环的两端环臂区域,断口周边表面均无挤压擦伤等异常现象。

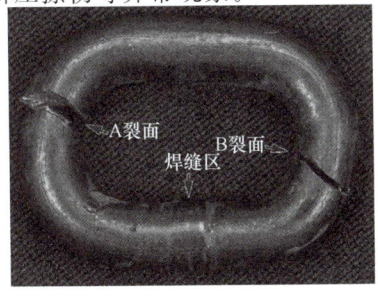

图5-105　断裂链环宏观形貌

（3）金相观察

图 5-105 中 A 裂面断口法向截面显微组织如图 5-106 所示。断面较平坦,高倍下可见断面呈沿晶开裂形貌,并有沿晶的二次裂纹。断口表层无脱碳现象,组织为低碳马氏体。

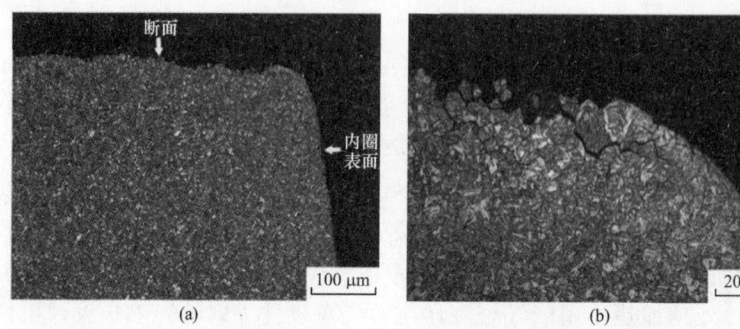

图 5-106　A 裂面断口法向截面显微组织

图 5-105 中 B 裂面断口法向截面显微组织如图 5-107 所示。断面下侧的内圈表面可见开裂现象,裂纹长短不一,长裂纹与断面相接,短裂纹与断面平行。高倍下可见断口呈沿晶开裂形貌,断口表层无脱碳现象,断面下方的内圈表面有贫碳和脱碳现象,该区域组织为低碳马氏体。

图 5-107　B 裂面断口法向截面显微组织

（4）SEM 观察与分析

A 裂面断口表面形貌如图 5-108 所示,可见断口呈沿晶断裂形貌,有沿晶的二次裂纹,还可见小的孔洞和韧性爪纹。

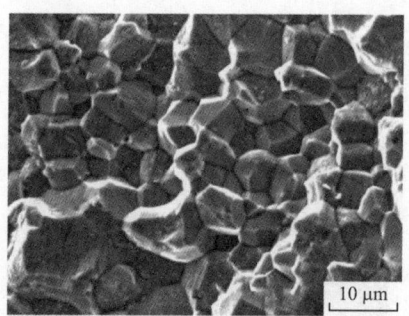

图 5-108　A 裂面断口表面形貌

B 裂面断口表面形貌如图 5-109 所示,基本与 A 裂面形貌相同,呈沿晶断裂形貌,有沿晶的二次裂纹,还可见小的孔洞和韧性爪纹。

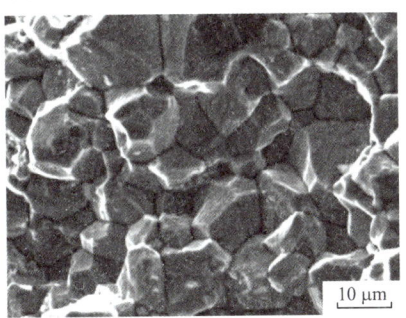

图 5-109 B 裂面断口表面形貌

为了解材料的性能,从链环的未断裂部位取样制得人为断口,其形貌如图 5-110 所示,可见断口呈韧窝形貌,属韧性断裂,表明链环脆性不大。

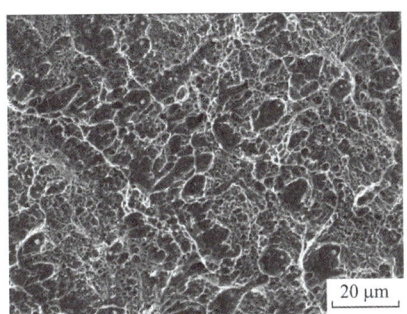

图 5-110 人为断口形貌

(5)化学成分测试

测试了断裂链环的化学成分,测试结果见表 5-26,均符合《合金结构钢》(GB/T 3077—2015)标准的要求。

表 5-26 断裂链环的化学成分

标准值参照 GB/T 3077—2015	元素含量(质量分数)/%							
	C	Ni	Mn	Si	Cr	Cu	P	S
测定值	0.20	0.013	1.49	0.22	0.025	0.019	0.022	0.005
标准值	0.17~0.24	≤0.300	1.40~1.80	0.17~0.37	≤0.300	≤0.300	≤0.030	≤0.030

(6)硬度测试

测试了断裂链环的心部硬度,平均值为 42.6HRC,符合《合金结构钢》(GB/T 3077—2015)标准的要求。

(7)分析与讨论

断裂链环的化学成分符合要求,其开裂与原材料质量无关。此外,断裂的起重链环正常区段的人为断口呈现韧窝花样,表明其脆性不大。

断裂链环的拉伸断面一部分呈黑褐色,表明该链条的大部分链环都发生了先期开裂,有效承载面积大大减小,导致其承载力明显下降。

链环断裂从发黑处理的内表面(先期断裂)向白亮色外表面(后断裂)发展,先期断面呈沿晶形貌,并且晶面上有孔洞和韧性爪纹,该链环断裂符合氢脆断裂特征。本案例中的起重链环脆性不大,因此先期的氢脆开裂主要与外部因素有关。根据该链环的表面处理工艺以及使用环境可以推断,该链环的先期氢脆开裂的发生与发黑处理有关,发黑处理本身不会引起氢脆,但在发黑处理前必须通过酸洗清理,酸洗时间一般为 10~15 min,因此在酸洗到发黑处理的过程中会导致氢侵入零件表面。

(8)结论

20Mn2 钢起重链环断裂由氢脆引起,而氢脆的发生与发黑处理有关。当有氢溶入的钢铁材料尤其是硬度较高的机件,在拉应力、包括悬挂自重拉力等作用下会发生延迟性脆性开裂,即先期开裂,在后期使用中断裂。

案例 2　　某化工设备中的换热管泄漏失效分析

(1)背景资料

某化工厂所用换热器设备 TA10 管材在使用过程中发生泄漏。设备为常压设备,管板为碳钢复合板,壳体为碳钢,换热管规格为 Φ38 mm×1.2 mm,材质 TA10 钢,管程主要介质为碱性溶液、碳酸钠、水及少量盐类,壳程介质为水,工作温度为 120 ℃。

(2)宏观观察

失效管材宏观形貌如图 5-111 所示,管材外表面呈金属色,内表面呈灰黑色,且存在金属破碎、粉化、脱落现象。

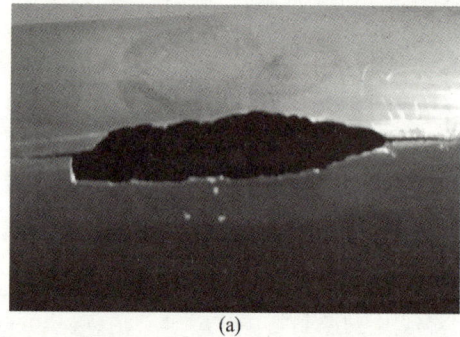
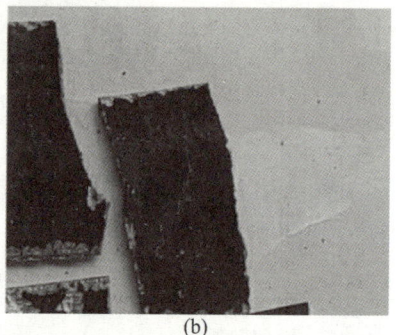
(a)　　　　　　　　　　　　　　　　　(b)

图 5-111　失效管材宏观形貌

(3)化学成分测试

测试了管材的化学成分,测试结果见表 5-27,可以看出,按照《换热器及冷凝器用钛及钛合金管》(GB/T 3625—2007)标准规定,H 含量严重超标,说明换热管在使用过程中严重吸氢。

表 5-27　　　　　　　　　　　　　失效管材化学成分

标准值参照 GB/T 3625—2007	元素含量(质量分数)/%						
	C	Mo	Ni	Fe	O	N	H
测定值	0.034	0.23	0.65	0.077	0.14	0.19	0.774
标准值	≤0.08	0.2~0.4	0.6-0.9	≤0.30	≤0.25	≤0.03	≤0.015

（4）力学性能测试

在管材无明显腐蚀处取样测试了抗拉强度（R_m）、规定非比例延伸强度（$R_{p0.2}$）和断后伸长率（A），测试结果见表5-28，由表可知，失效换热管的塑性较标准值低很多，强度也有明显下降。

表5-28   TA10管材常温力学性能指标

标准值参照 GB/T 3625—2007	性能指标		
	R_m/MPa	$R_{p0.2}$/MPa	A/%
实测值	361	233	12.5
标准值	≥460	≥300	≥18

（5）金相观察

失效管材横截面不同部位金相组织如图5-112所示，可以看出TA10失效换热管室温金相基体组织为α相，含少量的β相，无完整原始β晶界。此外，基体上分布有针片状析出相，结合管材材质判断为氢化物，这些氢化物在管材横截面的分布呈现不均匀性，表现为针状析出相由管内表面到外表面逐渐减少。

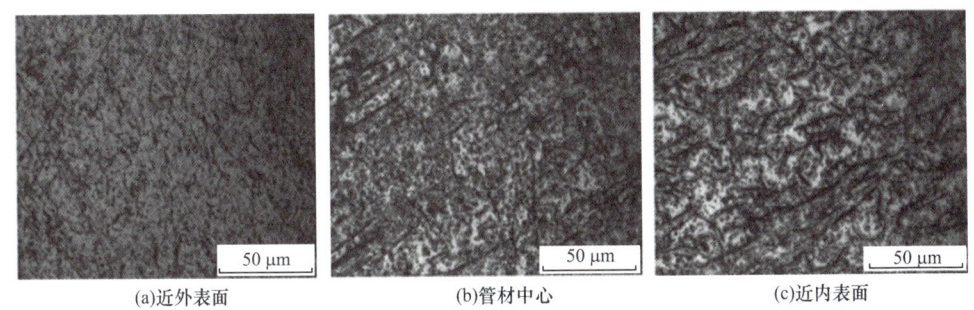

(a)近外表面   (b)管材中心   (c)近内表面

图5-112 失效管材不同部位金相组织

（6）SEM观察

对失效管材断口处进行SEM观察，断口形貌如图5-113所示。可以看出，存在多条起始于管材内表面且具有一定深度的裂纹，此外，断口位置存在不同程度的腐蚀。

(a)断口形貌   (b)近内表面形貌（500×）   (c)腐蚀形貌（1000×）

图5-113 失效管材断口形貌

对管材的内表面进行SEM观察，表面宏观形貌如图5-114所示。可见管内壁存在纵向裂纹及环向裂纹，裂纹之间有一定的交错，部分区域呈网格分布，裂纹具有一定的深度。

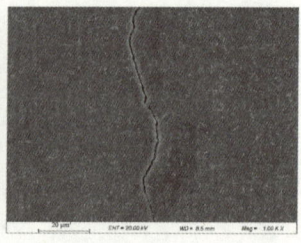

图 5-114　失效管材内表面宏观形貌

（7）EDS 能谱分析

在失效 TA10 管材断口裂纹附近取样进行 EDS 能谱分析，如图 5-115 所示，可知除基体元素 Ti 外，腐蚀表面还有部分 O、C、F、Na、Ca 等元素，可以判断为腐蚀产物主要为氢氧化钠、碳酸钠及少量氟化物。

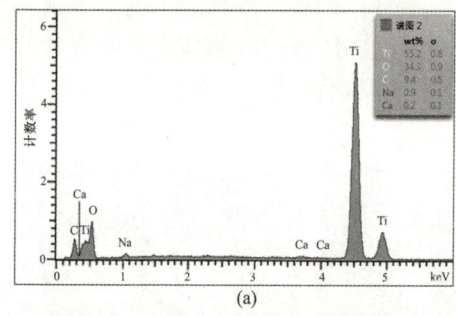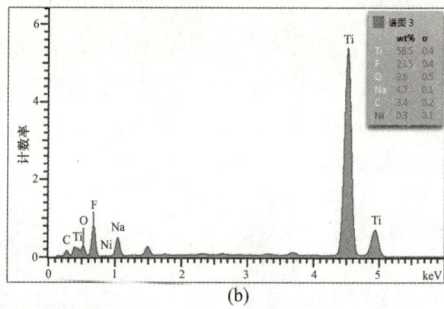

图 5-115　失效管材断口 EDS 能谱图

（8）硬度测试

在管材断口取样进行内外表面硬度测试，测试结果见表 5-29。可以看出，失效管外表面硬度相对正常，而内表面 HV0.2 硬度平均值高达 286，超出该合金的硬度上限。

表 5-29　　　　　　　　　　　　失效管材断口内外表面硬度测试结果

部位	硬度值（HV0.2）			平均值
	测点 1	测点 2	测点 3	
内表面	288	284	286	286
外表面	226	226	227	226

（9）分析与讨论

Ti 是容易吸氢的金属，由于现场工况环境为强碱环境，且环境温度高达 120 ℃，管材有严重的腐蚀倾向，满足吸氢的条件。成分分析结果表明，TA10 失效管氢含量为 0.774%，超过氢在 TA10 合金中的最大溶解度，吸氢后管材塑性和强度明显下降，扩口压扁过程均易出现裂纹。管材内表面硬度过高，且内外表面硬度存在差异，失效管材内表面呈灰黑色，失效处碎片脱落、粉化，宏观上呈现氢脆特征，组织分析也验证了针条状氢化物的存在。管材截面上吸氢程度不同，氢化物在截面上分布不均匀，数量由内到外逐渐减少。断口为腐蚀形貌，裂纹起源于内表面，在内表面存在大量的横向和纵向裂纹，裂纹具有一定的长度和深度。

（10）结论

TA10 管材严重吸氢，氟化物的存在加剧了管材的腐蚀和氢脆的产生。管材长期服役过程中在内壁薄弱部位出现裂纹并向外壁延伸，导致管材断裂失效。

5.4.2　应力腐蚀失效

金属在拉应力和特定化学介质共同作用下，经过一段时间后产生的低应力脆性断裂现象称为应力腐蚀。应力腐蚀不是金属在应力作用下的机械性破坏与在化学介质作用下的腐蚀性破坏的叠加，而是在应力和化学介质联合作用下，按特有机理产生的断裂。一般来说，产生应力腐蚀的应力不一定很大，如果没有化学介质的协同作用，机件在该应力下可以长期服役而不断裂；产生应力腐蚀的化学介质一般都不是腐蚀性的，最多也只是弱腐蚀性的，如果机件不承受应力，大多数金属材料在这些化学介质中是耐蚀的。

绝大多数金属材料在一定的化学介质条件下都有应力腐蚀倾向，工业中最常见的有低碳钢和低合金钢在苛性碱溶液中的"碱脆"和含有硝酸根离子介质中的"硝脆"；奥氏体不锈钢在含有氯离子介质中的"氯脆"；铜合金在氨气介质中的"氨脆"；高强度铝合金在潮湿空气、蒸馏水介质中的脆裂等。

▶ **案例 1**　**某公司柴油加氢装置高压换热器管失效分析**

（1）背景资料

加氢裂化装置操作条件苛刻，高温高压临氢，介质易燃易爆，整套装置在运行过程中，长期受到复杂环境的影响。某公司柴油加氢装置高压换热器 E101 为原料油和反应产物换热，管程介质为反应产物、循环氢和硫化氢，材料为 06Cr19Ni10 不锈钢；壳程介质为柴油、循环氢和硫化氢，材料为 15CrMo 钢。高压换热器服役过程中，换热器管断裂。

（2）宏观观察

断裂换热器管宏观形貌如图 5-116 所示，管内、外表面均无坑蚀和点蚀，断口呈锯齿状，表面光亮，无塑性变形迹象，管壁无明显减薄，初步判断为脆性断口。

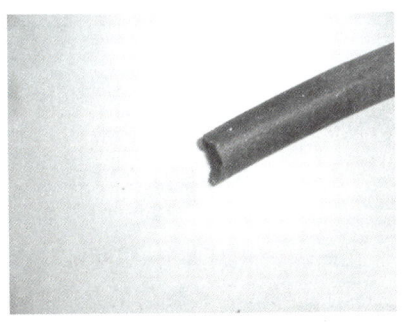

图 5-116　断裂换热器管宏观形貌

（3）SEM 观察

在 SEM 下观察断口，微观形貌如图 5-117 所示。由图可知，裂纹是沿晶界扩展的，为典型的沿晶开裂［图 5-117(a)］。裂纹周围的晶粒有非常明显的晶间腐蚀特征，部分晶界处存在一些反应产物,部分晶界上存在二次裂纹[图 5-117(b)]。内表面也发生了晶间腐蚀,晶粒间存在明显的微裂纹[图 5-117(c)]。

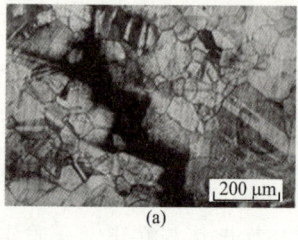 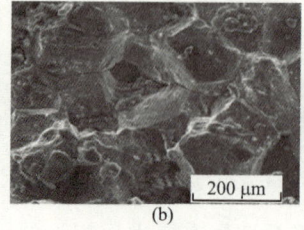 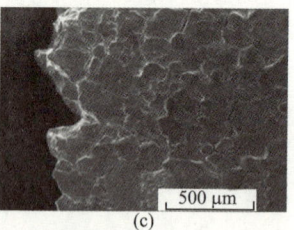

图 5-117　换热器管断口微观形貌

（4）EDS 能谱分析

采用 EDS 能谱仪测试换热器管断口处的化学成分,测试位置如图 5-118 所示,测试结果见表 5-30。由表可以看出,位置 1(晶粒顶端)处含有较多的 O 元素和较少的 S 元素,而位置 2(晶粒底端)O 含量相对减少,但 S 含量明显增加。

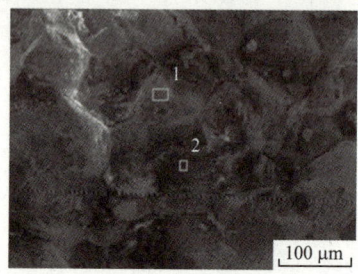

图 5-118　EDS 能谱测试位置

表 5-30　　　　　　　　　　　　　　　换热器管断口化学成分

位置	元素含量(质量分数)/%									
	O	Mg	Al	Si	P	S	Ca	Cr	Mn	Fe
1	8.62	0.98	0.66	0.63	—	1.58	0.3	17.37	0.36	余量
2	2.86	—	—	2.6	3.2	5.62	0.14	16.34	0	余量

（5）分析与讨论

换热器管断口为脆性断口,呈"冰糖"形貌,为典型的沿晶开裂。从使用工况可以看出,由于管程和壳程操作温度不同,换热管上存在热应力,同时操作压力和冷加工都会引起较大的残余拉应力,在应力的作用下,裂纹形成并沿径向和周向扩展。断口晶界处有反应产物,产物中 S、O 含量较高,但未发现 Cl 元素。在石油化工行业中,介质中都含有较多 H_2S 和 H_2,化学性质活泼,在高温无水环境中可直接与设备表面的金属 Fe 发生化学反应生成 FeS,这些 FeS 在设备表面形成一层致密的产物膜,该产物膜可以对设备起到一定的保护作用,阻止其他物料进一步腐蚀设备表面。但是,当装置停车、降温并打开设备后,空气中含有的大量 O_2 和 H_2O 会与设备表面的 FeS 发生反应形成亚硫酸,亚硫酸通过一系列反应可形成连多硫酸 $H_2S_xO_6$。连多硫酸沉积在设备内表面形成腐蚀环境,使设备内壁发生腐蚀。晶界是杂质偏聚、碳化物沉积产生腐蚀的敏感位置,当晶粒周围被腐蚀后,晶粒或沉淀相就会一个个脱落产生点蚀,再逐步扩大到肉眼可见的蚀孔。这些蚀孔会引起应力集中而萌生裂纹,成为断裂源。加之在设备加工制造过程中存在应力集中,使这些部位的蚀孔成为优先断裂源,最终在应力的作用下,裂纹沿径向和周向扩展并逐渐穿透整个内壁导致换热器管断裂。

（6）结论

停工阶段,换热器管内表面反应生成连多硫酸并沉积,使换热器管内壁发生腐蚀形成蚀坑,裂纹在此萌生,在应力作用下,裂纹沿径向、周向扩展并穿透整个内壁,最终发生应力腐蚀开裂。

> **案例 2**　　**某油田分离器液位计排污管道腐蚀失效分析**

（1）背景资料

某油田在检查集气区气液分离器现场液位计时,发现磁翻板液位计的密闭排污管道底部有液体渗出。该管道的材料为 316L 不锈钢,介质成分为凝析油和采出水,采出水含有大量的氯盐,矿化度较高,并且分离器处理的天然气中含有 H_2S 和 CO_2。现场污水属于高含氯环境,并且呈酸性,因此,排污管道处于含 Cl、H_2S 和 CO_2 的腐蚀环境。

（2）化学成分测试

从失效管道管体的 4 个部位取样测试化学成分,测试结果见表 5-31,由表可知,管道4 个部位的化学成分均满足《不锈钢和耐热钢　牌号及化学成分》（GB/T 20878—2007）的要求,可以排除由于化学成分不合格造成管道腐蚀失效的可能。

表 5-31　　　　　　　　　　　　　失效管道化学成分

标准值参照 GB/T 20878—2007	元素含量(质量分数)/%							
	C	Ni	Mn	Si	Cr	Mo	P	S
试样 1	0.027	10.16	0.64	0.33	16.86	2.09	0.041	0.003 6
试样 2	0.030	10.13	0.63	0.33	16.83	2.10	0.040	0.003 8
试样 3	0.030	10.12	0.62	0.33	16.84	2.10	0.040	0.003 5
试样 4	0.028	10.16	0.63	0.32	16.82	2.08	0.040	0.003 3
标准值	≤0.030	10.00~14.00	≤2.00	≤1.00	16.00~18.00	2.00~3.00	≤0.045	≤0.030

（3）金相观察

对失效管道进行金相观察,结果如图 5-119 所示。失效管道组织为奥氏体,晶界清晰可见,晶粒直径分布在 30~100 μm,无明显的夹杂物。

图 5-119　失效管道金相组织

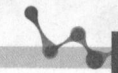

（4）硬度测试

测试了失效管道的显微维氏硬度,共测试了 4 个试样,每个试样测 8 个点,测试结果见表 5-32,由表可知,4 个试样的硬度基本一致,均满足《锅炉、热交换器用不锈钢无缝钢管》(GB/T 13296—2013)中的指标要求,失效管道的硬度合格。

表 5-32   失效管道硬度测试结果

试样	测点硬度值（HV）								平均值
	1	2	3	4	5	6	7	8	
1	170	160	147	155	159	157	153	152	156
2	155	155	155	154	157	154	161	162	156
3	167	162	153	157	151	157	160	161	158
4	155	137	151	154	147	157	154	156	151

注:《锅炉、热交换器用不锈钢无缝钢管》(GB/T 13296—2013)标准规定硬度值≤220HV。

（5）EDS 能谱分析

从断口附近对腐蚀产物取样进行 EDS 能谱分析,结果表明,除了管体材料中的元素以外,腐蚀产物中存在 Cl、S、C、O 等元素。CO_2 和 H_2S 的存在都会促进奥氏体不锈钢发生应力腐蚀,随着 CO_2 相对含量的增加,腐蚀主导因素将转变为 CO_2。奥氏体不锈钢对于 Cl^- 引起的应力腐蚀较为敏感,Cl^- 造成不锈钢发生应力腐蚀开裂大致可分为两个阶段:第一阶段,金属表面钝化膜破坏发生点蚀;第二阶段,以腐蚀坑底部的敏感点为裂纹源产生裂纹,裂纹在应力作用下不断扩展,最终形成应力腐蚀开裂。

（6）SEM 观察

在 SEM 下观察断口,如图 5-120 所示。管道断裂处有两处肉眼可见裂纹,均从管壁内萌生,然后向外扩展,其中 2 号裂纹已经发展成为贯穿管壁的裂纹,且裂纹出现分叉现象。

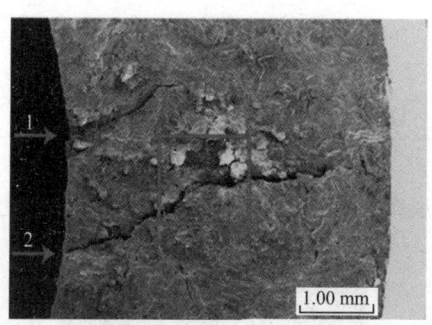

图 5-120   失效管道断口裂纹形貌

对断口上的 2 号裂纹附近进一步放大分析,如图 5-121 所示。在 2 号裂纹附近晶界比较宽大,断口呈沿晶断裂和穿晶解理断裂特征,表面可见“泥状花样”形貌,为应力腐蚀开裂的典型形貌。宽大晶界大面积出现,此处晶粒间距可达到 1 μm 左右。由 SEM 的背散射电子像可知,裂纹附近几乎所有的晶界都发生了腐蚀,因此可以确定,失效管道发生了晶间腐蚀。

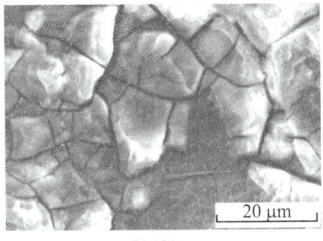

(a)100× (b)500× (c)电子背散射像

图 5-121 失效管道断口裂纹区微观形貌

采用 SEM 对断口非裂纹区形貌进行了分析,如图 5-122 所示。结果表明,在靠近外壁断口处存在大量韧窝,靠近内壁断口处呈现河流状花样,该区域断口呈现脆性解理断裂和韧性断裂的混合型断裂特征。

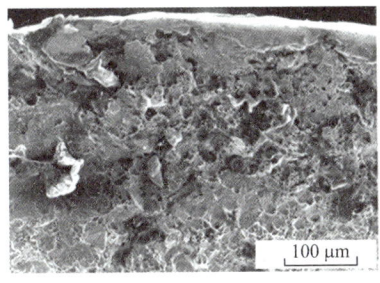
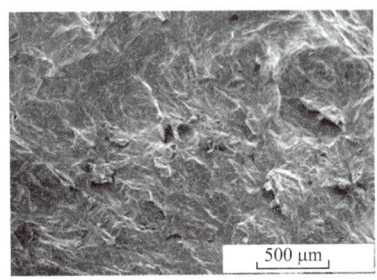

图 5-122 失效管道断口非裂纹区微观形貌

(7)表面腐蚀形貌观察与分析

采用 3D 显微镜观察除锈后试样的表面腐蚀形貌,如图 5-123 所示。结果表明,管道内壁出现了较为严重的腐蚀,腐蚀产物较多且较难去除,除锈后可见管道内壁多数部位存在腐蚀坑,并且部分腐蚀坑已被腐蚀产物覆盖。管内壁出现沿晶腐蚀特征,多数部位晶界发生腐蚀,晶间腐蚀现象明显。

图 5-123 失效管道内部表面腐蚀形貌

(8)分析与讨论

失效管道的化学成分、硬度等指标满足标准要求,材料本身无缺陷,因此可以排除材料本身性能问题引起管道断裂失效的可能。腐蚀产物中存在 Cl、S、C、O 等元素,表明失效管道所处的环境存在 H_2S、CO_2、C、Cl^- 等促进奥氏体不锈钢发生应力腐蚀开裂的因素。由断口腐蚀形貌可知,失效管道发生了晶间腐蚀,断裂由应力腐蚀开裂引起,由此可

以判断该处断裂是氯化物、硫化物和 CO_2 共同作用导致的应力腐蚀开裂。由管道表面腐蚀形貌可知,管道腐蚀破坏最先从内壁开始发生。

（9）结论

该管道发生了应力腐蚀开裂,产生应力腐蚀失效的原因是污水系统中 H_2S、Cl^-、CO_2 等腐蚀性物质不断在管内壁沉积,与管道内壁发生电化学反应,加速材料腐蚀,管道内壁首先发生腐蚀,从而产生沿晶和穿晶裂纹,裂纹从管道内壁向外扩展,当裂纹扩展到管外壁时发生韧性撕裂,管体最终断裂失效。

5.4.3　电化学腐蚀失效

金属材料在电解质溶液中组成腐蚀原电池,通过电极反应产生的腐蚀称为电化学腐蚀。电化学腐蚀是一种氧化还原反应,金属失去电子被氧化而发生溶解,电解质中的离子获得电子被还原形成腐蚀产物。电化学腐蚀包括全面腐蚀和局部腐蚀,全面腐蚀一般来说腐蚀分布比较均匀,腐蚀速度比较稳定,这种情况下机件的寿命可以预测,一般不会产生突发性的灾难事故。局部腐蚀是指腐蚀只在机件某些局部区域发生,其余大部分区域几乎不发生腐蚀,虽然金属的腐蚀量不大,但这种腐蚀很难预测,局部腐蚀严重时会造成突发性事故,而实际中发生的腐蚀大部分是局部腐蚀。

▶ 案例 1　某 220 kV 输电杆塔拉线棒腐蚀断裂失效分析

（1）背景资料

在对某 220 kV 输电线路埋地构件进行开挖检查过程中,发现输电铁塔拉线棒已腐蚀断裂,存在安全隐患。断裂的拉线棒直径为 32 mm,材质为 Q235B,表面采用热浸镀锌防腐工艺处理。

（2）宏观观察

断裂拉线棒位于地下约 40 cm 处,断口附近锈层酥化严重,腐蚀面积占整个拉线棒截面的三分之二以上,腐蚀坑呈"8"字形,其表层腐蚀产物为黑色,内部腐蚀产物为黄褐色,如图 5-124 所示。

(a)　　　　　　　　　　(b)

图 5-124　断裂拉线棒宏观形貌

（3）金相观察

金相观察断裂拉线棒的显微组织如图 5-125 所示,拉线棒的基体组织为等轴状分布的珠光体＋铁素体,组织未见明显异常。断口附近拉线棒表面镀锌层已消耗殆尽且锈蚀较为严重,存在深浅不一的腐蚀凹坑及大量的腐蚀孔洞。

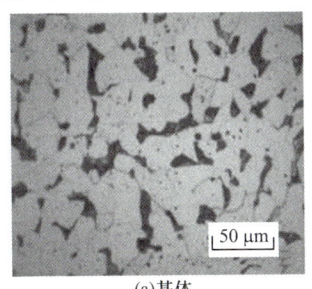
(a)基体

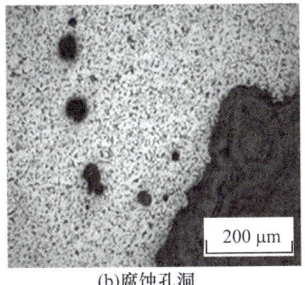
(b)腐蚀孔洞

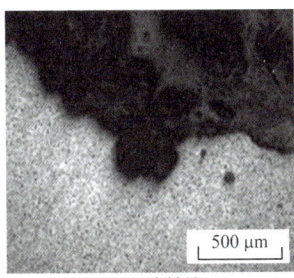
(c)腐蚀坑

图 5-125　断裂拉线棒显微组织

（4）化学成分测试

对断裂拉线棒取样进行化学成分测试,结果见表 5-33,拉线棒主要元素含量符合《碳素结构钢》(GB/T 700—2006)标准要求。

表 5-33　　　　　　　　　　断裂拉线棒化学成分

标准值参照 GB/T 700—2006	元素含量(质量分数)/%				
	C	Si	Mn	P	S
实测值	0.17	0.26	0.47	0.011	0.032
标准值	0.15～0.21	≤ 0.35	≤1.40	≤ 0.045	≤0.045

（5）镀锌层厚度测试

对断裂拉线棒地上未锈蚀部分的镀锌层厚度进行测量,结果表明,拉线棒镀锌层厚度在 115～120 μm,满足镀锌层最小值大于 70 μm、平均值大于 85 μm 的埋地金属构件要求。

（6）腐蚀产物形貌观察

图 5-126 为断裂拉线棒腐蚀产物微观形貌,可以看出,大部分腐蚀产物呈片层状,并伴有少量的致密团簇状颗粒。

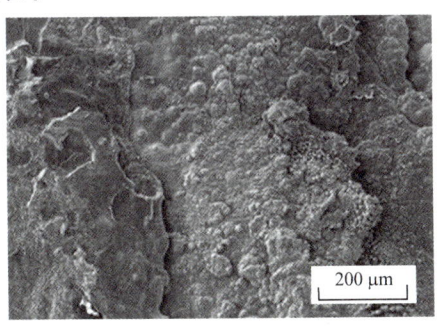

图 5-126　腐蚀产物微观形貌

（7）EDS 能谱分析

对断裂拉线棒腐蚀产物取样进行微区能谱分析,结果见表 5-34。拉线棒腐蚀产物主要包含 Fe、O、Cl 三种元素,判断其应为 Fe 的氧化物和氯化物,而含量较少的 Si 元素主要为土壤中的砂石混入腐蚀产物。

表 5-34	腐蚀产物中元素含量(质量分数)/%			
元素	Fe	O	Cl	Si
含量	80.03	5.29	13.87	0.8

(8)土壤理化性能分析

对断裂拉线棒埋设区域土壤样品的理化性能及离子含量进行检测,根据数据可以判断,铁塔周边土壤属于高盐碱性土壤。

(9)硬度测试

对断裂拉线棒取样进行硬度测试,拉线棒维式硬度值为 115～121,《碳素结构钢》(GB/T 700—2006)标准中对 Q235 材料无硬度要求,一般来说,该硬度范围基本符合使用要求。

(10)分析与讨论

断裂拉线棒化学成分符合标准要求,排除了因材质错用造成腐蚀失效。该 220 kV 输电拉线棒长期埋设于沙漠地区,周边沙土属于高盐碱性土壤,其中 Cl^- 和 SO_4^{2-} 含量较高,对土壤腐蚀起促进作用,主要体现在以下方面:首先,因 Cl^- 半径小,易穿透金属表面的氧化膜,在膜表面形成高密度电流,当膜-溶液界面的电位达到点蚀电位临界值时便发生点蚀;其次,Cl^- 可优先吸附在氧化膜表面并挤掉 O 原子,与氧化膜中的阳离子反应生成水溶性氯化物,在新露出的基体金属特定区域上生成孔径 20～30 μm 的小腐蚀坑,并在 Cl^- 的催化作用下,点蚀电位下降,腐蚀坑不断扩大;最后,氯盐和硫酸盐作为强电解质,在潮湿的土壤中以离子的形式存在,强化了离子通路,同时降低了阴极和阳极间的电阻,加快了土壤腐蚀的速度。

拉线棒长期在含有硫酸盐及氯盐的高盐土壤中服役,表面镀锌防护层极易反应生成水溶性的 $ZnSO_4$ 或 $ZnCl_2$,在连续降雨的天气条件下,$ZnSO_4$ 或 $ZnCl_2$ 不断溶解并随雨水流入土壤中,使得镀锌层快速消耗。在镀锌层腐蚀失效后,裸露的碳钢基体大面积腐蚀。由于 Cl^- 的扩散,拉线棒表面的钝化层被不断穿透、破坏,并形成点蚀坑,加剧其腐蚀过程;同时,因腐蚀产物与拉线棒基体的膨胀系数相差较大,在温度急剧变化时,腐蚀钝化层会发生大面积脱落,导致局部区域金属基体直接暴露在腐蚀介质中。随着腐蚀的进行,拉线棒表面腐蚀坑内的 Fe_2O_3 或 $FeO(OH)$ 被进一步氧化为 Fe_3O_4,对基体金属的腐蚀保护也更好,所以表层腐蚀坑内的基体金属腐蚀速度不断下降。而在重力的作用下少部分 Cl^- 可继续向下扩散并穿透表面氧化层进入拉线棒内部,因 O 含量下降,产生的腐蚀产物主要以黄褐色的 $FeO(OH)$ 为主,造成拉线棒的二次腐蚀。

(11)结论

220kV 输电杆塔拉线棒腐蚀断裂的原因主要是因为拉线棒长期埋设于 Cl^- 及 SO_4^{2-} 含量较高的盐碱性土壤中,在化学及电化学腐蚀的综合作用下,发生严重的腐蚀损伤并最终断裂。

> **案例 2**　　　　海上某油井测压油管腐蚀失效分析

(1)背景资料

海上某油井在检修过程中发现测压油管和电缆发生严重腐蚀失效。油井深 2013 m,

地层温度为 75℃，井内含有大量 H_2S，含水率为 97.4%。检修过程中，发现测压油管腐蚀严重。测压油管井下服役时间约 5 年，材质为 N80，长度为 18.67 m，套管材料为 K55。

（2）宏观观察

腐蚀的测压油管如图 5-127 所示。该段油管外壁腐蚀严重，单侧存在成串的腐蚀穿孔，呈直线分布，长度方向与油管轴线平行。

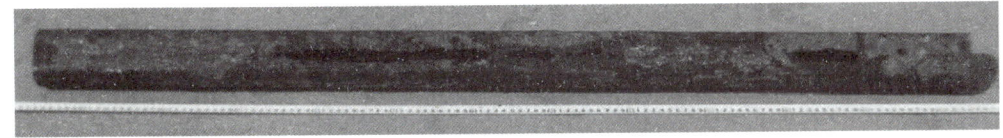

图 5-127　腐蚀测压油管宏观形貌

（3）腐蚀产物分析

对测压油管外壁和内壁的腐蚀产物进行 XRD 分析，结果见表 5-35。

表 5-35　　　测压油管内外壁腐蚀产物组成及含量

腐蚀产物	（质量分数）/%	
	外壁	内壁
$Fe_{1-x}S$	11.50	19.29
$FeO(OH)$	65.85	—
Fe_2O_3	22.65	9.07
FeS	—	71.64

分析结果表明，油管内壁腐蚀产物以铁的硫化物为主，外壁以铁的氢氧化物和氧化物为主，其中 $FeO(OH)$ 为不稳定物质，在空气中暴露后易生成铁的氧化物，因此，油管外壁实际腐蚀产物为铁的氢氧化物，两者规律相同，说明两者腐蚀环境相同。

（4）金相观察

图 5-128 为测压油管穿孔处显微形貌。油管内壁可见深度最大为 90 μm 的腐蚀坑，外壁腐蚀坑深度更大，超过 500 μm，且在较大的腐蚀坑底部还分布有许多尺寸较小的腐蚀坑，说明外壁腐蚀较内壁腐蚀更严重。穿孔处管体金相显微组织为铁素体＋珠光体，组织正常。

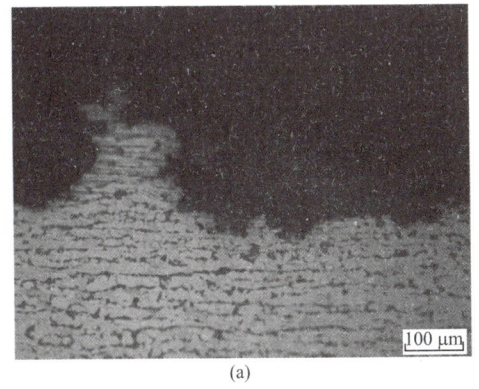
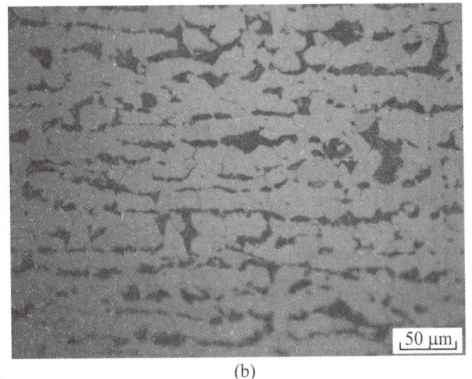

(a)　　　　　　　　　　　　　　　(b)

图 5-128　测压油管穿孔处显微形貌

（5）SEM 观察与 EDS 分析

在腐蚀严重的穿孔处取样进行 SEM 观察，如图 5-129 所示。穿孔处以点蚀破坏为主，表面覆盖一层致密的腐蚀产物，EDS 能谱分析结果表明腐蚀产物主要由 C、O、Fe、S 组成，以铁的氧化物为主，铁的硫化物次之，这与腐蚀产物 XRD 分析结果相符。

图 5-129　测压油管穿孔处微观形貌

（6）电化学分析

分别取测压油管的 N80 材料和套管的 K55 材料加工成 $\Phi 15\ m \times 3\ mm$ 圆片试样，表面研磨并清洗后进行电化学测试试验。试验采用三电极体系，饱和甘汞电极为参比电极，碳棒为辅助电极，试验溶液为油田产出水，试样有效面积为 $1.0\ cm^2$。采用开路电位法测定不同部位材料的开路电位，即自腐蚀电位，测得电位差为 8 mV。

（7）分析与讨论

由于测压油管所在井段为倾斜井段，根据井下结构判断，存在 N80 测压油管与 K55 套管相互接触的情况。电化学分析结果显示，N80 测压油管材料与 K55 套管材料在正常工况下的电位差仅为 8 mV，而当 2 种材料自腐蚀电位差值小于 50 mV 时，发生电偶腐蚀的可能性较小，因此排除 2 种材料接触发生电偶腐蚀的可能性。

油管腐蚀严重区域存在厚度达 2～3 mm 的黑色坚硬的结垢，为油泥和腐蚀产物的混合物，由此判断，测压油管在井下与套管接触，接触区域形成的缝隙被油泥和腐蚀产物等物质密封，在内部形成密闭腐蚀环境，在电化学腐蚀的同时，密闭腐蚀环境形成自催化腐蚀，最终两种腐蚀的综合作用致使油管接触区域腐蚀穿孔，而其他非接触区域不会形成此类型腐蚀，因此腐蚀相对很轻，这也是油管的严重腐蚀基本都发生在一侧，而其他区域腐蚀情况相对轻微的原因。

（8）结论

测压油管外壁发生严重局部腐蚀甚至穿孔，致使油管失效，其主要原因为油管与套管接触，形成缝隙腐蚀，在 H_2S 腐蚀的大环境下，导致油管发生电化学腐蚀失效，同时因与套管接触形成密闭腐蚀环境，形成自催化效应，导致油管与套管接触区域穿孔。

5.4.4　高温环境失效

长期在高温环境下服役的机件会产生各种各样的损伤。由于化学反应速率和扩散速率都随温度的升高而加快，因此，高温下材料与环境的交互作用比常温下更为剧烈，所产生的损伤对机件性能的影响也比常温更显著。高温环境下机件可能产生的损伤种类很多,包括蠕变、氧化、渗碳、脱碳、组织劣化、高温氢腐蚀、高温硫腐蚀、高温钒腐蚀、高温氯化腐蚀、硫酸露点腐蚀等,并且往往多种损伤形式同时存在,对机件的安全服役造成很大的隐患。

▶ 案例 1 　　热电厂余热锅炉疏水管爆裂失效分析

(1)背景资料

某热电厂 1 号余热锅炉出现异常,停机后发现高压低温过热器疏水管发生爆裂。高压低温过热器疏水管设计材质为 20 G,规格为 Φ60 mm×5 mm。1 号余热锅炉高压汽包压力为 10.45 MPa,温度 310 ℃。

(2)宏观观察

爆裂疏水管宏观形貌如图 5-130 所示,爆口边缘无明显的剪切唇和毛刺等塑性变形特征,爆开的铁管外表面可见众多轴向裂纹,符合长期过热特征。

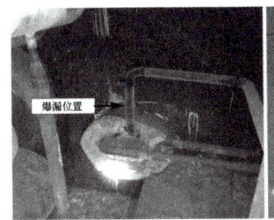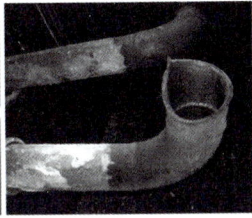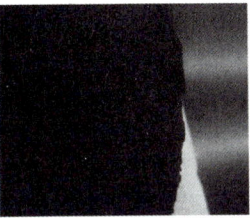

(a) 疏水管爆漏位置(爆管前照片)　　(b) 爆管形貌　　(c) 垂直管段下部断口照片　　(d) 竖直管中间段爆开铁片外表面

图 5-130　爆裂疏水管宏观形貌

(3)化学成分测试

从爆口以及水平管段取样,利用光谱仪进行化学成分测试,测试结果见表 5-36,材质符合标准《高压锅炉用无缝钢管》(GB/T 5310—2017)中 20G 钢主要化学元素含量要求。

表 5-36　　爆裂疏水管不同部位化学成分(GB/T 5310—2017)

标准值参照	元素含量(质量分数)/%				
	C	Si	Mn	P	S
爆口	0.171	0.208	0.481	0.0064	0.0024
水平管	0.185	0.179	0.437	0.0051	0.0018
标准值	0.17~0.23	0.17~0.37	0.35~0.65	≤0.025	≤0.015

(4)金相观察

对爆裂疏水管爆口和距爆口约 500 mm 处的水平管段取样进行微观组织观察,如图 5-131 所示。爆口组织为铁素体＋珠光体,根据《火电厂用 20 号钢珠光体球化评级标准》(DL/T 674—1999)规定,该区域组织球化级别为 5 级,为完全球化,水平管段组织球化级别为 2.5 级,为轻度球化。

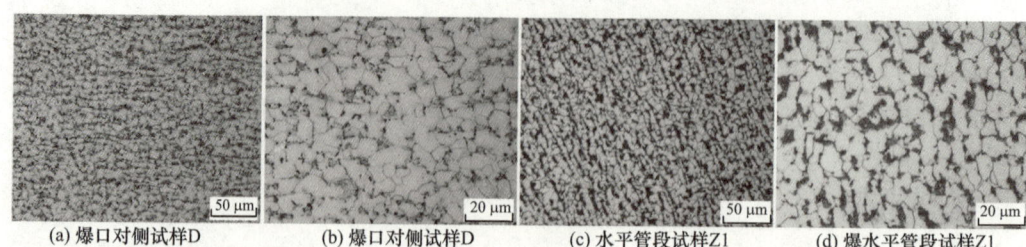

| (a) 爆口对侧试样D | (b) 爆口对侧试样D | (c) 水平管段试样Z1 | (d) 爆水平管段试样Z1 |

图 5-131　爆口及水平管段显微组织

对爆口试样研磨抛光后观察,如图 5-132 所示,可以看出,爆口附近有较多黑色块状相组织,EDS 能谱分析结果见表 5-37,该区域 C 质量分数达到 96.6%,确定该区域已发生石墨化。根据《碳钢石墨化检验及评级标准》(DL/T 786—2001)的规定,判定为轻度石墨化。

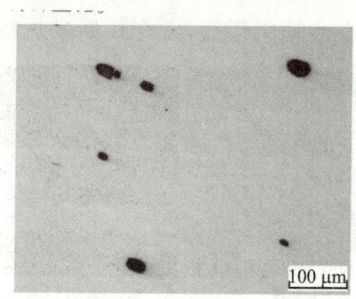

图 5-132　爆口显微组织

表 5-37　　　　　　　爆口黑色块相组织 EDS 能谱分析结果

含量	元素		
	C	O	Fe
质量分数/%	96.60	1.64	1.25
原子百分比/%	98.37	1.76	0.38

(5)结论

爆裂疏水管存在明显胀粗和老化现象,爆口附近碳化物分解产生石墨,表明该疏水管爆裂原因为长期超温。按照《火力发电厂金属材料选用导则》(DL/T 715—2015)中的论述,20G 在 470~480 ℃高温下长期运行,会发生珠光体球化和石墨化,这表明该管实际运行壁温在 470~480 ℃温度区间附近,20 G 材质等级偏低,无法满足使用要求。

> 案例 2　　　　GH4033 高温合金螺栓断裂失效分析

(1)背景资料

某催化装置滑阀螺栓在使用时发生断裂,导致阀体导轨和阀板脱落,装置被迫非计划停机。该螺栓材质为 GH4033 高温合金,规格为 M 22 mm×120 mm。该滑阀设计温度为 780 ℃,工作温度为 700 ℃,设计压力为 0.5 MPa,工作压力为 0.2 MPa,介质为催化剂和再生空气。

（2）宏观观察

断裂螺栓宏观形貌如图 5-133 所示,螺栓断口表面粗糙,起伏状明显,为脆性断裂特征。

图 5-133 断裂螺栓宏观形貌

（3）金相观察

将螺栓轴向剖开进行金相观察,如图 5-134 所示。断裂螺栓的显微组织为单相奥氏体,存在少量孪晶和多边化亚晶,在断口纵截面处发现较多的横向裂纹,沿奥氏体晶界扩展,有连接汇聚趋势,未见穿晶裂纹。

(a)纵剖面   (b)纵剖面下部

图 5-134 断裂螺栓纵剖面金相照片

对未断裂螺栓进行金相观察,如图 5-135 所示,未断裂螺栓显微组织为孪晶奥氏体,呈条带状双重晶粒特征,带状组织与螺栓终轧温度有关。对比发现,断裂螺栓奥氏体晶粒明显粗大。

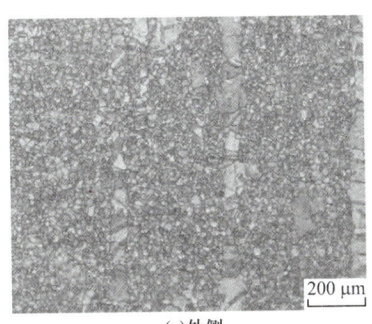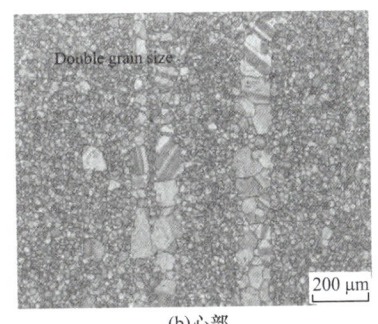

(a)外侧   (b)心部

图 5-135 未断裂螺栓金相照片

（4）SEM 观察

在 SEM 下观察螺栓断口，如图 5-136 所示。螺栓外侧和心部晶粒形状清晰，呈冰糖状花样；心部韧窝大而深，伴有二次晶间裂纹。结合断口的宏观特征和金相分析结果，确定该螺栓为沿晶脆性断裂。

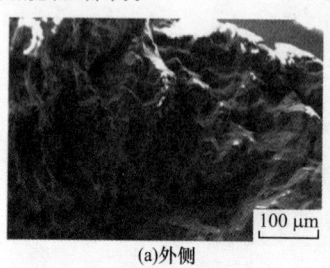 

(a)外侧　　　　　　　　　　　　　(b)心部

图 5-136　螺栓断口微观形貌

螺栓断口纵截面微观形貌如图 5-137 所示，沿晶裂纹为孔洞型，晶间存在断链状物质，可能为沿晶析出的碳化物颗粒。增加放大倍数观察，发现明显的蠕变损伤特征，局部奥氏体晶界存在微小的蠕变孔洞，部分孔洞已长大集聚形成微裂纹，由此可以确定，断口纵截面处的横向裂纹为蠕变裂纹。

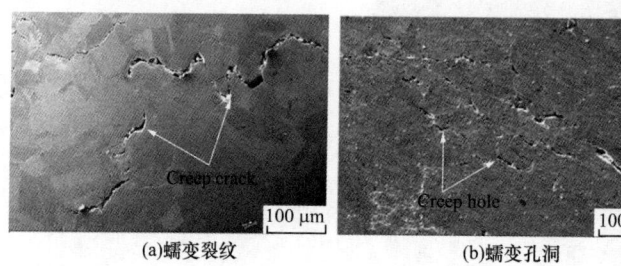

(a)蠕变裂纹　　　　　　　　　　　(b)蠕变孔洞

图 5-137　断口纵截面微观形貌

（5）结论

该螺栓是由高温蠕变损伤引起的沿晶脆性断裂。螺栓在长期高温服役过程中产生蠕变损伤，萌生微裂纹，损伤累积加速了裂纹的形成和扩展，使得螺栓过早断裂失效。

参考文献

［1］ 柴万里,贺庆强,王凤序,等. 沿海大气环境 304 不锈钢法兰连接双头螺柱腐蚀
开裂失效分析[J]. 金属热处理,2019,44(11):223-226.

［2］ 王媛婷,魏中洁,杨丽珠. 管道法兰断裂失效分析[J]. 物理测试,2016,34(2):
33-37.

［3］ 张强,陈永平,毕国喜,等. 大型精轧支撑辊疲劳断裂失效分析[J]. 金属热处
理,2022,47(10):270-274.

［4］ 张兵. 锅筒斜拉杆焊接接头失效原因分析[J]. 材料保护,2019,52(4):
159-163.

［5］ 潘树民,王小海,刘国强,等. 重载车辆用扭矩仪主轴断裂失效分析[J]. 金属热
处理,2020,45(5):257-262.

［6］ 王志超,孙维连,张淼,等. 40Cr 汽车转向节开裂失效分析[J]. 热加工工艺,
2018,47(10):254-256.

［7］ 谢永志,梁玉武,段志宏,等. 聚丙烯反应器桨叶断裂原因分析及合理建议[J].
石油和化工设备,2022,25(9):128-134.

［8］ 冉高举,庄辉平,杨骁. 引压管闸阀阀盖螺栓断裂原因分析[J]. 石油化工安全
环保技术,2022,38(2):22-25.

［9］ 郑勇. 水轮机不锈钢叶片失效分析[J]. 金属材料与冶金工程,2020,48(2):
26-31.

［10］ 涂建国,周素珍,司亚春,等. ADC12 铸造铝合金齿轮箱开裂原因分析[J]. 金
属热处理,2015,40(4):198-200.

［11］ 张羽,张超,王向杰. 汽车直线梁开裂的失效分析[J]. 材料保护,2020,53(8):
160-164.

［12］ 李宁,周惠芳,赵金铭,等. 发动机连杆断裂失效分析[J]. 金属材料与冶金工

程，2022,50(3):32-36.

[13] 马强,李志广,李萌,等. 连杆断裂失效分析及锻造折叠缺陷控制研究[J]. 精密成型工程,2023,15(7):219-228.

[14] 程源,胡芳忠,杨少朋,等. 汽车前轴用40Cr钢锻件开裂失效分析[J]. 金属热处理,2021,46(12):294-297.

[15] 郑凯,钟振前,曹文全,等. 18CrNiMo7-6钢齿轮热处理后开裂失效分析[J]. 金属热处理,2022,47(12):275-280.

[16] 马海涛,王来,赵杰,等. 汽油加氢装置反应器出口管线焊缝开裂原因分析[J].金属热处理,2007(S1):127-130.

[17] 王驰,石仁强,杨贤彪. 某超超临界机组TP347H/T91异种钢焊接接头失效分析[J].焊接质量控制与管理,2022,51(S1):93-96.

[18] 李康宁,王刚,陈广茂,等. 某发电柴油机挺柱底面龟裂失效分析[J].内燃机与动力装置,2021,38(1):80-85.

[19] 王春净,徐永春,赵常振. 某型飞机35CrMnSiA紧固螺钉断裂失效分析[J].空军工程大学学报,2022,23(5):108-111.

[20] 郭涛,黄超. 40Cr材质螺栓装配断裂分析[J].装备制造技术,2018,6:249-251.

[21] 李洋,佟文伟,栾旭,等. 发动机压气机转子叶片裂纹分析[J].失效分析与预防,2016,11(1):51-55.

[22] 朱闻炜. 起重链环断裂原因分析[J].热处理,2021,36(6):36-39.

[23] 燕辉,刘鸿彦,郜运富,等. TA10换热管氢脆腐蚀的失效分析[J].石油和化工设备,2019,22(9):94-98.

[24] 周昊. 奥氏体不锈钢在连多硫酸中的腐蚀与防护[J].腐蚀与防护,2022,43(8):115-118.

[25] 孔宪刚,徐忠苹,李爱贵,等. 某油田分离器液位计排污管道腐蚀失效分析[J].腐蚀与防护,2019,40(4):303-307.

[26] 陈浩,王旭,乔欣,等. 220kV输电杆塔拉线棒腐蚀断裂原因分析[J].内蒙古电力技术,2022,40(4):81-84.

[27] 王佳伟,周玉霞,程利民,等. 海上某油井测压油管腐蚀失效分析[J].石化技术,2018,25(12):49+138.

[28] 陈鑫,董树青,等. 热电厂余热锅炉疏水管爆管失效分析[J].热加工工艺,2021,50(10):160-162.

[29] 汤鹏杰,韩旭,梁斌. GH4033高温合金螺栓断裂原因分析[J].失效分析与预防,2022,17(1):54-57.

[30] 李志义,李晓澎,等.金属零件生产和使用中的环境效应及其对零件失效的影响[J].热处理,2014,29(1):15-20.

[31] 杨建军.失效分析与案例[M].北京:机械工业出版社,2018.

[32] 孙智,任耀剑,隋艳伟.失效分析基础与应用[M].2版.北京:机械工业出版社,2017.

[33] 何怀玉,姜涛,刘新灵,范金娟,刘昌奎.失效分析[M].北京:国防工业出版社,2017.

[34] 孔学东,恩云飞.电子元器件失效分析与典型案例[M].北京:国防工业出版社,2006.

[35] 查利 R.布鲁克斯,阿肖克·考霍莱.工程材料的失效分析[M].北京:机械工业出版社,2003.

[36] 陈军,罗忠兵.表面无损检测技术[M].大连:大连理工大学出版社,2019.

[37] 王荣.机械装备的失效分析-宏观分析技术[J].理化检验(物理分册),2016,52(8):534-541.

[38] 任颂赞,叶剑,陈德华.金相分析原理及技术[M].上海:上海科学技术文献出版社,2012.

[39] 鄢国强.材料质量检测与分析技术[M].北京:中国计量出版社,2005.

[40] 王荣.机械装备的失效分析(6)-X射线分析技术[J].理化检验(物理分册),2017,53(8):562-572.

[41] 王荣.失效分析应用技术[M].北京:机械工业出版社,2019.

[42] 孙智,任耀剑,隋艳伟.失效分析-基础与应用[M].北京:机械工业出版社,2019.

[43] 杨晓洁,杨军,袁国良.金属材料失效分析[M].北京:化学工业出版社,2018.

[44] 陈文静,李玉和,刘锦云,等.材料成型缺陷及失效分析[M].成都:西南交通大学出版社,2016.

[45] 钟群鹏,田永江.失效分析基础[M].北京:机械工业出版社,1989.

［46］ 束德林.工程材料力学性能［M］.3 版.北京:机械工业出版社,2016.

［47］ 何玉怀,姜涛,刘新灵,等.失效分析［M］.北京:国防工业出版社,2017.

［48］ 廖景娱.金属构件失效分析［M］.北京:化学工业出版社,2003.

［49］ 崔约贤,王长利.金属断口分析［M］.哈尔滨:哈尔滨工业大学出版社,1998.

［50］ 钟群鹏,周煜,张峥.裂纹学［M］.北京:高等教育出版社,2014.